累了，就放空一下自己

让我们试着放空一下生活的脚步吧，
让自己浮躁的心灵放回自然。

辉浩 著

中国商业出版社

图书在版编目（CIP）数据

累了，就放空一下自己/辉浩著．—北京：中国商业出版社，2017.5

ISBN 978-7-5044-9739-0

Ⅰ.①累… Ⅱ.①辉… Ⅲ.①人生哲学-通俗读物 Ⅳ.①B821-49

中国版本图书馆CIP数据核字（2017）第045072号

责任编辑　姜丽君

中国商业出版社出版发行

010-63180647　www.c-cbook.com

（100053　北京广安门内报国寺1号）

新华书店经销

北京市俊峰印刷厂

*　*　*　*

710×1000毫米　16开　20.5印张　240千字

2017年5月第1版　2017年5月第1次印刷

定价：39.80元

*　*　*　*

（如有印装质量问题可更换）

前 言

随着当今物质生活的日新月异，在快节奏的工作旋律下，人们承受着来自各方面的压力，有太多的东西放不下，有太多的不如意影响心情，有太多的目标需要追逐，怎么能活得不累？所以，在当今生活中，时常会听到一些人发出抱怨和叹息：“唉，活得真累。”

从心理学的角度来看，感觉“活得累”的人，大多数得的是“心病”，也就是他们的心理失去平衡或发生了障碍。有句俗话说：“心病还须心药治。”那些喊“活得累”的人，应该认真分析一下自己究竟累在什么地方，并切切实实地对症下药。这样，才能使自己从“活得累”中解脱出来，从而使自己生活得轻松快乐。如果非要给“活得累”开个药方的话，这个药方其实只需要一个字，即“放”。

放下负累：生命如舟，不能超载，否则，轻则徘徊不进，重则倾覆沉没。放松心情：一个人生活得如何，很大程度上取决于心情如何。放慢脚步：我们习惯了追赶，总怕稍一懈怠就会被别人赶超。可是，没命地狂奔，往往会让人失去了平和从容的心态，失去了享受生活的机会，甚至失去了身心健康。如果能适当放慢脚步，我们就能避免因为一路快跑而丢掉生命中最重要的东西：快乐和健康。人的一生，懂得了这“三放”，就能从容地面对生活中的各种问题，更深刻地理解和把握人生。

事实上，我们感到迷茫，并不是来自生活本身的手足无措，而是来自心灵的迷失。要想让心灵获得宁静与淡然，并不在于你获取了多少财富与名利，而在于收获了多少爱与仁慈。在这个喧哗与浮躁的年代里，我们更需要让生活慢下来，让心灵静下来，慢慢地认识最真实的自己、最纯粹的灵魂，远不必为了不得志而感到苦恼，为了贫穷而感到不安。因为看淡得失与清平乐道，才是人生最好的修行。

既然如此，就让我们试着放空一下生活的脚步吧，让自己浮躁的心灵放回自然。当自己放空了，心就会渐渐静下来；心静了，紧张的精神与肉体也会放松下来。身心放松，压力就会变得云消雾散，幸福也会随之而来。要知道，生活中的诸多压力，生命中的诸多痛苦，都是自己和自己过不去。当你放下心中那些攀比与欲望，让自己的身心都放空一下，你会发现，原来自己还是以前的那个自己，快乐而不缺乏梦想。

从现在开始，让这本饱含哲理的书陪伴你，一点一滴的启示与感动，会滋润你的心灵，给你带来喧嚣过后的宁静。

目 录

第一章

放下过去，才能迎接新的生活

过去如同我们背负的包袱，里面可以放下任何我们曾经经历过的事情，也许是快乐的回忆，也许是痛苦的经历，林林总总都会被我们收藏于这包袱之中，日积月累，我们的包袱会变得越来越沉重。如果不懂得放下，而让那些陈年往事继续困扰着自己，就会压弯你的腰身，加深你的皱纹，带走你的欢笑。

1. 放下过去是一种智慧

心理学家经过研究发现，有些人经常感到抑郁、不安或烦躁，不是因为此刻正经受着什么事情的折磨，也不是有什么样的病痛，而是在反思过去的某件让人痛苦的事情。或许其中的某些事情都已经过去好多年了，他们却一直耿耿于怀。

一个人生活在这个世界，不可能总是一帆风顺，必然会在某些时候和某些场合出现一点问题，比如犯了不该犯下的错误、做了不该做的事情、说了不该说的话、得罪了不该得罪的人、动了不该动的念头，至今想到都可耻……这些都是正常的，而且所幸的是，这些都已经过去了。

过去如同我们背负的包袱，里面可以放下任何我们曾经经历过的事情，也许是快乐的回忆，也许是痛苦的经历，林林总总都会被我们收藏于这包袱之中，日积月累，我们的包袱会变得越来越沉重。如果不懂得放下，而让那些陈年往事继续困扰着自己，就会压弯你的腰身，加深你的皱纹，带走你的欢笑。

人生是一张单程车票，一去无返。将思维锁在过去，只会迷失前进的方向。告别痛苦的手必须由你自己来挥动，享受今天盛开的玫瑰的捷径只有一条：坚决与过去分手。

不能放下过去的负累，就无法轻装上阵。俗语常说："人生最大的幸福是放得下。"一个人拿得起是一种勇气，放得下是一种智慧。

生命是有限的，短短几十年不过是弹指一挥间。生命太过短暂，容不得我们任时光从"回忆"过去的过程中无声地滑过。对于不可重复的生命来说，那是怎样的一种奢侈！

乔治·桑曾说：“过去是一个有限的和可以估价的概念；未来却是无限的，因为它是个未知数。”如果一个人的脑子里整天胡思乱想，把早已过去的事情在头脑中反复翻出来，那他最终会感到前途渺茫。

人的一生中会遇到很多事情，过去的就让他过去吧！因为过去的已经永远逝去了，更重要的是勇敢地面对未来。

一味沉迷于过去，不仅错过了太阳，还会错过星星！因此，我们要把“过去”从生活中赶走，把它从你的记忆中抹去，而不是沉溺在过去里，而失去了自我和进取心。

2. 迷恋过去，就会忽视现在的美丽

人的一生，总会因各种原因错过一些东西。因而，回首往事，常会发现自己一些未了的心愿，留下这样或那样的遗憾。因此，宋代大文豪苏东坡也曾无可奈何地慨叹“此事古难全”。也正因为如此，人生才显得匆匆而又匆匆；同时，这种错过的东西往往会成为记忆的一道独特风景。

但“得之者鄙，失之者珍”的心理常常使我们对那些已得到的东西不屑一顾，却对那些失之交臂的东西惦念不已，让自己整日背负着懊恼的负累。

一位职业女性在午休时间去附近的商场转了一转，看上了一条裙子，质量款式都还不错，价格也比较合适，本来想当时就买了，可仔细一想还是等周日去买别的东西时再一起买它。过了两天，就是周日了，等她再去这家商场时，这种款式的裙子却已经卖完了。她这才感到这条裙子她是多么的中意，仿佛她这样的年龄、这样的职业、这样的气质唯有穿这样的裙子才最为合适。心里想来想去，怎么也不是滋味，根本没有心情买别的东西。于是又跑服装市场，又跑购物中心，一直没找到款式相同的裙子，一连几个月懊悔不已。

虽然说卖完了的多是大家欢迎的畅销商品，但偌大的城市，众多的大商场，适合那位女性的肯定不止一种款式。换个角度说，如果当时就买下，日后再和其他商场的裙子相比较，或许她还会后悔，觉得当初买的这种款式不是特别好，而且价格还有点贵，觉得这并不是“最佳选择”呢。

这种心理不仅仅表现在买裙子这些小事上，在更为重要的领域，诸如恋爱、婚姻、家庭、职业等方面，人们也常常会有这样的心理。而且，正是这样的心理，使人常常忽略了自己已经得到的其实也十分珍贵的东西，而沉湎于已经失去的，或是别人有而自己没有的，也许还并不值得怎么珍重的东西。

这样，使本应快乐的人生蒙上诸多的阴影，平添出许多烦恼与不安。

有一位先生，年轻时与一少女相恋多年。那少女活泼开朗，能歌善舞，是个人见人爱的女孩。可由于阴差阳错，他们分手了。后来女孩远嫁他乡，而这位先生也早已为人夫、为人父。只是这位先生觉得自己过得极其“不幸”，他觉得妻子这也不顺眼，那也不遂心。总之妻子没有一样称他的心如他的意，与以前的那位女孩简直不能同日而论。他的妻子常为此而黯然神伤。后来，索性放开他，准许他去异乡看望他的梦中情人。在三天两夜的火车上，他设计种种重逢的浪漫，到达后，他满怀憧憬地敲开了女孩的家门。然而，开门的是一个腰围大于臀围的胖妇人，一见面她就兴趣盎然地对他讲泡酸菜的经验，因为当时她正在泡酸菜，屋子洋溢着一股酸菜的味道。

理想破灭的他在想：难道这就是令他魂牵梦绕、朝思暮想的“她”？

这位先生回家后，遂觉得妻子“色味”俱佳，妻子也破涕为笑，从此俩人过得和和美美。

很多人都用“得不到的就是最好的”那句话来感叹曾经的梦中情人，因没有得到那样东西而充满幻想，充满期待。其实，得不到的未必就是最好的，我们没必要对没有得到的东西念念不忘，也许某天让你得到了，你会发现也不过如此。

人的一生中会错过很多人和事，既然注定了要错过，那就让它错过好了，我们尽可以享受它过去的美丽，但不可沉甸的太深，留恋的太久。假如我们一味地迷恋过去，而忽视了现在的美丽，那我们就将失去生活的意义。

3. 告别昨天，愉快地迎接朝阳

一个人从离开母体便开始了自己生命的历程，风霜雨雪，劳累饥渴、挫折屈辱、饱暖舒适，得意顺利等等就会交替伴随。

人的一生中，意想不到的事情随时都可能发生，生活中有太多的阴霾，太多的风雨，放下所有的负累，坦然面对失去，调整自己的心态，才能面对现实，珍惜现在，感受一种重负顿释之后的轻松、一种云开雾散后的阳光灿烂，才能更好地生活。

人人都有自己过去的经历。过去的事情已经无法挽回，重要的是做好今天的事情。如果光想着昨天，而放弃今天该做的事，自然对明天也不会有充足的信心，也许还会有更大的挫折感，而且这种挫折感会越积累越多，直到压得你痛苦不堪，喘不过气来。这是一种恶性的循环，你会一错再错，错上加错，最终荒废掉自己的一生。

世界上没有一件东西是一成不变的，人生也是如此。当成长的岁月又摄下一片迷人的风景时，昨天的失意和辉煌，都将随着翻动的日历演绎成今天的回忆。昨天的所有也成为了历史，逐渐消失在生命的长河里。前进的道路上还有很长的路要走，太多的行囊会使你变得疲惫不堪，放下一些行囊，会使生命的旅程更轻松愉快。

人生的道路是坎坷的，也是曲折的。但是，不管人生怎样坎坷曲折，时间却永远是笔直的，而且对任何人都是公平的。

“弃我去者，昨日之日不可留。”昨天永远地过去了，你绝不可能再回过头来经历一次昨天。明天还没有到来，你也绝不可能提前看到明天的太阳。我们在现实中所拥有的生命只是今天，而且永远只是今天。说得再具体些，你的生命就是眼前的这一瞬，其他的都不属于你。

自称总是在“今天”活得生气蓬勃的奥斯拉博士，在耶鲁大学发表演讲的时候，这样启发那些略显忧虑的学子们：

“我相信各位都是比那些豪华客轮优秀得多的机体，你们将有更遥远的航程，起锚前，你们应好好注意下列如何安全航海的方法。希望各位能调节自己，以便能够在‘今天一天’这个密闭的空间里生活下去。登上船，应检查一下大防水壁是否随时可以使用。在人生的每个阶段里只要按下一个钮，便能隔断‘过去’——已经死亡的昨日。按下一个钮，就能隔断‘未来’——尚未诞生的明日——许多事情都是这样，只有今天是安全的！把过去推出去，关紧房门。每一天都在你，完全封闭的今日空间’里度过你的人生。”

的确，人的真实生命是由一个一个的今天组成的，只有愉快、真诚、勤奋地过好每一个今天，也就过好了你的一生。今天就是一张新的白纸摆在你的面前，如果你什么都不做，它永远是一片空白。过去的一切会离你越来越远，直到淡出人们的视野，而空白却会越放越大，直至铺成一段苍白的人生。

告别昨天，并不是放弃和逃避，是对生命的珍惜和重新诠释。告别昨天，是心灵的一种释放；是灿烂的微笑，是简单的举杯，是幸福的渴望，是轻松地释怀。如果你能以愉快的心情去迎接每一个朝阳，那么你就拥有了今天，也就拥有了一个美好灿烂的未来，拥有了一个完整的无愧无悔的人生。

4. 平静地分析错误，吸取教训

人们在日常生活中，总要对一些事情做出选择并采取行动，有的选择是正确的，会得到好的效果，而有的选择是错误的，会带来不好的后果。人们为自己不当的选择而后悔，这是正常的，每个人都有过，关键是后悔的次数不能太多，时间不能太长，不能深陷在无尽的懊悔之中，否则，会让自己背上沉重的负累，让身心健康造成严重的负面影响。

没有一个人是没有过失的，虽然吸取经验教训是必需的，但决不能长久地在悔恨的负累下活着。因为它虽是对错误的反省，是人性中积极的一面，但却属于情绪的消极一面，我们应该分清这二者之间的关系，反省之后迅速行动起来，把消极的一面变积极，让积极的一面更积极。

道理似乎人人都懂，但有几人能真正做到呢？试问，我们是否仍在为过去的错误而承受心灵的折磨呢？

徒有感伤而不从事切实的补救工作，那是最要不得的。只要能够决心去修正，即使不能完全改正，只要继续不断地努力下去，尽力而为，也就对得住自己的良心了。如果过分为过去的错误内疚自责，只好天天在绝望和悔恨之中生活了。

有些人终日为过去的错误而悔恨，为过去的失误而惋惜。然而，沉溺于过去的错误之中，无论是对自己的心情还是接下来的事业都没有什么好处。

内疚悔恨与吸取教训是存在很大区别的：悔恨不仅仅是对往事的关注，而是由于过去某件事产生的惰性。这种惰性范围很广，其中包括一般的心烦意乱至极度的情绪消沉。假如你是在吸取过去的教训，并决意不再重犯，这并不是一种消极悔恨。但是，如果你由于自己过去的某种行为而到现在都无法积极生活，那便成了一种消极的悔恨了。吸取教训是一种健康有益的做法，也是我们每个人不断取得进步与发展的必要环节；悔恨则是一种不健康的心理，它是白白浪费自己目前的精力。这种行为既没有好处，又有损于身心健康。实际上，仅靠悔恨是绝不能解决任何问题的。

爱默生经常以愉快的方式来结束每一天。他告诫说："时光一去不返。每天都应尽力做完该做的事。疏忽和荒唐事在所难免，尽快忘掉它们。明天将是新的一天，应当重新开始，振作精神，不要使过去的错误成为未来的负累。"

爱默生就像一个看门人，在一天结束时，他会把门关上，将一切忘记。他就好像曾任英国首相的劳合·乔治一样。乔治有一天和朋友在散步，每经过一扇门，他便把门关上。"你没必要把这些门关上。"朋友说。

"哦，当然有必要。"乔治说："我这一生都在关我身后的门。你知道，这是必须做的事。当你关门时，也将过去的一切留在后面。然后，你又可以重新开始。"

过去的已经过去，历史就如"黄河之水天上来，奔流到海不复回"，不能重新开始，不能从头改写。为过去哀伤遗憾、内疚自责，除了伤心费神，分散精力，没有一点益处。聪明的人永远不会坐在那里为他们的损失而悲伤，却会想办法来弥补他们的创伤。

芬利是一位商人，四处旅行忙忙碌碌。当能够与全家人共度周末时，他非常高兴。他年迈的双亲住的地方，离他的家只有一个小时的路程。芬利也非常清楚自己的父母是多么希望见到他和他的全家人。但由于发生过矛盾，他总是寻找借口尽可能不到父母那里去，最后几乎发展到与父母断绝往来的地步。

不久，他的父亲死了，芬利好几个月都陷于内疚之中，回想起父亲曾为自己做过的所有事情，他埋怨自己在父亲有生之年未能尽孝心。在最初的悲痛平定下来后，芬利意识到，再大的内疚也无法使父亲死而复生。认识到自己的过错之后，他改变了以往的做法，常常带着全家人去看望母亲，并经常同母亲保持密切的电话联系。而母亲也在假日里花些时间同他们呆在一起。芬利从错误中吸取了教训，他内疚的情绪因而转变成了有益的情感。

我们不可能去改变过去已经发生的事情，唯一可以使过去的错误有价值的方法，就是平静地分析我们过去的错误，并从错误中得到教训，而不是没完没了的内疚、自责和悔恨。

5. 学会遗忘，不再惆怅

生活中，如果一个人的脑子里整天储存着不愉快的记忆，那他会活得非常累。所以，我们很有必要对头脑中储存的东西给予及时清理，把该保留的保留下来，把不该保留的予以清理。那些给人带来诸方面不利的因素，实在没有必要过了若干年后还值得回味或耿耿于怀。这样，人才能过得快乐洒脱一点。

上天赐给我们很多宝贵的礼物，其中之一即是“遗忘”。人们在过度强调“记忆”的好处后，忽略了“遗忘”的功能与必要性。遗忘，对痛苦是解脱，对疲惫是宽慰，对自我是一种升华。在人生的旅途中，如果把什么成败得失、功名利禄、恩恩怨怨、是是非非等都牢记心中，让那些伤心事、烦恼事、无聊事永远萦绕于脑际，在心中烙下永不褪色的印记，那就等于背上了沉重的包袱，无形的枷锁，就会活得很苦很累，以至精神萎靡，心力交悴，生命之舟就会无所依存，就会在茫茫的大海中迷航，甚至有倾覆的危险。如果我们善于遗忘，把不该记忆的东西统统忘掉，那就会给我们带来心境的愉快和精神的轻松。

现代医学认为，遗忘可以减轻大脑的负担，降低细胞的消耗。在正常的情况下，人的脑细胞每天大约死亡十万个。但是如果受到外界的强烈刺激，大脑每天死亡的细胞就要增加几十倍。长此下去，大脑是难以承受的。因此，对身体健康来说，遗忘是绝对必要和有益的。正因为有了遗忘，才保证了必要的记忆和大脑的健康。有失才能有得，吐故方能纳新。只有忘掉一些旧东西，观念和知识才能不断更新。只有善于遗忘的人，才是一个健康的轻松的人。

然而想要遗忘，却不是想象中那么容易。遗忘是需要时间的。只不过，如果你连“想要遗忘”的意愿都没有，那么，时间再长也无济于事。

有些人往往将欢乐的时光很容易就忘记了，但对哀愁却时时想起。换句话说，人们习惯于淡忘生命中美好的一切；但对于痛苦的记忆，却总是铭记在心。难道只是因为记性太好才无法遗忘吗？

当然不是。关键在于很多人都无法静下心来检查自己“已有的”或“曾经拥有的”，总是“看到”或“想到”自己“失去的”或“没有的”。这，当然注定了难以遗忘。

重要的是，要学会如何清理掉不愉快的记忆，并把腾空了的地方装上健康而积极的念头和想法。

譬如说，你刚刚疲累地做完了一天的工作，回到家里冲一个澡，使你感到非常舒服。正在怡然自得的时候，突然想起了上个月的邻居吵架的事情。一下子，你满脑子都充满了不愉快的回忆。此时你应该赶紧去想一些愉快的事情，或者把注意力集中的冲到你身上的热水上。

在你想要放松自己休息一下的时候，脑子里那些坏心绪往往趁你平静的时候更为频繁地出现。比如在躺下要睡觉的时候，周围没有了旁的声音，没有了旁的刺激，你就开始觉得发愁和担心，烦恼的事情也一起涌上心头。不管什么时候，只要脑子里出现了坏心绪，就采取措施。

要照这个办法练习几次，一旦你在这样做的时候尝到甜头，头脑里浮现了的愉快景象会使你觉得舒畅得多。假如过了几分钟后，你又想起了那些泄气的往事，赶紧再去想象美好的事物。只要你不自觉地想起了泄气的事情，就必须有意识地行动起来，把那些不愉快的事情忘掉。

总之，世间总有很多杂乱扰人的事情，我们必须学会遗忘那些该遗忘的人、事、物。不然，则活得疲惫、活得沉重、活得艰难。而学会了遗忘，将渐渐地没有了怅惘、没有了偏激、没有了苦闷、没有了沮丧，轻松愉悦的生活将为奔波不息的生命、寂寞苍凉的渴望，沉淀出人生的芳淳，破译出岁月的隐语。

6. 过去的辉煌只属于昨天

成功的过去最容易挡住一个人观察未来的视线。过去的“光环”只为过去而停留，曾经的鲜花和掌声不能决定现在，更不决定未来。

著名作家冰心说得好：“冠冕，是暂时的光辉，是永久的束缚。一个人只有摆脱了历史的束缚，才能不断地迈步向前。”

也许你经历过成功，于是你喜形于色，心满意足。这也是人之常情，是人的大脑对外界的必然反映。但是，如果你总是沉湎于过去的辉煌，从此不思进取，躺在过去的成绩簿上睡大觉，甚至目空一切，那过去的辉煌就会成为一种负累，甚至成为一种祸害。

1806 年，拿破仑的势力逐渐渗透到德意志这片土地上，引起了普鲁士王国的强烈不满。4 月 8 日，普鲁士向法国发出最后通牒，要求法军立刻从德意志撤离，但拿破仑对此根本不理睬，这也就意味着双方之间即将要开展一场激烈的战争。

而当时的欧洲，形势对法国极为有利，几乎没有哪个国家敢跟法国一决雌雄，没有哪支军队敢跟军事天才拿破仑领导下的法军一较高低。之前的奥斯特里茨之战才刚刚结束，拿破仑大破反法联军，第三次反法同盟土崩瓦解，拿破仑一时声名远扬，法军的士气也空前高涨。普鲁士在这种情况下孤军同法国交战，是要冒很大风险的，或者更为直接地说，是十分不理智的。

然而，当时的普鲁士王国到处充斥着日益高涨的反法情绪，上至国王腓特烈·威廉三世，下至普通人民，基本一致认为普鲁士军队依旧是一支能征惯战的部队，未来跟法军交战时定能再现腓特烈大帝时代的辉煌。

一提起腓特烈大帝这个人，稍微读过军事历史的人都知道，他是欧洲 18

世纪伟大的军事天才。是他，使普鲁士军队发展成为欧洲一支不容小觑的劲旅；是他，将普鲁士王国逐步引向强盛之路；还是他，在七年战争中巧妙斡旋，抵挡住奥、俄、法等国的围攻堵截，令普鲁士免遭灭顶之灾。特别是在罗斯巴赫战役中，他以少胜多，重创了来势汹汹的法军。由于腓特烈大帝创下了如此辉煌的成就，所以他在普鲁士人的心里始终占据着重要的位置。

但是，沉湎于过去的辉煌终究代替不了残酷的现实。事实上，19世纪初的普军无论是武器装备还是后勤保障方面，都远远落后于法军。更为致命的是，像布伦瑞克公爵这样一批普军将领常常以腓特烈大帝时代的老将自居，思想保守僵化，战术思想仍停留在传统的“线式战术”（这种战术的弱点就是呆板机械，移动速度慢，缺乏灵活性），而当时的法军已采用了机动性较强、适应各种地形作战的“纵队战术”。可是，普鲁士人看不到双方如此明显的差距，他们心里头仍想着：普鲁士军队是一支当年由腓特烈大帝亲手训练出来的劲旅，曾经战无不胜，攻无不克，如今又要在沙场上所向披靡了。

但结果是，短短一个月，普鲁士军队大败亏输，腓特烈·威廉三世不得不和拿破仑谈判，签订了耻辱条约，割让了大量土地，并赔偿军费一亿法郎。

令人惋惜的是，64年后，拿破仑的侄子拿破仑三世以及广大法国人并没有从当年的敌人身上吸取教训。1870年，普法战争爆发，拿破仑三世宣称：“我们只不过去普鲁士做一次军事散步。”法国的巴黎市民一片欢呼雀跃，目送拿破仑三世亲率军队奔赴前线，他们仿佛从拿破仑三世身上看到了当年军事天才拿破仑的影子，并且天真地想象法军得胜归来经过凯旋门的激动场面。结果令他们很意外、很失望，经过凯旋门的不是法军，而是普鲁士军队。普鲁士军队早已不像64年前那么落后了，它的实力甚至还要大大超过腓特烈大帝时代的军队。同年9月2日，拿破仑三世在色当惨败，他终究不是拿破仑的翻版，他无法书写“拿破仑神话”的精彩续篇，法国人民沉湎于过去辉煌的美好幻想也就此破灭。战后，法国割让洛林、阿尔萨斯给普鲁士，另外再赔偿50亿法郎。是当年普鲁士赔偿本国的整整50倍！

普、法两国先后在思想上都犯了一个共同的致命错误，那就是死死抱住过去的辉煌，最终导致兵败将亡、丧权辱国的凄凉下场。这样的代价是高昂的，这样的教训是深刻的，这不能不让我们清醒地意识到：不要沉湎于过去的辉煌，过去的辉煌只属于昨天，明天的辉煌还得靠我们去努力创造。

辉煌的过去有如天边的彩虹，极易让我们在过去的美好时光里流连忘返，但它的余晖终会随着时间的飞逝而逐渐褪去。面对未来，每个人都需要重新审查、重新倾听、重新感觉、重新思考、重新概括、重新决定、重新释放、重新梦想、重新发现和重新审议。这样才能不断创新，不断进取，迎接明日的曙光。

7. 当爱已远走，要学会放手

当爱走到尽头，放手是唯一的出路。执著于曾经有过的美好感觉，无法放下曾经拥有甜蜜，就会让沉重的负累压在自己的肩上、心上。

阿米和男友在一起，只是短短八个多月；但分手至今，却已有三年有余。谁也想不到，阿米三年的时间竟不能将一个人忘掉，把一段情感放下。

是不是女人都爱不羁的浪子？捉摸不定的恋情，才最令人刻骨铭心，才最令人向往？是不是女人都有自虐狂，硬要自己痛苦？抑或，是要向高难度挑战？

八个月相处的时间实在很短，有心要忘掉一个人，绝对不难。但阿米就是做不到，原以为分手后，只要一直等机会，结果仍会和他在一起。可惜，事与愿违。

阿米曾经用尽办法去使他回心转意，生病的时候陪他看医生，疲累的时候献上暖暖的一窝汤，圣诞节送上温暖牌手套……

阿米也知道即使做了这么多，未必能够感动他，但阿米想，至少要让他感觉到她的心意，知道她还在等待复合的机会。

结果，阿米前男友当然知道了。不过，更意外的事发生了，他告诉阿米，他现在和别的女孩在一起。

阿米哭着问为什么，“为你做了那么多，最后留在你身边的竟是别人？”

他对阿米说，就是因为她做得太多了，他不想亏欠她，好男人都不想亏欠女人。

一言惊醒梦中人，终于也明白他的心意。如果仍有心在一起，便不会怕亏欠对方，只他不愿而已。心伤痛也是人之常情，但阿米更明白，继续执著，也不会有完美的结局。

其实，两个在一起，不一定是两情相悦，也不一定能共结连理，长相厮守。当然，如果真的能双宿双飞，此生也无憾，但若未能如愿以偿，结果又会如何？有些人和恋人分手了，经过岁月蹉跎，但仍旧放不下，苦了对方也苦了自己。

当爱远走，无论它是发生在自己或者对方身上，最好的选择是放手。盲目的执著，只会让自己和对方一起痛苦纠结。

爱情犹如跷跷板，总要两个人玩才会有趣。当其中一个人不想再玩的时候，它已经失去了基本的平衡，就算你花再多力气，最终也只能独自沉重地坐在地面上而已。

人，有时候必须适度地无情。当别人对与你的这份感情已经无心再续，你也应该别再投入多余的执著。爱情，是需要两个人一起经营的，当只有一方苦苦支撑时，那么让别人痛苦的同时自己也痛苦。爱情，来了就来了，走了就走了，让它来去从容，一任清风送白云，前面会有更多的精彩在等着你。

一厢情愿的执著，说到底，就是寂寞、无趣还兼无聊的一种游戏，注定只能自任编剧、导演、主演，在只有恋却没有爱的一个人的戏剧中沉迷、咀嚼、陶醉。长久地拖下去，青春一天天逝去，对方依旧无法给你一个归宿，无论从情感上还是从精神上，你将会越来越疲累。在这种情况下，理智地放手才是新生活的开始。

在千姿百态的人生世界里，西边落雨，东边可能就会阳光明媚。因此，凡是在某一个角落里为一厢情愿感伤的人们，其实只要稍微敞开心房，便能见到一片崭新的天地。

8. 洒脱地爱，洒脱地放手

爱情是两个人的事情，彼此个性的不同会使爱情中产生很多问题。当你的另一半已经三心二意、对你冷漠的时候，如果可以补救那固然很好，而如果爱情已经变质到无法挽回，这时执拗地牵拽着对方去继续也没有好结果。

正所谓“天下没有不散的宴席”，当婚姻这场宴席到了该散场的时候，与其执拗地拖着，还不如痛痛快快地分手。

有这样一个发人深思的实例：

一对夫妇，丈夫8次提出离婚要求，而妻子就是死活不离。在法院判决中，女方总是胜诉，就这样一直拖了29年。29年的岁月过去了，这位女士的青春年华在拖延不决中消失了，乌黑的头发已成白发，红润的脸颊变黄了，刻上了一道道岁月的伤痕，身体也被折磨得一身病痛。

在妻子的坚持下，婚姻仍然存在，然而爱情早已荡然无存。她失去了婚姻的幸福，失去了自己的青春，失去了健康的身体，也失去了再婚的机会，孩子也没有因此追回父爱。

到最后，法院还是判离了。离婚后不到两年，这位不幸的妇女就因病情加重而离开了人世。

爱情全仗缘分，缘来缘去，爱与不爱又有谁可以说得清？当爱着的时候只管尽情地去爱，当爱失去的时候，就潇洒地挥一挥手吧。人生短短几十年而已，自己的命运把握在自己手中，没必要在乎得与失、拥有与放弃、热恋与分离。

爱情是一位伟大的导师，能教会我们重新做人。很多伟大人物也难免在爱情方面遭受无情打击，例如恩格斯、贝多芬等人都曾经历过。不过，他们都没有偏执于已经不属于自己的那一份感情，而是受理智的引导，化悲伤为力量，反而因失恋而抓住了迈向新生活的转机。

人生风云变化难测，更何况是不能用理性评判的爱情呢。明知爱已经不在，可是为什么有的就是不肯放手，原因是什么呢？原因就是不甘心，不正确的自尊让你变得糊涂，让你执拗地牵拽着对方去继续已经没行结果的事情。

筋疲力尽的牵拽可能让人变得疯狂，越加没有理，做出一些过激的行为，从而更加使自尊丧失，甚至想回头是岸都悔之晚矣。既然如此，何不及时放手做出新的选择？洒脱地爱，洒脱地放手，也是给予了自己一次重新选择的机会。

9. 选择放手，成全对方成全自己

当你所面临的是婚外萌发的真情时，这种真爱就如生长在荆棘丛中的一株野花，在临近深秋时绽开。虽然它开得不是地方，不合时节，但它已在凉凉的秋风中战栗地开放。你又何须一脚踏死？即使踏死你也将付出惨重的代价。不如退后一步，成全对方，自己也能获得解脱。

小敏是一位医生，在上海一家很有名望的医院工作。丈夫阿军是一家工程公司的老总，每天忙得不可开交，马不停蹄地在各地跑来跑去，两人见面的时间很少。只是偶尔在周末才聚一聚。

一次，小敏和阿军偶然间在医院的急诊室相遇了。阿军向妻子解释说："我带一个女孩来看病，她是我单位的员工，由于工作劳累过度晕倒了。"小敏看了那女孩一眼，女孩看上去比阿军小很多，脸上带着点野性。小敏心里有一种说不出来的感受。

她偷偷地到丈夫的公司去打探。大家都说从来没有见过像她所描述的这样一个女孩。

小敏听后，立即像失去重心一样。回来后，她给丈夫打了电话，说她已出差在外地，要一个月后才回去。

接着她便到丈夫的公司附近蹲守。结果证明了那女孩已与阿军同居很久。

怎么办？是离婚还是抗争？小敏陷入了极度痛苦的深渊。那个晚上，她坐公共汽车回家。

车上只有三个乘客，另外两个乘客在给亲人打电话，脸上洋溢着幸福的表情。小敏痛苦地闭上眼睛，回想起摊放在桌上半年多的《离婚协议书》。

突然有人叫她，是那位司机在跟她说话："大妹子，你有心事。"小敏没有回答。“我一猜您就是为了婚姻。”小敏的脸色微微地有点冷暗。可司机却当没看见一样继续说：“我也离过婚。”

小敏眼睛微微一亮，便竖着耳朵听。

“我和我的妻子离婚了。”小敏的心不由紧了一下。“她上个月已经同那个男人结婚了，他比她大 4 岁，做翻译工作，结过婚，但没孩子。听说，他前妻是得病死的。他性格挺好的，什么事都顺着我前妻，不像我性子又急又犟，他们在一块儿挺合适的。”

小敏觉得这个司机很不寻常。

“大妹子，现在社会开放了，离婚不是什么丢人的事，你不要觉得在亲友当中抬不起头。我可以告诉你，我的妻子不是那种胡来的人，她和那个男人在大学里相爱四年，后来那个男人去了国外，两人才分手。那个男人在国外结了婚，后来妻子死了，他一个人在国外很孤独，就回来了。他们在同学聚会上见了面，这一见就分不开了。我开始也恨，也苦苦挽回，想尽办法拆散他们，可怎么都分不开。看到他们战战兢兢、如履薄冰地爱着，我心软了，就放他们一条生路……”

小敏的眼睛有些湿润了，她想起丈夫写给她的那封信：

“我没有想到会在茫茫人海中与她邂逅。在你面前，我不想隐瞒她是一个比我小很多的女人。我是在 1 万米的高空遇见她的，当时她刚刚失恋。我们谈了几句话之后，知道她和我生活在同一座城市，我不知为什么，从那一天起，心里就放不下她。后来我们频频约会，后来我决定爱她，照顾她一生。因为她，我甚至想放弃一切……”

车到站了，小敏慢慢地走下公交车，又慢慢地上楼。第二天她很平静地在《离婚协议》上签了字。

在人生的旅途上，生活会给你伤痛、苦难，同时也会给你退路和出口。当你所爱的人为了另一个人要离你而去时，你可以去挽回，但如果挽回无望，不如选择放手，给对方追求幸福的机会，同时也成全我们自己的幸福和快乐。

第二章

放空心态，让心灵获得放松

压抑时，尝试着放空自己，放下所有的偏执，放下对自己的期望。有时候，幸福并不在于你想要得到什么，而在于你已经拥有了什么。心理学上有种心态，叫“空杯心态”，意思是说：要怀着否定或者放空过去的态度，去融入新的环境，对待新的工作、新的生活。永远不要被过去的负累所缠绕，要学会放空自己，将内心归零，这样才能让自己的心灵获得放松，得清心之欢乐。

1. 及时归零，才能不断地超越自我

时钟每到子夜，都会归零，新的一天就会重新开始。人生也像时钟一样，也要经常归零。

内心归零，就是不让自己沉迷于过去的成绩，或是笼罩在过去的阴影中，将任何时候都看作新的起点，以饱满的热情、平常的心态、积极的行动去适应新的变化，提升人生的境界。

“归零”心态起源于一个佛教故事。据说，古时候一个佛学造诣很深的人，去拜访一位德高望重的老禅师。老禅师的徒弟接待他时，他态度傲慢。后来老禅师恭敬地接待了他，并为他沏茶。可在倒水时，明明杯子已经满了，老禅师还不停地倒。他不解地问：“大师，为什么杯子已经满了，还要往里倒?”大师说：“是啊，既然已满了，为什么还倒呢?”访客恍然大悟。这个故事表明，如果想要走好前面的路，就必须及时让自己的内心归零。

归零，意味着忘记昨天，松绑自我。归零，意味着珍惜今天，走好脚下的路；归零，意味着畅想明天，迎接新的曙光。

及时归零，才不会在成功后背上沉重的包袱。生活中，有的人在自己是“无名小卒”时，朝气蓬勃，敢闯敢拼，富有创新精神。可一旦成功，就判若两人，变得思维固化，谨小慎微，循规蹈矩，甚至是抱残守缺。究其原因，是过于看重成功给自己带来的荣誉和光环，生怕一不小心就把名声和地位丢掉，于是就囿于自己原来成功的老路上行走，不敢越雷池一步。只有把过去的“光辉”归零，轻装上阵，才能摆脱“束缚”，适应新环境，接受新事物，创造新成绩，实现新突破。

及时归零，才不会在成绩面前迷失自我。现实中，常有人取得一点成绩便沾沾自喜，忘乎所以，自我膨胀；作出了一点贡献就居功自傲，自我标榜。这些基于成绩带来的自满和骄傲心态，如果不及时加以调整，轻则自恃才高停滞不前，重则可能懈怠而引发问题。常言道："满招损，谦受益。"太过于沉迷以往的成功、荣誉、辉煌、掌声或成绩，就会遮盖继续前进的路标，必定会迷失自我。在鲜花和掌声面前，我们应及时会归零。以平常心对待已有的成绩，把原来的成功当成新的起点，瞄准新的目标，挖掘新的潜力，洞察新的机会，攀登新的高峰。

及时归零，才不会在失败面前低头。对于失败，遭遇一次，相信不少人都会坚强地站起来。但如果屡遭失败，或许就会有人逃避退缩、有人自我怀疑、有人意志消沉、有人抱怨不公，有的甚至是"一朝被蛇咬，十年怕井绳"，失去了面对困难的勇气，最后被失败彻底击溃。这些人与其说是被失败击溃了，还不如说是缺乏归零心态而被自己不良的心理击败的。面对失败，我们应敢于在心理上藐视它，将其统统归零；在行动上重视它，冷静分析、找出症结、制定对策，然后以轻松的心情开始新的尝试，昨天的烦恼和失败就会很快如过眼云烟飘散而去，迎接自己的将是成功的喜悦。

及时归零，才能不断地充实超越自我。归零是对自我的不断磨炼和否定，一种挑战自我的永不满足。现代社会日新月异，新事物层出不穷，知识信息高速更替。昨天正确的东西，今天不见得正确；过去行之有效的方法，现在不见得可行。如果不主动改变旧思维，丢掉老经验，就会被时代所淘汰。只有及时归零，才能吸收先进的、正确的、优秀的东西，拓宽视野，提升思维层次；才能随时清空过时的知识，更新知识体系，紧跟时代步伐；才能时刻保持奋发进取的精神状态去工作，勇破旧框框，敢于新实践，不断超越自我，完善自我。

总之，及时归零是一种人生智慧。越是归零，人生越是丰富多彩。及时归零并不是一味的否定过去，而是要怀着否定或者说放空过去的一种态度，去融入新的环境，对待新的工作，新的事物。

然而，生活中有些人总是活在过去，总牢记着自己的种种辉煌，开口就是"想当年我怎么怎么样"、"我以前能当上什么长的"、"我那时候多少人跟着我”等诸如此类的话。你要喝咖啡，就要把杯里的茶倒掉，否则把咖啡加进去之后，就茶也不是，咖啡也不是，最后什么也不是。不管我们以前有多么辉煌，那只能说明过去，并不代表未来。一个人要取得突破，必须要忘掉过去，放下过去的“负累”，重新开始。

2. 把心“归零”，重归宁静

生活在现代社会，总觉得拥有的物质越多，幸福也就越多。每天睁开眼睛，想的是更好的职位、更高的薪水、更优越的生活条件。我们的需求越来越多，工作越来越繁忙，却不知道这样无止境的追求正在慢慢地远离自己的内心，忽略内心的需求。在这种境况下，再多的物质也难以让自己的内心获得快乐和满足。

不断填充的心灵是很难去感受幸福的，快节奏的生活已经使得我们忙得没有时间停下来思考，到底有多少是自己真正需要的。这样的追求真的能让内心得到满足了吗？而真实的情况往往是：太多的忙碌，让我们的心越来越空虚。幸福和快乐，也成了遥不可及的奢望。

其实，人生也应该像时钟一样，定期归零，到了子夜就要“从零开始”。只有善于归零，生命才不会那么沉重；只有善于归零，才会让生命有新的周期与辉煌。著名作家刘震云说过：“归零心态就是把自己心灵里的一切清空，把已经拥有的一切剥除，一切归于零的心态。”实际上，无论何种境况，能适时地把自己“归零”，总是可以海阔天空、心胸豁达。

说到这，可能有人觉得，放弃自己一直以来的追求，放弃自己的习惯、爱好、身份甚至辉煌，一切从零开始，这是件多么困难的事啊！真的有人可以做到吗？事实上，我们所说的“归零”并不是要求你放下自己现在拥有的一切，让自己一无所有。“归零”，不仅仅是让你看淡甚至放弃现在已获得的地位、成就以及其他物质生活，更重要的是放空你的心灵空间。我们可能难以接受自己多年努力一下子归零的观念，但其实，念念不忘这些成就的不过是你的心罢了。只要你把心归零，随时都可以重新开始，给心灵更多的空间，去感知生命的美好与精彩。

越能够把自己“归零”的人，反倒越不会“归零”。在合适的时间里，放开自己的心，定期“归零”，让心灵有机会畅快地呼吸一次，其实是一种上升与提高，也是一种难得的积淀与涵养，更是一件愉悦身心的事。有本书的名字叫《人生那么长，停一下又何妨》，就是让我们不要急于追求某些所谓的成功，不要紧紧抓住一些欲望不肯放手。

你的心是最真实的，也最能真实地反映你是否应该定时停下脚步、放松身心、整理行囊、抛弃负担。定期把自己归零，意味着你要舍弃许多生命中的背负，清理自己的人生经历，让自己重新回到本真的状态，面对最本真的自己。当你把心态放在零的状态肘，你会发现，心无挂碍，生命便会坦然从容，心境也会宛若一轮明月、一缕清风，宁静悠然。

说到这里，想起一件事。据说有一次，哈佛大学校长来北京大学时，讲了一段自己的亲身经历。有一年，他向学校请了3个月的假，然后对自己的家人说：“不要问我去什么地方，我每周都会给家里打电话报平安的。”然后，这位校长就去了美国南部的一个农村，在农场里干活，在饭店里刷盘子。在农场干活期间，他背着老板吸支烟或和自己的工友偷偷说几句话都感到很兴奋。最后，他到一家餐厅刷盘子，只工作了4个小时，就被老板炒了鱿鱼。老板对他说：“嘿，老头，你刷盘子太慢了，你被解雇了!”于是，这位校长回到哈佛，回到了自己熟悉的工作环境，却感到像是换了另外一个天地：原来在这个位置上是一种象征，是一种荣誉。这3个月的糊口生活，让他重新改变了对人生的看法，让自己的心态复了一次位、归了一次零。

你看，只有将自己的内心归零，才能以一种全新的心境和姿态去面对，生活、面对工作、面对未来。尤其在职场当中，我们更应该学会定期将自己的心态归零，放下过去的荣辱，抛却自己已取得的辉煌。虽然这是一个非常艰难的过程，但是可以帮你释放生命中的那些负累和烦琐，让你重新获得健康、快乐、轻松的人生。

试着把你的心定期归零吧，让你的整个身心都沉浸在无忧无虑的宁静中，感受简单的快乐。不要急着奔跑，不要急着向前，要记得沿途也有美丽的风景。有位智者曾说：“昨天不论多么不值得回忆和怀念，它都像沉船那样沉人海底了；明天不论多么灿烂辉煌，它都还没有到来；而今天不论多么平常、多么暗淡，它都在我们的手里，由我们自己支配。”

的确，人生之美，往往在轻松淡然之中得以释放。常感世无净土，是因为我们的心太多负重罢了。风雨过后，就让我们将自己的心归零，如此，我们的生命才会少一分沉重，多一分从容；如此，我们才能静看生命流逝，心中安然。

3. 心中安然，便是晴天

不可否认，世俗的繁杂紧张，让我们夜夜难以成眠。无数学子挑灯夜读，却不是为了阅读的乐趣，只是为了进入一所名牌学校；青年们奔波劳碌，却不是为了生活的快乐，只是为了支付各种账单；中老年人兢兢业业，却不是为了享受人生，只是为了给自己和家人寻找一个依靠。

所有的欲望绑住了我们，让我们变得匆忙、烦躁、焦虑。然而，经历了一次次的追求，达到了一个又一个的目标后，我们却失望地发现，幸福和快乐并不在那里。

事实上，在我们的人生当中，之所以有那么多的不快乐，并不是因为我们遭遇了多少悲伤和不幸，而是我们的追逐、我们的欲望将本该快乐的心蒙蔽了。如果你的心中总是被各种各样的焦虑、烦恼、欲望填充，每天睁开眼睛，想的都是如何满足自己的欲望，自己有多么倒霉，自己的心多烦躁，又如何能看到生活的美好呢？在这种心境下，即便你看到的是美好的事物，也不会认为它们具有任何鲜活的色彩，而只认为它们都是灰色的；相反，如果你的心中总是充满快乐、喜悦以及对生活的满足，即使乌云密布，你也会因为即将看到风雨之后的彩虹而欣喜不已。

可见，世间并没有不快乐的人，有的只有我仍不肯让自己快乐的心。所有的欲望、忧伤、欢乐、满足都存在于我们的心中，如果我们想让自己的心里充满快乐、满足，就必须先舍弃那些事先填满了心的欲望与忧苦。

那只只会坐在井底仰望天空的青蛙，我们一定都还记得吧！小时候甚至还曾嘲笑过它的短视和愚钝。然而渐渐长大后，我们却常常会在不知不觉中将自己丢入烦恼的井底。那些满足不了的欲望，那些实现不了的梦想，那些得不到的利益，那些曾经受过的伤害……都会令我们的井口变得越来越小，甚至不敢跳出去。但如此纠结，又怎么能看到井口外那片广阔的天空呢？

有一位哲人说过：“我才是自己命运的主人，我主宰着我自己的心灵。”的确，决定你的生活是悲伤还是快乐的人，只有你自己。如果你认为生活是充满烦恼的，即便是晴空万里，在你的眼中也只有天边的那一片乌云，自然生活就会不快乐，还会因为你的消极对待而变得更加糟糕。相反，如果你认为一切烦恼都不会影响到你快乐的内心，那么你的生活就会一直充满阳光与微笑，不论你的那些所谓的愿望是否达成，也不论你的那些所谓的梦想是否实现。

一位朋友讲了他的一次经历：

一天下班后他乘车回家，车上的人很多，过道也站满了人。站在他面前的是一对情侣，女孩的背影看上去很标致，高挑、匀称，她的头发染成了当下最时髦的金黄色，穿着一条当时最流行的吊带裙，露出美丽的肩膀，是一个典型的都市女孩，时尚、前卫、性感。女孩和男友靠得很近，低声絮语着，不时发出欢快的笑声，引得许多人把目光投向他们。大家的目光里似乎有艳羡。朋友同时还发现，大家的眼神里有一种惊讶。朋友猜，可能是这个女孩太美了吧！

后来，女孩和男友大概聊到了电影《泰坦尼克号》，女孩便轻轻地哼起那首主题歌。女孩的嗓音也很美，将那首缠绵悱恻的歌处理得很到位，虽然只是随便哼哼，却有一番特别动人的力量。朋友想，只有足够幸福和满足的人，才会在人群中这样肆无忌惮地欢歌笑语吧。这样想来，便觉得心里酸酸的。像他这样从内到外都极为黯淡、无奈，生活充满烦恼的人，何时才能有这样旁若无人的幸福呢？

很巧，他和那对恋人在同一站下车，这也让他有机会看到女孩的脸。可就在他大步流星赶上他们并仔细观望时，他忽然惊呆了，也理解了片刻之前车上人那种惊诧的眼睛。他看到的是一张被烧坏了的脸，用“触目惊心”这个词来形容毫不夸张！朋友突然很惊讶甚至不解：这样的女孩，难道也可以有那么快乐的心境吗？

生命的形式多种多样，但生命的道理却不一而同。人生在世，本就险恶重重，疾病、困顿、失恋、破产、亲朋逝去……各种痛苦不一而足。而在痛苦中挣扎的人们，往往只会抱怨、愤恨，甚至失去理智，怨恨世界。而实际上，世间多少事，全在于你看待事物的心境。心境不同，换来的可能也是完全不同的人生。即使生活的遭遇让我们伤痕累累，但我们的内心依然可以充满快乐。

其实，生活的本质就像是一杯无色无味的白开水，你可以随心所欲地调剂它。如果你选择放入一点盐，它就是咸的；如果你选择加一些糖，它就会变得甘甜。对于味道的左右，全在于你自己的心境。就像有一句话说的那样："生活中从来都不缺少美，缺少的只是发现美的眼睛。"同样，生活中也没有什么能够剥夺我们快乐的心情，只是我们不肯用心去感受快乐罢了。

心情的颜色决定了你的世界的颜色。当你描之以灰，它便是灰色的；当你绘之以彩，它便是彩色的。要想获得快乐，就必须时刻谨记：生活可以糟糕透顶，但我们可以选择不生气，我们的心可以时刻保持快乐。当你的心宁静、阳光、淡定，那么无论遇到多么糟糕的事，都能化为轻烟、化作乐事，都可以让生活充满美好与安宁。

人生如茶，不同的人生也会有不同的韵味。温水也罢，沸水也罢，何尝不是人世间的种种机遇与命运？面对那些我们意想不到的痛苦与烦恼，我们要做的应该是坦然面对，努力放空那些苦苦纠缠于内心的痛苦。自怜。自叹，你又如何能看到人生的色彩与美丽？

人生之美，在于在淡然中释放。世无净土，是因为人心嘈杂罢了。风雨过后，就让我们多一份从容，静静地看生命流逝，心中安然，便是晴天。

4. 让心灵在忘却和释然中获得宁静

每一次的花开花谢，每一天的日升日落，每一年的春华秋实，都是造物主给予我们的无限恩赐，是我们生存于人世间的最大幸运。为此，我们应该眼界高远，这样才能看到风雨泥泞之后的阳光和雨露；我们更应该宽容豁达，这样才能体会到生活中的欢乐与感动。

然而，不可否认的是，生活在尘世之中，我们也会不可避免地与他人产生摩擦和争执，甚至发展到争辩、吵闹、拳脚相向。这个时候，我们往往难以平静，非要与对方争个高下、论个输赢，以证明自己的正确性。

真的有这种必要吗？即便是赢了，又能如何？每个人的生命都匆匆而过，短短数十年，好好享受还来不及，为什么还要让这些琐碎的事一直抢占你的生命空间呢？为何还要让那些不快干扰你的视线呢？学会原谅和放下吧。当你选择了计较、仇恨、耿耿于怀，那么你自己也将陷入无尽的忧虑和悲伤之中；相反，如果你选择放下、宽容、释然，你的心也会获得自由和宁静。因为怨恨不能让一个人成为赢家，停留在别人的过错中不肯放手，只能污染自己的心灵。

有位哲学家曾经说，堵住痛苦唯一的方法就是原谅和释怀。过于计较，不能放开胸怀，只能让自己的敌人越来越多，路越走越窄。相反，若能以宽容的心态对待他人，往往也能让自己的人生之路柳暗花明。

《菜根谭》中说：“邀千百人之欢，不如释一人之怨。”意思是说，与其邀请千百个人一起欢乐，不如原谅一个让你怀恨已久的人。人，往往会因为宽容而慈悲。一个善于放下计较和仇恨的人，才能真正让心灵获得解脱。圣雄甘地说过：“如果我们都要以眼还眼、以牙还牙，那这个世界很快就盲眼且无牙。”世界上只有一种人能够做到永远没有敌人，就是懂得宽容别人的人。一个懂得宽容别人，懂得对别人的过错释怀的人，也会因为自己的生活中不再充满仇恨而得到心灵的释放。

事实上，任何事情都具有两面性，有些事也许在你这一方看来你自己是正确的，可也许在对方看来，你却是错的。如若总认为自己最占理，心胸狭窄，便犹如一叶障目，能看到的只是别人的缺点、不足，而看不到别人的可爱之处。每见对方一次，苦痛便增加一分。如此一来，心灵的包袱也越来越重，又怎么能展开笑颜？

苏轼曾在《前赤壁赋》中说：“客亦知夫水与月乎？逝者如斯，而未尝往也；盈虚者如彼，而卒莫消长也。盖将自其变者而观之，则天地曾不能以一瞬；自其不变者而观之，则物与我皆无尽也。而又何羡乎？”

在这篇文章中，苏轼借江水与明月两个意象展开了自己的观点。苏轼认为，从一方面来看，江水滔滔不绝，日夜流逝；从另一方面来看，江水还是这一江之水。从一方面来看，月亮阴晴圆缺，每日不同；从另一方面来看，月亮本身并没有任何增减变化。

这其实也是在告诉我们：人生需要从多元的角度来进行审视，不要事事都放不下、看不开，更不要过于计较和怨恨。在社会上与他人相处，不如意总是十之八九。一旦发现他人有不如自己意愿的地方，便斤斤计较，使自己的心如同菜市一般嘈杂，又如何安享宁静？

有这样一件真实的事，看后或许能让你有些感怀：

在第二次世界大战期间，一支部队在一片森林遭遇了敌军。在经过一番激烈的战斗后，两名战士与部队失去了联系。这两名战士来自同一个小镇。

两名战士在森林中艰难跋涉，互相鼓励，互相安慰。可十几天过去了，他们仍然没能联系上部队。两个人只能靠在森林中打一点猎物维持生命。有一次，他们打死了一只鹿，又艰难地度过了几天。最后仅剩下的一点鹿肉背在年轻的战士身上。

一天，两个人正在森林中寻找出路时，忽然一声枪响，走在前面的年轻战士倒下了。幸好，这颗子弹只击中了他的肩膀，不至于致命。后面的战士惶恐地跑过来，他吓得语无伦次，抱着战友的身体泪流不止，并慌忙撕下自己的衣服为战友包扎伤口。

幸运的是，就在第二天，部队找到了他们，他们获救了。

时隔 30 年后，那位当年受伤的战士在跟朋友聊起这件事时说："我知道是谁开的枪，就是我的战友。因为他跑过来抱住我时，我碰到了他发热的枪管。但当晚我就宽容了他。我知道，他只是想独吞我身上的鹿肉，想活着回去见他的母亲。但我从来没有跟他提及这件事。战争太残酷了，他的母亲最终也没有等到他回去，我和他一起祭奠了老人家。那一天，他向我下跪，请求我的原谅，但我没让他说下去。我原谅了他，我们又做了 30 年的朋友。"

即使在今天看来，这位战士的宽容之心仍令人敬畏。但是，不正因为

他的宽容，才让他拥有了一个 30 年的老朋友吗？而我们更相信，他的宽容也为他赢得了心灵的安宁。

有一位作家说过："心宽了，世界就大了。宽恕别人的错误，能让你获得心灵的快乐和宁静。"

何尝不是呢？在人与人之间，彼此都只是过客。在人生路上，没有人能够陪伴你从起点走到终点。在这其中，有些人会陪伴你走上一段，只不过陪伴的时间有长有短，因此从某种意义上说，每个人都是孤独的行者。

所以，我们在人生的旅途上难免会遇到各种各样的人和事。当沧海变成桑田，当满目的飞花都变成了只是记忆里的一个影子时，请卸载心灵上的重负吧！我们应该学着走出藏在心灵深处那看不见、摸不着的影子，走出心灵深处狭窄的无底洞。那里没有光亮，没有新鲜的空气。唯有走出，让生命在忘却和释然中获得超脱，让心灵在忘却和释然中获得宁静，我们的人生才会在释怀之后变得更加开朗和洒脱。

5. 学会放下，获得快乐

在这个繁忙的世界中，悠然自得，闲庭信步，将美好恬淡静守心中。停下匆忙的脚步，歇一歇，去试试陶渊明“采菊东篱下，悠然见南山”的闲适与安逸。霓虹的繁华只是过眼云烟，灯火的斑斓也只是镜花水月。自然的唯美与娴静，才是人生最应该追求的真谛。

所以，在繁华的世界里，我们不仅要学会放慢脚步，还要学会放下欲望，放下生活的包袱和累赘，让自己靠近自然，拾取一片落叶，浅尝一滴溪水，微笑着面对夕阳，享受生活的美好。

这样的生活，自然是最赏心悦目的了。然而现实的情况却是：很多人对这种生活只限于想想，却根本无法做到。他们放不下自己的欲望，放不下自己所谓的理想、价值、目标、追求，于是每天忙忙碌碌、辛苦奔波。结果呢？很多东西你越是抓住不放，反而越容易失去。

没有放下，就没有获得，也就不会有快乐。人生纵然拥有钱财万贯，也不过一日三餐；纵有广厦万间，也不过只用七尺床铺容身。只可惜，我们总是不能明白。“身后有余忘缩手，眼前无路想回头”，这句话说了几百年，可真正能参透的又有几人？

要放下生活中所拥有的可能很难，甚至会带来一时的损失和心痛，然而真正学会放下后你会发现，所有的纠结和烦恼反而可以转变成一片海阔天空。因为放下是一种心灵的感悟，一种淡然的超脱，一种对外界事物进退取舍、远近厚薄的把握。

人生就像在爬山，本来是到山顶看风景的，可由于身上背负着太多的欲望和追求，就会越爬越累，别说登上山顶了，恐怕连欣赏沿途风景的心情都会荡然无存。

每个人来到这个世界的时候，都背着一个空空的篓子。可是，人们习惯了每走一步就要从这个世界捡一样东西放在自己的背篓中，所以背篓也越来越满，人也感到越来越累。而只有舍得丢掉那些不需要的东西，才有精力珍惜最想呵护的东西，才能除却繁杂，让自己活得轻松快乐。就像尼尔·唐纳·沃许在《与神为友》一书中写的那样："我不会'抓紧'任何我拥有的东西！我学会的是，当我抓紧东西时，我才会失去它。如果我'抓紧'爱，我也许就完全没有爱；如果我'抓紧'金钱，它便毫无价值。想要体验'拥有'任何东西的唯一方法，就是将它'放下'。"

的确，你一定有过这样的经历：紧握海滩上的沙子，它会顺着你的指缝滑走。幸福和快乐其实也像我们手中的沙子一样，想要获得它们，就要学会张开双手，学会倒空心怀，这样才能自然地获得幸福和快乐，而不是试图紧紧地抓住不放。

在生活中，懂得适当放弃、适时转弯，反而更容易得到自己想要的结果。

德川家康说过："人生不过是一场带着行李的旅行，我们只能不断向前走。在行走的过程中，要想使旅途轻松而快乐，就要懂得抛弃一些沉重的包袱。"天使之所以能够自由飞翔，就在于她有轻盈的翅膀；一旦系上黄金，也就不可能再远翔了。

很多时候，我们都羡慕天空中自由自在飞翔的鸟儿。人，其实也应该像鸟儿一样，欢呼于枝头，跳跃于林间，与清风嬉戏，与明月做伴，饮山泉，觅草虫，无拘无束，无羁无绊。这才是鸟儿应有的生活，也是人类应有的生活。

然而，现实中又有多少人能做到像鸟儿那样自由自在、无拘无束呢？或许我们都曾为了追求灯红酒绿的生活，为了赶上时代的节奏而快步疾走，但你可曾想过，在快步前行的同时，我们是否已经弄丢了一地的美丽？

永不放弃的东西未必终生都对你有益，所以，如果你希望人生旅途是轻松而快乐的，就要学着慢慢放下一些东西，丢弃身上那些多余的负担，丢掉心中那些旧的恐惧、旧的束缚、旧的不快、旧的懊悔……放下任何不值得背负的东西。就像一首歌中唱的那样："一只手，握不住流沙；两双眼，留不住落花。"上帝在为你关掉一扇门的同时，也一定会为你打开一扇窗。我们不要只是盯着那扇关上的门，而忘记那扇展现新鲜风景的窗。因为一个永远不懂得放下的人，是一个沉重的人，他的人生也无法承受如此生命之重。只有懂得放下，人生才能轻松自在，才能拥有人生中新的收获和新的体验。

《红楼梦》中写道："世人都晓神仙好，惟有功名忘不了！古今将相在何方？荒冢一堆草没了。"无论你的今生多么辉煌灿烂，我们最后都不过是一抔黄土。如此，在倦了、累了时，试着放下那些缠绕你生命的负担吧！生活本来就是不断创造幸福的过程，为自己赢得幸福，也给他人幸福，而得到幸福的方式，就是学会适时地放手，卸下肩上的压力，让身心休息，让灵魂安宁。最美满的人生，应该是陌上流年，且吟且行，不去在意纷扰，不去忧虑明日，放下一切执念，素心如简，待莲花开尽后，便是清欢。

6. 放空自己，沉淀心灵

生活在物欲横流的社会当中，我们每个人都不过是浩瀚海洋中的一个漂流瓶，此处不是岸，彼处不是头，匆匆地游走，有时甚至连“匆匆”都由不得自己掌控。

置身于宇宙之中的我们虽然渺小，奔走于人海中的我们虽然身不由己，穿梭于时间隧道中的我们也无能为力，可我们始终都不曾放弃一个目标，那就是追寻最真实的自己。

我们恐怕已经记不得最初问我们有何梦想的人是谁了，那也许是你的某位师长，也许是你的某位挚友。只是不论你曾经有过什么样美好的梦想，当你踏入社会后，无声无息的岁月便将你卷入了各种各样的竞争、奔忙、欲望以及沮丧、无奈之中。于是乎，我们的心也渐渐变得焦虑、恐惧、迷茫、沉重，不知该如何应付这糟糕的生活。

心理学上有种心态，叫“空杯心态”，意思是说：要怀着否定或者放空过去的态度，去融入新的环境，对待新的工作、新的生活。永远不要被过去的负累所缠绕，要学会放空自己，将内心归零，这样才能让自己的心灵获得放松，得清心之欢乐。

韩国的法顶禅师，常年住在深山之中，过着清贫的生活。他所居住的地方，冬天的气温常常会降到零下 20 摄氏度。冬天时，溪水结成厚厚的冰层，每次都需要敲破冰层才能取水。但就算把厚冰敲破了，很快又会结冰。就是在这样的环境下，法顶禅师依然过得很开心自在。他放弃了世俗中的一切功名利禄，将自己还原为原始山民，虽然身在深山之中，却成为韩国人的精神导师。

法顶禅师放空了自己，才获得了内心的真正圆满。他的物质虽然匮乏，可内心却比我们更充实。只有善于放空自己，我们才能除却妄念，获得一种宁静专一的状态。

放空自己并不是彻底放弃自己的初衷，相反，这恰恰是为了寻找更好的自己。正如印度克里希那穆提在《重新认识你自己》的第十四章中所说的那样："你必须每天都能死于一切已知的创伤、荣辱以及自制的意象和所有的经验，你才能从已知中解脱。每天都大死一番，脑细胞才会变得清新、年轻而单纯。"

"大死一番"其实就是放空自己，让自己的内心归零。能够做到这一点，你才能更加深刻地体验到生命的清纯、美好与完满无缺。

可是，现实中的许多人却总是把时间和思想填得满满的，常常忘了自己心之所想，忘了奋斗的目的，以为放松就是浪费时间，是无意义、是懈怠。所以，大街上也便多了步履匆匆、满腹心事，甚至焦躁不安的人，他们从不肯让自己闲下来、静下来，保留一份空白，独享时间的流逝。然而，人们常常总会在某一个时刻，突然意识到自己的心已经被重重琐事所羁绊，自己以前十分喜爱的工作也变得那么陌生，甚至厌倦和松懈，而以前引以为傲的成功经验转眼间已经成了绊脚石……于是，心累了、倦了。这时如果我们再固执地争做强者，强撑下去，只能让自己的心更累、更沉重。最好的办法就是放空自己，让自己暂时忘掉一切，暂时抛开世俗的一切，让自己的脚步慢下来，让自己的心灵得以沉淀。

"扫地扫地扫心地，心地不扫空扫地。人人都把心地扫，世间无处不净地。"有人说这是传说，也有人说这是事实，但这句话可以让我们彻悟打扫心地的要义：心明清净才是人生智慧的提炼与升华。

金庸先生的武侠名作《倚天屠龙记》中有这样一个桥段：张三丰教张无忌学太极剑。张三丰先演示了一遍，然后问张无忌："孩儿，你看清楚了没有？"张无忌答道："看清楚了。"张三丰又问："都记得了没有？"张无忌道："已忘记了一小半。"张三丰道："好，那也难为了你。你自己去想想罢。"张无忌低头默想。过了一会儿，张三丰问："现下怎样了？"张无忌道："已忘记了一大半。"张三丰微笑道："好，我再使一遍。"于是提剑出招，又演将起来。张无忌只看了数招，心下大奇，原来第二次所使与第一次使的竟然没一招相同。只见张三丰画剑成圈，又问道："孩儿，怎样啦?"张无忌道："还有3招没忘记。"张三丰点点头，放剑归座。张无忌在殿上缓缓踱了一个圈子，沉思半晌，忽然抬起头来，满脸喜色，叫道："这下我可全忘了，忘得干干净净了。"

金庸老先生也许就是想通过这段内容告诉读者：要想最快地接受新鲜的事物，就要把自己的心当成是一个瓶子。只有把瓶子里的东西放空之后，才能更好地去装下其他的东西，寻找到最初的梦想。

心灵也像一个家一样，容量是有限的。不管你的名气有多大、职位有多高，也不管你拥有多少物质财富，你都无法突破这种限定。而人生一世，难免有挫折、失败、不幸，难免有烦恼、寂寞、孤独，这些东西就像旧书报和废手稿一样，于你的人生毫无用处，却侵占了你大量的生命空间。为什么不及时清理掉，非要让自己的心灵变成一个塞满尘埃的垃圾桶呢?

慧律法师曾说：人们看到皎洁的明月，远在宇宙的彼方，高不可攀；禅者则静静地合掌掬水，看见月儿落在手中，世上一切，全是自心影现。清净之心，生琉璃之象，清澈明透，世上一切，不过是云水禅心之境界，如水人生，单纯见底；云海烟波，飘浮于心。人生活在世界上，必定有欲望，有欲望便有失有得，有得失便心生烦恼，本心也因此而晦暗不明。当我们蓦然回头时，早已看不清曾经的自己；观望现在，也迷茫于眼前正在走的路；遥想未来，更不见未来的方向。如果能从烟雾迷绕的世相中寻找到自己的初心，发现自己的本性，便眼明心亮了。

所以，我们在行走的过程中，应该适时地停下来，清空心灵，静听心音。一切由心而生的东西，应该由心来主导。我们可以不相信自己的眼睛，但要相信自己的心，清净明亮的心。相信如此，我们的生命便能最大限度地获得自由和欢乐。

7. 为烦恼找个出口

人为什么会烦恼？答案肯定是五花八门的。但究其原因，也许还是智慧不够，参不透；心胸太小，想不开。我们都是世俗中的凡人，不想离群索居，也无法摆脱纷扰的世事，但是，至少我们应不让烦恼无时无刻纠缠着我们，即便这可能有一些难度。

鞋子里进了沙粒，需要及时清除，否则会磨伤自己的双脚，成为我们长途跋涉的障碍。我们的心中有时也会进入沙粒、浮尘，这些沙粒、浮尘就是世间的那些烦恼、忧虑，它们也会成为剥夺我们快乐和幸福的隐患，同样要及时清除。如若不然，我们的心灵定然会饱受摧残。

怎样才能清除心灵中的这些烦恼呢？烦恼不会无故消失，最好的方法就是为它们找个出口，将烦恼释放出去。先贤说过：把心沉静下来，什么也不去想，烦恼就没有了。先贤的话如同水中的一粒石子，你可能什么都没想，心就沉静下来了。而芸芸众生在听着“咕咚”一声闷响之后，烦恼恐怕便又如涟漪般荡漾开来了。

生活中的烦恼，说有就有，没有也会有；说没有就没有，有也会没有，关键还在于世人对待烦恼的态度和处理方法。在很多人看来，幸福都是围绕在别人身边的，烦恼总是纠缠在自己心里的——这也是大多数人对幸福和烦恼的理解。没有房子的人，以为买了房子就可以没有烦恼；贫穷的人，以为有了钱就可以获得幸福。而结果呢？有烦恼的依旧难消烦恼，不幸福的仍然难获幸福。

烦恼，永远是寻找幸福的人命中的劫数。

生活中有太多的不平事，让你寝食难安，伤心恨日常，烦恼无间断，心里被塞得满满的。此时，你是否想过放手，让自己紧紧抓住的烦恼消失，静看云淡风轻呢？

有一个小和尚，心中经常被各种各样的烦恼占据，为此他常常焦虑不安，夜不能寐。他觉得自己受了很多苦：自幼失去父母，被亲戚扔到佛寺，在佛寺里经常被凶恶的和尚欺负，每天吃不饱穿不暖，还要干很多粗活累活……

有一天，小和尚忍不住找到寺庙的住持，诉说自己的心事。让他纳闷的是，住持并没有安慰他，反倒说："谁又是幸运的呢？你以为别人都比你幸福吗？也许他们比你还要烦恼呢！"

"那么，他们都是怎么熬过来的呢？"小和尚问。

住持让小和尚端来一杯清水，他在清水中放了一勺盐，让小和尚喝一口，然后问他："咸吗？"小和尚皱着眉头说："又咸又苦！真难喝！"

住持又让小和尚到寺院后的湖边，将那杯盐水倒入湖水中，又舀了一杯水递给小和尚。小和尚喝下后，住持又问："苦吗？"小和尚摇摇头，说："不苦不苦，甜甜的！"

"你看，这就是方法。"住持微笑着说。

溶解苦难的，只有心灵的甘甜。只要心灵足够清澈、足够甘甜，再多的烦恼也不能改变你的笑脸。人之所以容易烦恼，往往是心灵被各种欲望所捆绑，其实多是作茧自缚、自投罗网。如果你能学着放开心头的那些烦恼事，你会发现：快乐和幸福并非遥不可及。就如卞之琳的《断章》诗所写的那样：你站在桥上看风景，看风景的人在楼上看你；明月装饰了你的窗子，你装饰了别人的梦。

心静，则万事安。人生若善于除去杂念，心静如水，生命便会更加清澈美好。即使苦痛时有，甚至常随身边，最终也会成为让我们内心强大的力量，因为它始终由心承载。若能面对世间烦恼而心如止水，那么生活也会跟随本心安然度过。舒额顺眉，放下内心的忧虑和烦恼，悠然自得地漫步在人生路上，一切都会向着预想的方向伸展。既然生命有定数，苦恼本无意，我们为什么不宽心释怀，享受当下的美好呢？

早晨第一缕阳光照进房间，我们醒来，呼吸第一口清新的空气，虽然简单，却很重要，我们依然活在这世上。存在是美好的。

充满阳光的午后，工作的间隙，泡一杯清茶，对窗，透过阳光，与时光分享，让身心充分沉浸在幽幽的茶香中。阳光是美好的。

晚饭后，与爱人手挽手，漫步在林荫路上，回忆过往，憧憬未来，轻嗅路边野花的芳香。陪伴是美好的。

正忙着，母亲打来电话，说点生活的琐事，发点柴米油盐的牢骚。家庭里的小吵小闹，说明父母身体健康，活力十足。家人健康是美好的。

工作虽然忙碌，但仍可以放慢脚步，用心感受生活，同时休整身心，为下一步的成功努力。有希望是美好的。

你看，生活中几乎所有你认为烦恼的事，如果换个角度来看，都会发现它们并非不幸，反倒可以看到幸福的一面。可见，烦恼都是自找的。之所以感到烦恼，是我们自己捆住了自己的心。

真正的生活，是在日常生活之上的心灵享受。就像大海中的鱼，越是深潜，就越是感到水的压力和渔网的逼近，但若能尽力跳出水面，却会看到一番海阔天高的美景。即使再次潜入深海，它也已经是一条开了眼界、有了见识的鱼。从此，它可以比较天蓝与海蓝的区别，思考鸟儿的翅膀与鱼儿的鳍有什么不同。而一旦你的心灵能够跳出生活的囹圄，将其中的烦恼释放，幸福也就会像花儿一样安然绽放。

《菜根谭》上说："随缘便是遣缘，似舞蝶与飞花共适；顺事自然无事，若满月偕盂水同圆。"随缘，便会与花开蝶舞一般自然；顺事，便不会滋生是非。庸人自扰，如月射盂缸，两轮明月，一样圆盈。诸多幻象，稍纵疏离。我们把握不住生活中的琐事，却可以把握住看生活的窗口。打开心窗，看到的将是彩虹，而不是风雨。

8. 生活需要弹性

在生活中，我们承受着来自各方面的压力，如果任由压力积累，终将难以承受。这时候，我们需要弯下身来，释下重负，这样才能够重避免压断的结局。

弯曲，并不是低头或失败，而是一种弹性的生存方式，是一种生存的艺术。

加拿大魁北克有一条南北向的山谷，西坡长满松树、女贞、柏树，而东坡只有雪松。

为什么会出现这样的现象？因为东坡雪很大，雪松比较柔软，当雪在树上积累到一定重量时它就弯曲了，令雪滑落下来。而女贞、柏树却不能弯曲只是固执地强顶，所以，它们被雪压断了。

生活需要弹性，宁折不弯的结果往往就是被折断。如果缺乏弹性，像生铁一块：要么僵直，要么脆断，不仅会活得很累，而且还可能让自己到处碰壁。如果我们能够多一些弹性，多接受一些东西，那么我们也就能多战胜一些东西，让自己的人生之路更顺畅。

在风中，小草容易弯曲，参天大树则巍然挺立，不摆不动。一阵狂风可以把大树连根拔起，可是，不管风有多大，也不能把在狂风面前弯倒在地的小草连根拔起。这就是小草不执著地宁折不弯的结果。

在生活当中，我们常常可以见到一些人，他们做事缺乏弹性，哪怕只是一件非常容易解决的小问题，但由于过于“执著”，最后往往弄得相当严重。

有一对年轻的恋人，两个人都各自忙了一阵子，好不容易有时间相约出去吃晚餐。他体贴地问她：“今天想吃什么？”她很努力地想了很久，并且认真地回答："吃小笼包，很有名的那一家。"他们兴冲冲地赶到名闻遐迩的小笼包店，却只见铁门拉了下来，上面只有"正在装修，择日开业"八个大字迎接他们。她一时之间很难接受期待落空的结果，竟在瞬间变了脸色。"改天我再请你来吃嘛，别不开心了。"他很有耐心地安抚她的情绪，却意外地激起她的反击。"都是你啦，事先也不打听清楚，害我们大老远跑来还扑了空。"说着说着，她竟边走边哭了起来。对于她剧烈的反应，他有点不知所措，但仍千方百计地设法让她开心。"那我们去吃另外一家小笼包好吗？…'不要，"她斩钉截铁地再说一次，"我就是不要。"甩头一个人往前走。很留意风度的他，立刻追了过去，但心里已经对她突如其来变得不可理喻的行为，有了难以磨灭的反感。

其实，约会时决定晚餐吃什么，对感情并没有关键性的影响，但是若缺乏弹性，就容易造成僵局，并形成两个人交往的障碍。

无论是在生活中还是工作中，一个人的观念、体能、职位、金钱、人际关系等等，都需要有很好的弹性。观念有弹性，就不会老是非此即彼、非黑即白；体能有弹性，好处不只是动静皆宜而已，代表健康状况也很不错；职位有弹性，能接受三起三落，自己不容易失业，也能全方位锻炼自己；金钱有弹性，吃路边摊和五星级饭店，都能享受出不同的美味；人际关系有弹性，才可以在进退之间，同时拥有亲密与自由。

9. 不要执著地等待无望的爱情

从古至今，无数的人在执著地等待中度日如年，憔悴不堪。他们以为自己没有错，以为心诚能使铁树开花。然而在男女的特定关系中，最难用是非对错来衡量，有时等待是合理的，有时等待就是一种浪费，比如在一份错位的感情中，这样的等待间越长，伤害就越大。

张×大学毕业后不久就与男朋友李×同居了，可是令她没有想到的是，李×竟背着她跟在法国留学的前任女友藕断丝连；后来在前女友的帮助下，李×很快就办好了去法国留学的签证，这时一直蒙在鼓里的张×才知道事情的真相，就在她还未来得及悲伤的时候，李×已经坐上飞机远走高飞了。没有了李×，张×也就没有了终成眷属的期待，她决心化悲痛为力量，将业余时间都用在学习上，准备报考研究生，她想充实自己，也想让美丽的校园化解心中的不满。

可是就在这时她发现，她怀上了李×的孩子，唯一的方法是不为人知地去做人工流产，而她的家乡并不在这里，她实在找不到可以托付的医院或朋友。

她的忧郁不安被她的上司吴处长发现了，一天，下班后办公室里只剩下张×一个人时，吴处长走了进来，他盯着她看了好半天，突然问起了她的个人生活。这一段时日的忧郁不安使张×经不起一句关切的问候，她不由得含着眼泪将自己的故事和盘托出。第二天，吴处长便带她到一家医院，陪她顺利做完了手术，又叫了一辆出租车送她回到宿舍，并为她买了许多营养品。

从那以后，她和吴处长之间仿佛有了一种默契，既已让他分担了她生命中最隐秘的故事，她不由自主地将他看作她最亲密的人了。有一天，她在路上偶然遇到吴处长和他爱人，当时正巧碰上他爱人正在大发脾气，吴处长脸色灰白，一声不吭，他见到张×后，满脸尴尬。

第二天，吴处长与她谈到他的妻子，说她是一家合资企业的技术工人，文化不高收入却不低，在家中总是颐指气使，而且在同事和朋友面前也不给他留面子，他做男人的自尊已丧失殆尽。

说着说着，他突然握住她的手，狂热地说："我真的爱你。"她了解他的无奈和苦恼，也感激他对她的关心和帮助，虽然明知他是有妇之夫，但还是身不由己地陷了进去。

不知是出于爱的心理还是知恩图报，反正她从此成了他的情人，他对她说得最多的一句话就是："我是真的喜欢你，你放心，我很快就会办离婚。"可是从来不见他开始行动，她心里明白，他不可能离开老婆孩子，但只要他真心爱她，她可以等待。

他们经常在办公室里幽会，时间一过就是两年，她无怨无悔地等了他两年。一天晚上，当吴处长正狂热地亲吻她时，办公室的门突然被撞开了，单位里另一个处的李处长一声不吭地在门口站了一会儿，一言不发就走开了。吴处长顿时脸色惨白，原来，李处长正在与他争夺晋升副局长一职，可见他处心积虑地窥探他们已有多时。吴处长惊慌失措，仓皇地离她而去。她预料到会有事情发生，果然，他捷足先登，到上级那里交待，他痛心疾首地说自己一时糊涂，没能抵挡住她投怀送抱的诱惑。

她气愤至极，赶到他家里要讨个说法，她毕竟涉世未深，她还是个女孩子，他爱人不明就里，把她让到书房，不一会儿，她看到吴处长扛着一袋大米回来了，一进门就肉麻地叫着他爱人的小名，分明是一位体贴又忠诚的丈夫。然后直奔厨房，系起了围裙，等他爱人好不容易有空告诉他有客人来了时，他甩着两只油手，出现在书房门口，一见是她，大张着嘴半天说不出一句话。

刹那间，她的心泪雨滂沱，为自己那份圣洁的感情又遭践踏，也为自己真心错许眼前这个虚伪软弱的男人，所有的话都没有必要再说，她昂首走出了房门。

自尊心很强的她带着一身的创伤，辞职离开了这个给了她太多伤心的城市，从此开始了漂泊的生活。

不要执著地等待无望的爱情。当你的眼眸里只有他时，他的消失自然会令你丧失了全世界。但如果你勇敢地转过身，你就会发现，眼前的世界是那么丰富精彩，还有更多值得你珍视的东西。幸福，也许离你只有一个转身的距离。

第三章

心归宁静，让思绪沉淀

身处于纷繁的红尘俗世，不少人会为其所扰、为其所困，丢失心灵的安宁，终其一生而不得脱。身静乃是末，心静乃是本。其实仔细想想，世间的一切都不会因为你的烦恼而存在，也不会因为你的浮躁而改变。既然如此，我们何不看淡这一切？面对生活的无常与多变，我们唯有透过内在的平静与旷达，才能淡定地超越生死、成败、名利与荣辱。

1. 心归宁静，痛苦释然

陶渊明在《饮酒》中写道："结庐在人境，而无车马喧。问君何能尔，心远地自偏。"在纷纷扰扰的尘世中，很多人都在追名逐利、尔虞我诈，可有那么一些人，还能很悠然地享受晨风夕露、阶柳庭花。即使是身处嘈杂的官场之中，这些人也依然不受喧嚣的侵袭，心中泰然自若。在陶渊明的诗中，他结庐在人境，也就是人来人往的村野，自然人烟不会稀少，可却听不到尘世的熙熙攘攘和车马的烦扰，这是为什么？

诗的下一句，诗人给出了自己的答案——心远地自偏。心远，归于宁静，是人生的一种境界。

太阳并不会因为我们的哭泣就停下降落的脚步。那些丑陋的伤疤也不会因为我们的疼痛就在一瞬间消失。生命从来都是残酷的，但也是我们必须去经受的考验。它要我们学会坦然接受，接受那些好的与不好的，接受那些幸运与无奈。成事不说，遂事不谏，既往不咎，人生需要的就是一份洒脱、宁静的心态。

有这样一个故事。有一只小兔子在一次森林火灾中被烧伤了耳朵。从此它就再也不出去找小伙伴一起玩了，整天郁郁寡欢。

小松鼠看到了，很着急，就想出很多办法让兔子开心，可无济于事。松鼠知道，要想让小兔子真正开心，就必须克服它的心理障碍，让它真正摆脱痛苦。

于是，松鼠就对小兔子说："我认识一个很有修为的人，我们一起去找它吧，它能让你真正快乐起来。"

它们先来到小马的住处。小马正在找吃的，这样它病中的妈妈才不会挨饿。小兔子见小马忙里忙外，却依然神采奕奕，就问："你妈妈生病了，你怎么还这么平静？"

小马说："妈妈已经生病了，我只有到处找吃的，才不会让妈妈挨饿，妈妈的病才能快点好起来。如果我也心情不好，妈妈就会心情不好，病也好得慢。我为什么要这样做呢？事情发生了，我该做的就是让自己平静下来，寻找解决问题的办法，而不是一味地痛苦消沉啊！"

后来，它们又遇到了一只瘸腿的狐狸。小兔子见狐狸背着个包裹，虽然一瘸一拐的，却一副优哉游哉的样子，就上去问："你的腿都瘸了，为什么还这么悠闲？你现在要去哪里？"

狐狸说："我的腿虽然瘸了，可是我的心很完整呀！我要去看看外面的世界。这世上还有很多有意思的事我没经历过呢。我得去历练一番，这样才不枉来世上走一遭。"

小兔子听完，忽然觉得心胸豁然开朗，心情似乎也好了很多，不开心的事也放下了。小松鼠看到了小兔子的变化，就说："其实根本就没有什么仙人能帮助你，能让你心中的郁结真正消失的仙人本来就只有你自己。"

世俗为什么会让人不得清净？因为你太在意生活的琐碎、别人的目光、身外的物欲。这时，你应该试着改变自己的心态，让自己的心平静下来，远离那些凡尘俗世的纷纷扰扰。你可以安睡，可以打盹，可以旅游，可以写诗作画，可以哼歌品茶，可以呼朋唤友……在做这些时，你的心情也会渐渐变得惬意、愉快、淡然，而那些不断烦扰你的痛苦，也会渐渐释然。

美国著名的心理学家威廉·詹姆斯说："我们这一代人最重要的发现，就是人能改变心态，从而改变自己的一生。"的确，人的一生幸福或坎坷、快乐或痛苦，有相当一部分是由自己的心态决定的。你要把世间发生的事都看得坦然，你的心就会豁然开朗，生活也会过得宁静、坦然。

《功夫熊猫 2》的一开篇，师父在阿宝面前要了一次帅，告诉阿宝说："我修炼了 50 年，苦思冥想，悟到了功夫的最高境界，那就是——静下心来。"心中无事萦绕，清净自然相伴。倘若你不停地为世俗所烦恼，便不要将这世俗看成一锅沸水，而应看成一个湖泊，这样即便有波纹，也是一种天然的韵致。

古人说："你永远要宽恕众生，不论他有多坏，甚至伤害过你，你也一定要放下，才能得到真正的快乐。”执着于伤痕，必将忽略身边的风景。人要学会用心去指引双眼，心中想要看到怎样的风景，眼睛就要望向何方。若心中一直被伤痕占满，永远保持在隐隐作痛的状态，眼中之物也沾满灰尘、黯淡无光了；若心归于平静安宁，不去理会世事的烦琐纷扰，那么目光所及之处就会鲜花丛生、鸟语花香。

身静乃是末，心静乃是本。其实仔细想想，世间的一切都不会因为你的烦恼而存在，也不会因为你的浮躁而改变。既然如此，我们何不看淡这一切？面对生活的无常与多变，我们唯有透过内在的平静与旷达，才能淡定地超越生死、成败、名利与荣辱。

心若向阳，必生温暖；心若哀凄，必生悲凉。身处纷扰的红尘，我们无法改变命运的残酷，无法希冀旁人善意的目光，唯一能做的，便是始终怀揣一颗淡然、平静的心，去接受生命中的沧海桑田。心静，那应该是繁复后的至简，波澜起伏中的淡定，面对人情的冷暖，面对红尘的诱惑。心静之人，通常也会比一般人更能够懂得感悟，懂得取舍，懂得尽自己的全力，求得最好的结果。只有心静下来，我们才能摆脱痛苦，让幸福快乐的种子在心田里生根、发芽，花香四溢，从而让生命的旅程携带馨香，温婉着一路欢歌……

2. 放慢自己的脚步，享受生活的安然

有一首歌的歌词中有这样两句：我一直在赶路，忘了停下脚步；我一直在赶路，忘了你的祝福……

现代人似乎都处于这样一种困境之中：一直在忙碌，一直在往前奔跑，以为拼命赶路的我们真的会在某个终点获得幸福。当我们还是孩子时，要拼命读书，考大学；毕业了，要拼命找工作、挣钱、买房子、结婚……在这种不能停止的追求当中，我们深感疲惫，却一直不曾追到我们希望中的幸福。甚至到最后，我们居然不知道自己当初苦苦追求、忙碌奔波的目的究竟是什么？

这让我想到一个故事，说一个人有一天想要往墙上挂一幅画，就匆匆忙忙地找来锤子。可当他把钉子钉进墙后，却发现这个钉子根本挂不住这幅画。怎么办呢？那就只能往墙里再楔一个小木楔子，然后再钉钉子。于是，他去找木头。找到木头后发现太大，他又去找斧子。找到了斧子，又发现这个斧子不顺手，就又去找锯。锯有了，又发现锯条断了，又去找锯条……

这样一件一件东西找下来，等到他把所有的东西都凑齐后，却已经不知道自己到底要干什么了。因为他早就忘了那幅画。

非常有意思的一则小故事，但也很像我们今天的生活。我们在行走，我们在奔波，我们背着重重的行囊，我们终日忙忙碌碌，但走着走着，却忘记了自己当初为什么而出发。

有人说，追求生活的幸福和快乐就像"谈恋爱"，不同的人会有不同的追求目标，不同的人也会有不同的经历和体验。

比如，恋爱中有人会将"爱并追求着"当成幸福，认为一切美好的感觉

都蕴含在追求的整个过程中，这个过程有甜蜜、有苦涩，有欢笑、有泪水，但这一过程的所有要素编织在一起，就成了快乐和幸福。这类人倾向于在追求幸福的过程中享受幸福。

相反，也有一部分人认为，只有把爱的人追到手并结婚才是真正的幸福。他们将结果看成幸福，认为只有实现了预期目标，获得预期的结果，享受到了结果的满足，才算是获得了幸福和快乐。很明显，这类人是倾向于在结果中享受幸福。

更多的人在生活中的态度与上述的第二种人很相似，每天忙着上班，忙着学习，忙着充电，忙着投资理财，急于让自己投身于这个不断追求的过程当中，以为这样就可以尽快达到自己的目标，获得幸福的感受。然而，只顾着低头匆忙赶路寻找幸福的我们，却忘记了观赏沿路的风景本身也是一种幸福，忘记了行走途中亲人和朋友的祝福与关心同样是一种幸福。

在韩国电影《长腿怪叔叔》里，女主人公茱迪在得知一直帮助她的“长腿叔叔”就是生活在她身边且将不久于人世的杰维时，有这样一段感悟：

“我一直在给你写信，写我的故事，以此来让我感到少一些孤寂。我生命中第一次感到后悔，我该怎么办？……那么多的美好瞬间里，自己要找的人其实就在身边，然而我们却常常在过去的每一段行程里只顾急急地向前飞奔，太在意对结果的追求。周围的风景尽管美丽，我们却始终无暇顾及，等到终于身心疲惫地追寻到那梦寐以求的答案时，却忽然发现心里空荡荡的。结果的获得，似乎并没有预想的幸福，甚至是残酷的。而所要寻找的人早已在身边守候，所盼望的幸福其实早就蕴藏在无暇顾及的过程当中了。”

在追寻人生目标的过程中，我们永远都不知道明天将会发生什么，不知道哪一个拐角会有怎样出人意料的奇遇，但过程中的点点滴滴，那曾经有过的热切憧憬的心，那偶尔回眸的深情厚谊，那风中雨中的守候，那冷暖悲欢的一路相随，不也正是一种幸福吗？为什么我们总是行走，而忽略掉沿途这些本来要追求的事物和目标呢？

是因为我们太急躁。我们急着工作，急着赚钱，急着升迁，急着买房，急着结婚……我们就像旋转的陀螺一样，一刻也不停歇。渐渐地，我们越走越远，以至于远离了生活本身。我们为生活增加了诸多桎梏，并且还自作多情地将它装饰成繁华炫目却不堪重负的花车，目的是展示而不是前行。

只是你恐怕忘记了，生命原本就是一个过程。在生命漫长的历程中，太多的日子我们只顾匆匆忙忙、平平庸庸地追寻，然而途中曾经发生了什么，是否有过快乐的感觉，好像都不记得了。只记得我们一直在忙着赶路，忽略了沿途的风光，忽略了身边所有爱我们的人，更忽略了最初的追求。而当我们没能像预期那样实现目标、找到幸福，再次回首时才发现，原来忽略沿途的风景和当下的生活，才是人生最大的悲哀。

黎巴嫩诗人纪伯伦早就告诫世人："我们已经走得太远，以至于忘记了为什么而出发。"在这种境况下，我们的心如何不迷茫？

所以，让自己慢一点吧，别再那么急匆匆的。当你在为一些拼命追寻的东西而殚精竭虑、筋疲力尽地奔跑的时候，请一定要给自己留点喘息的时间，停下来寻找一下自己最初的梦想，别再弄丢了最初的目标。如果我们能在快速发展的时代中学会慢生活，体味慢生活的美好，真正让自己的脚步慢下来，相信你一定能够幸运地体会出一种不曾有过的安然。

3. 不是世界太喧嚣，而是你的心太吵

不知道从什么时候开始，我们的眼睛看不到了路边开满鲜花的小树，忽略了小桥流水的灵秀，来不及去品味亲情之暖、爱情之美、友情之甘，来不及品味生活中种种细节带给我们的感动。每每半夜醒来，也往往会瞪着天花板发愣。茫然之际，忽然看见自己一个人在踽踽独行，有些孤单，有些凄惶。不知道自己想要什么，也不知道自己想去哪里，仿佛什么都想要，却一直是两手空空。仿佛哪里都想去，却一直停留在原地。

我们这是怎么了？尘世的浮华喧嚣渐渐吞噬浸染了我们洁净的心灵，快节奏的生活替代了田园诗般的惬意，忙碌挤占了闲情，奔跑取代了散步。每个人都在匆忙地工作、劳苦地奔波。究竟，我们是在为何而忙碌？

“不是我不明白，而是这世界变化快。”每一天，我们都在疲于奔命，适应着快速变化的世界。梦想总是很遥远，现实永远很残酷，你看到了太多人的成功人生，却从未想过什么才是真正的成功；你经历过太多痛苦的经历，却从未明白到底什么才是经历；你期盼过太多幸福的生活，却从未弄清究竟什么才是幸福。

是这个世界太喧嚣，吵得你的心都安静不下来吗？或许并非如此，不是这个世界太喧嚣，而是你的心太吵了。每个人其实都应该拥有一颗沉稳、宁静而广博透明的心，用来覆盖生命的每一个清晨和夜晚。从此，不再因外界的风声而瑟瑟发抖，不再因身体的顿挫不适而万念俱灰，不再因生命的瞬息飘逝而莫名惆怅……你也会因为拥有这样的好心态而获得更多的快乐。

可是，现实中又有几人能拥有这样安静的好心情呢？当一个人在尘世间走得太久后，心灵就会无可避免地沾染上尘埃，使原本洁净的心灵受到污染

和蒙蔽，变得吵闹不堪。而生活中许多不愉快的事，也往往因为心情烦躁而产生。

记得有人说过：“真正的平静，不是避开车马喧嚣，而是在心中修篱种菊。尽管如流往事每一天都涛声依旧，只要我们消除执念，便可寂静安然。”是的，如果我们心静了，即使没有远离喧嚣，没有远离纷扰，不管身在何处，也一样能寻得桃源入口，头枕清风，尽享人生美丽风景。很多时候，困住我们的心，让我们的心烦乱喧闹不已的，并不是外界的灯红酒绿、车水马龙，而是我们自己。

曾经有个整日烦恼不断的年轻人，四处奔走，希望找到能让自己静心的方法。

有一天，他来到一片绿柳成荫的河滩，发现一位老翁正在柳荫下垂钓。从他的表情上便可知道，老翁正沉浸在快乐之中。

年轻人忙走上前去，问道：“请问老先生，您能帮我解脱烦恼吗?”

老翁看了一眼满脸愁容的年轻人，慢条斯理地说：“来吧，年轻人，跟我一起钓鱼，肯定能让你的烦恼烟消云散，心灵安静下来。”

年轻人听了老翁的话，便安静地坐下来与他一同垂钓，可是心里仍然感到很烦恼。老者见状，就告诉年轻人：“可怜的孩子，你看见前面那座山了吗？山上住着一位老人，他可以帮你解除烦恼。你去拜访他吧。”

年轻人听了，立刻放下渔竿，顺着老翁指引的方向直奔而去。到了山脚下，烦恼的年轻人发现一个山洞，便小心翼翼地走了进去，果然看到一位老者独坐在里面。

年轻人向老者鞠了一躬，并向老者说明了自己的来意。老者微笑着看着他，问道：“听你的意思，你是来向我寻求解脱烦恼的方法了?”

年轻人连忙点头，并诚恳地说：“请求老先生为我指点迷津，我会感激不尽的。”

老者笑着说：“既然你是来找我寻求解脱烦恼，那么我想知道，到底是谁困住了你呢?”

年轻人愣了一下，回答说：“……没有。”

“既然没有人能困住你，又何谈解脱呢?”说完，老者扬长而去。

年轻人听完后，反复琢磨着老者的话，忽然明白了：“是啊，没有任何人困住我，又何须寻求解脱？原来困住我的并不是外界的人和事，而是我自己呀！无法心静，是因为自己让自己的心灵深处起了波澜，是自己让自己的心太吵了！”

《老子》中有这样一句话：“夫唯不争，故天下莫能与之争。”这是中庸的哲学体现，意思大概是：人生在世一辈子，容易被浮华乱世所迷，容易受金钱权力等恶俗之物所昧。然而，保持着一颗不争的心，让心灵安分守己，不理会浮云的洒脱，不艳羡流水的多情，那么整个天下的纷争都与你毫无关系，你可以在自己的世外桃源中优哉乐哉，享受快乐。

如果有一天，我们的内心能平静得如同碧蓝的大海，而且这种感觉常驻于心中，永久铭刻，那么无论我们走到哪里、做些什么，心中都会有一片碧海蓝天，所有的喧嚣、浮躁、怨恨也都会溶解在这一片蔚蓝的汪洋之中，无比清净，沉淀、愉悦之感也会自心底油然而生。这才应该是人生最纯净、最本真、最幸福的快乐吧。

所以，若想在这个喧闹的世界真正保持一份内心的宁静、平和，我们就要让自己内心的吵闹停息，要让自己的内心像一杯清澈的水一样，风来，只是一道道涟漪，终会归于平静；雨落，只是一些些涌动，终会落幕成寂；云过，只是一处处风景，终会成为记忆。要学会守候一片自己的领域，无论外界如何喧嚣变化，都能静下心来，无关尘世，无关风月，做到不惊不惧、不喜不怒、不暴不躁，内心风平浪静、波澜不惊。如此，我们方能成为精神的富翁、自由的主人。

4. 人不仅要生存，还要享受生活

活着，几乎是所有人都应具备的安身立命的本领。想那些生活在原始社会的人，可能会经常遇到野兽的侵袭，或是被恶劣的自然环境所欺凌，抑或疾病缠身，但人们仍用尽各种办法保护自己。这种以活着为目的的抗争，我们称之为生存。

生存能力可以让生命得以延续，这也是自然界中所有生物都具备的本能，我们人类也不例外。在这些生物当中，人类只是其中的一种。为了生存下来，我们每天都疲于奔命，在社会上挣扎、忙碌、奔波，累的不仅是身体，还有心灵。但为了生存、为了活着，我们只能默默地承受。

应该说，如果人们只是为了生存，那么只需要基本的饮食、衣着、住所即可。那么生存是不是就是生活呢？并非如此，生活应该是人所独具的一种能力。一个人是否具有生活能力，不在于他有多少物质财富，也不在于他拥有什么样的社会地位，而在于他的内心世界是否强大、是否丰盈。

人生，首先是以活着为基础的，但更重要的是要以精彩的方式生活。这是智慧赋予我们对人生最美好的部分予以追求的能力，更是我们每个人的内心因沐浴了生命的阳光而蓬勃向上的姿态。所以，我们不仅要生存、要活着，更要学会生活、学会享受生活。

活着总是很直白，包含着目的性。为了达到活着的目的，人们总是忙碌不堪，每天都要努力找工作，努力工作，努力赚钱结婚、养育孩子……努力去追求一切，以便能在这个竞争激烈的社会中生存下来。这种不停的努力的确让我们收获了许多，实现了不少奋斗目标，比如高职位、高收入、丰裕的物质生活……但同时，它也让我们疲惫不堪，失去了真实生活的感觉，那些真实、美好的快乐。

难道这些就是生命的全部吗？显然不是。这些只是生存的基本条件，却不能称为生活。生活应是这样的：慢慢地、轻轻地放慢脚步，以自己舒适的节奏前行，可以悠闲，可以自在，可以天高云淡，可以波澜不惊……总之，可以以任何一种你喜欢的方式进行，因为生活本来就是品味悠闲自在等一切的情感方式。

人生的乐趣之一，就在于可以享受生活、体会人生。我们必须努力快速地适应社会，以获得生存的能力，努力为生活奠定基础。我们生存的本领增强了，生活也就可以慢慢去品味了。

不过，为生活奠定基础的前提，并不是目的性强到需要我们付出全部身心，甚至不惜一切代价的程度。我们要练就在社会中活下去的本领，但这个过程也不必急躁地求得马上成功。让自己慢下来、静下来，在生活的途中领悟慢的智慧，享受属于自己的生活状态。

作家亨利·詹姆斯说："不管干什么事情，只要有自己的生活就行。如果没有自己的生活，那你还有什么？"

的确，不论我们每天忙忙碌碌地追求什么，都别忘了，要拥有自己的生活。因为我们的人生不仅要活着，要生存，还要享受生活，享受辛勤努力所赚取来的美好生活。

这其实也表示，我们在某些时候应该与主流保持那么一点点的距离，比如，快速发展的社会、内心中不断产生的欲望、没完没了的匆忙，等等让我们无法安然享受生活的外界因素，而应更多地注重个人的内心感受，注重对生活的体会与享受。

在20世纪20年代的一个夏天，英国著名思想家罗素来到四川，与陪同他的人一起坐着那种两个人抬着的竹轿上峨眉山。当天的天气异常炎热，山路又十分险峻，几位轿夫汗流浃背、气喘吁吁。看到此景，罗素心里很难受，心想：为了生存，轿夫们在这样恶劣的环境下工作，内心一定很痛苦。相比而言，自己就比他们幸福多了。

在一个山腰的小平台上，几个轿夫停下来休息。罗素很想宽慰他们一下，但是眼前的景象却彻底消除了罗素的想法：几个轿夫坐在一起，叼着烟斗，有说有笑，讲着很开心的事，丝毫没有抱怨天气和坐轿人的意思，也丝毫没有对自己的命运感到悲苦。看到此情此景，罗素开始反思自己："我为什么会觉得他们痛苦呢？我凭什么还想去宽慰他们呢？"后来，罗素总结出了一条著名的人生观：用自以为是的眼光看待别人的生活是错误的。

学识渊博的哲学家罗素很有怜悯之心。在刚开始坐上轿子的那一刻，看到轿夫们顶着烈日，抬着他行走在险峻的蛾眉山上，他心生酸楚，认为轿夫们做这样的工作完全是为了生存，很辛苦，自然也很不幸。然而他错了，外界环境给轿夫带来的只是身体上的劳累，可他们依然很享受当下的生活。他们不仅为了生存而做这份辛苦的工作，还很享受这份工作所带来的快乐。对于他们来说，这份工作可能是他们生存的手段，但更多的也许是享受其中的乐趣。

朋友们，请停下你奔波的脚步，享受一下生活吧！别只顾着急匆匆地追求各种生存的基础，我们还需要享受生活，享受生命中每一个微小的幸福。

5. 让心靠岸，歇一歇

现代的社会竞争激烈，忙碌和紧张成了人们生活的标签。而这一普遍现象也造成了人们普遍的浮躁心理。如今，人们已经很难有古人那般的闲情逸致，煮酒下棋，谈天说地。人们追求速度、效率与解决问题的捷径，以至于有人这样形容当今社会：一切都可以“速溶”，基本上都能够“克隆”，倚仗的全是快餐，满街都是浮躁的人群，人们渐渐地迷失在速度的潮流之中。

浮躁，已成为我们心灵上的一种煎熬，让我们在行动上不断表现出焦虑、冲动、迷茫、冒险，以至于使我们的灵魂失去了家园，令我们的精神无所依托。你看，大街上的每个人都是行色匆匆，仿佛被什么东西绑架着，被裹挟着飞奔，奔向一个谁也不知道的地方。人生的目的仿佛只是为了赶路，不由自主地赶路。

跟许久不见的老友打个电话，说得最多的一个字恐怕就是“忙”。说“不忙”，别人看你的眼神仿佛是在看一个怪物，恐怕你自己都不好意思说出口。人们忙得没有时间笑，也没有时间哭，幽默已被肤浅的搞笑代替，因为我们没有耐性去回味；还未来得及悲伤，那些令我们伤心的事已像点钞机里的钱币一样，瞬间就被翻了过去。

人与人之间的空间距离越来越近，可心与心之间的距离却越来越远。思念是什么，还有人知道吗？君住长江头，我住长江尾？一点也不远，飞机几个小时就飞过去了。日日思君不见君，共饮长江水？别逗了！想聊时就聊，想见就见，有互联网，有4G，怕什么……

越来越智慧的人类，发明了那么多古人想都没想过的先进东西为己所用，可这所有的一切就能够说明我们比他们感到更幸福、更快乐吗？我们的身体只顾拼命地向前奔跑、赶路，但你是否想过，我们身后那不停追赶着的灵魂会不会疲惫不堪？灵魂的缺失，会令我们的心灵失去依靠，变得心浮气躁。所以，我们有必要慢一点，等一等自己的灵魂。

这让我想到了一个印第安故事。据说，有个欧洲探险者到南美去探险。为了穿越一片雨林，他雇佣两个印第安人担任向导，一路上非常顺利，没有遇到什么麻烦。而当他们走到第四天的时候，眼看就到森林的边缘了，两个印第安人却说什么也不肯走了。探险者非常不解地问他们：“为什么不继续走了？”

一个印第安人回答说：“在我们印第安部落有个规矩，旅行三天之后必须休息一天，这样才能让我们灵魂跟上我们的脚步。”

这里一个发人深省的故事，可是，有多少人现在仍然执迷不悟或无奈地奔跑着，不肯停下来等等灵魂？试想一下：你真的需要那么忙碌吗？我们多数人的生活并没有窘迫到挨饿受冻的程度，是有能力放慢一点生活节奏的，然而，不少人不仅忙碌，甚至忙得都快不能亲自生活了：孩子不能亲自养育，交给父母；父母病了，自己不能亲自陪伴，只扔下一些钱；爱人有欢喜或有忧愁了，不能亲自祝贺或给予安慰，只在需要对方时才吝啬地说声“我爱你”……忙，让多少人变得浮躁、焦虑，享受不到休闲的美好，体会不到生活的快乐。

时间对任何人都一样，就那么多，快抑或慢，完全取决于你的态度。从古到今，能真正忙成伟人的可谓少之又少。既然如此，我们为何不放下急躁，从容地做一个享受简单生活、欣赏慢生活的人呢？

一生骑着牛慢慢悠悠，主张顺其自然无为而治的古代先贤老子，为什么至今仍活在那些乘高铁坐飞机日行万里巡天遥看一千河的今人心中？而多少迅速成名且名噪一时的今人却很快腐朽得销声匿迹了呢？

古代是没有高科技的飞来飞去的交通工具的，快马就已经相当于现代的飞机了。牛慢，也就相当于今天的火车吧。而老子却选择“火车”，不选择“飞机”，或许是因为他坚信“欲速则不达”的道理，坚信只有一步步把该走的路扎扎实实地走完，在走过的地方耐心地传道授业，他的《道德经》才能如同一颗种子般生根发芽、开花结果。倘若他每天骑着快马，像传递军情般日夜疲于奔命，恐怕就不会有人知晓《道德经》的真谛了。纵马狂奔，只适合攻城略地，占领别人的领土家园，但那只能是侵地掠人，却根本霸占不了人的心。心，即灵魂的方方面面，不用点慢功夫进行潜移默化的影响，是绝对占据不了的。

《素问，上古天真论》中说："内无思想之患，以恬愉为务，以自得为功，形体不敝，精神不散，亦可以百岁。"这句话道出了人生的真谛：人的内心，如果没有思想负担，不焦虑，不急躁，只以精神乐观、愉快为要务，不计较荣辱得失，不患得患失，便可以将诸事看作乐事，安然自得，达百岁之龄。

人生路漫漫，何必惊慌于还有多少事情在等着你呢？累了，倦了，让心靠岸，歇一歇，停一停，又何妨？权当是加加油、充充电，鼓鼓劲、打打气，舒缓一下焦虑的情绪，等一等落下的灵魂，然后再轻装简行，看阳春白雪，赏雪韵俏梅，品甘醇日月，携一缕温柔，醉一夜诗行，写一地相思，乐一份心情，岂不是更能体现生命的意义与价值？

6. 让心慢下来，享受快乐的时光

现在的社会，竞争异常激烈，为了不落后于别人，为了创造更富裕的生活，人们已经习惯了忙忙碌碌、你追我赶的生活，甚至来不及按时吃饭、按时睡觉，日复一日，年如一年，惜时如金，健步如飞。殊不知，一味地追求快、追求速度，让生活被各种事务塞得满满的，我们的神经只会一直处于紧绷的状态，心灵也被紧张、浮躁、不安和焦灼所折磨，少了一份从容、一份镇定。过快的生活节奏也使我们在不知不觉中失去了平衡，心仿佛永远无法安静下来，最终只会心力交瘁，将自己弄得苦不堪言。

难道我们真的要让心灵的弦一直这样紧绷着吗？如果没有舒展的心态，一直马不停蹄地赶路，最终我们又能得到什么？

人生就像一场热闹的舞会，所有人都是舞者，节奏或急或缓，人的脚步也便跟着舞动，或急匆匆地乱了鼓点，或缓慢优雅尽享安然。但舞会总有结束的时候，舞步或急或缓，也不过是殊途同归。既然如此，我们为什么非要忙忙碌碌，把自己拼得气喘吁吁呢？

每天匆匆地与时间赛跑，如夸父追日一般，看起来好像很充实、很伟大，也很壮烈，但别忘了，生活需要的不是伟大和壮烈，而是快乐和幸福。每个人每天都拥有 24 个小时，有的人忙得停不下脚、疲于奔命，有的人却悠闲自得、舒适轻松。虽然每个人境遇不同，生活环境不同，生活方式自然也有所差异，但不可否认的是，心境的平和，内心的宁静，绝对可以让一个人享受到比其他人更多的安然与快乐。

想起了这样一个有趣的故事：

有一个成功而忙碌的人，时常感到烦恼，便向上帝祈祷，希望上帝能帮助他摆脱烦恼。于是，上帝就给他分派了一个奇怪的任务，让他牵着一只蜗牛出去散步，而且不能松手。于是，这个人就照做了。

在途中，他尽量让自己走得慢一些，以便能等一等缓慢的蜗牛。虽然蜗牛也在努力爬行，可每次总是很努力才能挪动那么一点点距离。于是，这个人就开始不停地催促它、吓唬它、责备它。蜗牛虽然已经大汗淋漓，但也只能用抱歉的眼光看着他，仿佛说自己已经尽力了。他开始变得非常生气，就不停地拉它、扯它，甚至想踢它。蜗牛受了伤，也只能呼呼地喘着气，拼命地往前爬，只是比以前更加缓漫了。

这个人就想：真是太奇怪了，为什么上帝非让我牵一只慢吞吞的蜗牛去散步呢？于是，他开始仰望天空想问一问上帝。天上一片安静，上帝并没有出现。他想，反正上帝也不管这只蜗牛，我还管它干什么？于是，他就想丢下蜗牛，独自往前赶路，任由它慢慢地往前爬好了。他刚放慢了脚步，静下心来，想将蜗牛丢下……咦，他忽然闻到了花香！原来这边有个漂亮的花园。他还感到有微风吹来，原来此刻的风是如此温柔……而这些，他以前为什么都没有体会到呢？

这时，这个人才明白过来，原来上帝并不是让他牵着蜗牛去散步，而是叫蜗牛来牵着他来散步呀！

当我们每天为了生活疲于奔命的时候，生活也正离我们远去。既然如此，为何不试着让自己慢下来，让自己的心静一静呢？你看，当你慢下来的时候，会闻到芬芳的花香，会感受到微风拂面……这是多么美好的感受啊！诚然，我们不可能让世界也一并慢下来，但我们至少能够让此刻的自己松弛下来，让自己的心安静下来，享受片刻的快乐时光。

在一个星期五的早上，一位身穿牛仔裤、头戴棒球帽的年轻人，来到美国华盛顿地铁站外的广场上。他缓缓地打开一个小提琴盒，取出一把精美的小提琴，然后把盒子放在脚下，并向里面抛了几美元。接着，他微笑着回过头来，对着地铁口匆忙的人群开始专注地演奏起来。

他演奏得非常卖力，也非常投入，可匆匆而过的人群中，却几乎没有人肯停一停脚步，听一听他的演奏。当他拉了大约 3 分钟后，才有人注意到他的存在。在第 6 分钟时，有个人停下来靠墙站着听他演奏了一会儿。又过了一会儿，一名妇女向他的盒子里扔下 1 美元，又匆匆地离开了……

在这位小提琴手演奏的 43 分钟内，有 1097 人从他的身边匆匆而过，只有 7 个人停下脚步聆听，有 27 个人把钱投进了盒子。尽管只有几步之遥，却似乎并没有人注意到这位演奏者。

而这位演奏者，就是享有世界声誉的小提琴家乔舒亚·贝尔。他演奏的也是一些最为著名的小提琴音乐，并且他使用的是一把制作于 1713 年的天价小提琴。

这是《华盛顿邮报》特意安排的一次街头演奏，目的就是想看看，人们在交通高峰期忙碌的穿梭中，是否会停下脚步，感受音乐的美。那天演奏的 43 分钟，贝尔挣到了 32. 17 美元。而在他正规的演出中，1 分钟就可以收入 1000 美元。

人们都太忙碌了，只顾着急匆匆地走向既定的目标，却忘记了好风光就在路上，不在终点。

哲学家尼采说过："很多伟大的思想都是在简单的散步中产生的。"对此，你有没有过真切的感受呢？伟大的思想也许不一定产生，但快乐的心情一定是可以产生的。如此，不妨找个时间，像牵着蜗牛一样，牵着自己的心儿去散散步，到田间嗅一嗅花香，看一看蓝天绿水，呼吸一下清新的空气。也可以在某个晴朗的晚上，关掉电脑电视，和家人一起到户外散散步，安静地数一数天上闪亮的星星……不知不觉，你会发现自己浮躁的心渐渐安静下来，耐心也在不知不觉间增加。

人生如处荆棘丛中，心不动，则身不动，不动则不伤；如心动，则人妄动，动则伤其身痛其骨。当心静了，我们随时都可以感悟到"晴空一鹤排云上，便引诗情到碧霄"的自然意境，我们随时都可以拥有"行到水穷处，坐看云起时"的闲情逸致，我们随时可以达到"回首向来萧瑟处，归去，也无风雨也无晴"的超然心境。当心静了，我们也会发现，快乐其实无处不在。

心若静，尘自飞；心若安，尘自乱。如此，便可心轻如羽。所以，请正在奔跑赶路的你放缓脚步吧，让自己的心也静下来，一如流水般柔软。渐渐地，你便可以重新找回带着心灵散步的节奏，找到一条归返心灵原乡的路。如此，你也会发现内心的世界愈来愈无边际，而你也能从容淡定、游刃有余地穿梭于红尘世界之中。这就像一场旅行，你不仅可以走完旅程，还学会了欣赏与流连，懂得了享受与喜悦。

7. 安然面对得失，珍惜拥有幸福

在我们的一生当中，总要面临各种得失。而得与失就像互相牵制一样，此消彼长，任何人都不可能永远得到而不失去，也不可能只失去而毫无所得。其实人生中的得失是一件非常自然的事，就像万物的荣枯一样，但是总有人为了得到而窃喜，为了失去而郁郁寡欢，过分计较得到与失去，结果也时常为了得失而令情绪此起彼伏。如果这样，那么心又如何能平静呢？

人们经常说："好花不常开，好景不常在。"所以，我们每个人都没有必要追求所谓的永恒，因为这世上根本就没永远不变的事物，一如爱情，一如友情。即便曾经山盟海誓，但终究有一天你会发现，有时所谓的永恒，也不过是沙滩上堆砌的一座城堡，一个浪头打过来，瞬间一切便消失了。因为害怕失去，所以更加在乎得到的东西；因为患得患失，所以整个人变得自私、浮躁，情绪时好时坏、敏感多疑……当得失心左右了你的情绪，快乐也将会变得遥不可及。

人，因无而有，因有而失，因失而痛，因痛而苦。人们总会因为从没有到拥有而欢欣雀跃，从拥有到失去而悲苦惆怅。其实，"有"有何乐？一切拥有都会以失去为代价；"无"有何悲？人生本就是一段来去空空的旅程。有与无间的更替，便是人生。而得失之后的心态，也决定了你人生的喜乐。缘来不拒，缘去不留唯有看淡各种得失，才能拥有闲适的心态品味幸福。

就像我们下面要说到的这个人：他是一位著名的词作家，创作了大量的词作。说起他的名字，可能很多人不熟悉，但说起他写的歌词，如《有多少爱可以重来》《容易受伤的女人》《一生何求》等，恐怕没有几个人不知道。这位词家名叫何厚华，是台湾著名的金牌词作家。

当他与人聊起自己的成就时，总是微笑着调侃说："很多人都以为我是澳门的何厚铧呢，可我名字末尾的'华'字缺少'金'字旁，以至于我很缺'金'，每首歌曲网上都给下载了好几万次，都没收到过一分钱。不过，那也没关系，我不是挺好的吗？"

这其实是告诉我们：看待人生需要从多元角度进行，不要一叶障目，过于在乎眼前的失。有时候，表面看你也许失去了一些利益，可换个角度，也许你获得的比失去的多得多。

比如，有这样一个小故事，讲的就是这个道理。在古时候，有个粗壮而个性鲁莽的侠士，与一位温文儒雅且富甲一方的读书人打赌。读书人说，只要侠士能在一间暗房里独处 5 年，他就愿意把自己所有的家产都赠送给他。侠士一听，这么好的事怎么能拒绝呢？别说 5 年，就是 50 年，他也赚不到读书人所拥有的那些财富呀！于是，他爽快地答应了。

第一年因为寂寞难耐，侠士不断地发脾气、摔东西，但他一想到那么多财富，就不愿放弃了。

第二年，为了打发无聊的时间，侠士便向这位读书人借了一些书，从此以阅读来消磨时间。没想到，侠士从此沉醉于经书的研读，自己觉得经书博大精深，非常喜爱。到了第 5 年，他开始静坐，认真思考人生的哲理。

到了预定期限的最后一晚，已经大彻大悟的侠士决定放弃唾手可得的万贯家产，只留了一张字条，上面写着"进去出来"，旋即不辞而别，踏上了全新的人生旅程。

"进去出来"，这 4 个看似简单的字，却是经由一个原本行事鲁莽的侠士用了长达 5 年的时间积累提炼出来的生命感悟，这也是他心灵的滋长与对生命的全新认识。在外人看来，侠士不仅损失了 5 年的光阴，还失去了万贯财富，非常可惜。可对于侠士本人来说，看淡得失，让生命有了全新的开始，应该比时间和财富更重要。你能说，他失去的比获得的多吗？

每一次走"进去"时，我们身上的缺点、浮躁也跟着进去，历经各种磨炼的洗礼，直到我们走"出来"，人生已焕然一新。侠士从心浮气躁到忘怀得失，5 年的累积，让他的心获得了宁静，他拥有的心灵财富也超越了读书人所给予他的物质财富。他看淡了物质层次的世界，因为从醒悟的那一刻起，他便清楚，生命中还有很多更值得他去追求的东西，那些是钱财物质所无法与之相比的。

现实社会中，每个人都希望自己拥有更多的快乐和幸福，而非痛苦和不幸；都希望自己拥有财富，而非一贫如洗；都希望自己受过良好的教育，都希望自己事业有成……可是，当人们真正拥有了这一切时，却依旧感觉不到幸福和快乐，于是继续东张西望、左盼右顾，希望得到更多、拥有更多。

我们经常感到忙碌、活得累，其实是因为我们所求的太多了。我们总希望拥有得越多越好，站得越高越好，于是不断地追求、索取、占有，让心灵无法休息。其实，幸福和快乐都是非物质的，而且是非常简单的，也是最容易感受到的。获得幸福和快乐的方法很简单，就是让自己看淡得失，得之不喜，失之不怨，安然地享受自己现在所拥有的一切。如果忽略生活中拥有的美好，只关注自己所没有的、所失去的，又怎么会产生幸福感呢?

前人有言：“你赢得了一步，也就失去了一步。你拥抱了晨钟，又怎可拒绝暮鼓?”一个人赚得了整个世界，却丧失了自我，又有何益？可这样的道理，恐怕并未被多少现代人谨记。生活中的我们，更多时候仍然在患得患失，在想着如何拥有更多、失去更少，却忽略了身边已经拥有的种种快乐和幸福。

可是，你怎么就忘记了呢？人生本就不是一个只进不出的无底容器，而是一个有得有失的代谢过程，得此难免失彼，不可能时时拥有、时时获得。既然如此，我们为何不放宽心胸，安然地面对得失，做一个珍惜当下的惜福之人呢？要知道，在失去某些东西的同时，我们同样也在获得。比如，你失去了春天的葱绿，却获得了丰硕的金秋；你失去了青春的岁月，却获得了更为成熟的人生……失去，本是一种痛苦，但若能洒脱面对，在失去后重新审视自己，及时调整自己的心态，那又何尝不是一种圆满的获得呢?

8. 心灵也需要一块闲适的空间

在风景如画、静谧幽深的美国马里兰州的卡托克廷山地国家公园中，有一块享有“微型美国”之美称的风水宝地。这里，最初曾被称为卡托克廷山庄，是美国联邦政府工作人员及其家属休假的地方。

1939 年，富兰克林·罗斯福总统因为公务繁忙，身心疲惫，感觉住在官邸里太不清净，就让国家公园署的工作人员去物色一块好地方。罗斯福总统说，那个地方最好能让他安静完整地睡一个晚上。

经过一番寻找，工作人员最后确定了距总统府约 200 英里以外的卡托克廷山庄。罗斯福看过后，对这个地方很满意，于是大兴土木，在不到半年的时间里，这里就建成了一个休闲避暑的胜地，并取了一个特别有诗意的名字——香格里拉。

但是，罗斯福并没有太多闲暇时间来享受这个世外桃源的风水和宁静。因为就在这时，美国卷入了第二次世界大战。他的继任者杜鲁门似乎与香格里拉也没有什么缘分。据说有一次，他到香格里拉度假。当他正准备把烤好的鹿肉放到嘴里时，副国务卿进来报告说，韩国李承晚总统的特使要求立即求见。一顿美餐还没等开始，杜鲁门只好匆匆打道回府了。

1953 年 1 月，艾森豪威尔上任。此时，由于国内国外都是一片太平盛世，总统便宣布休假一周，带着全家老幼浩浩荡荡来到了香格里拉。这一次，有一个人不虚此行，那就是总统的孙子。这位年仅 9 岁半、名叫戴维的小男孩一到香格里拉，就被这里的美丽景色吸引住了。他白天打猎，晚上垂钓，早晨骑马，下午喝茶，玩得不亦乐乎，以至于在总统准备离开香格里拉时，他竟然宣布不走了。

艾森豪威尔总统回去后，特意签署了一道命令，宣布从命令颁布之日开始，香格里拉便更名为戴维营。

就这样，著名的戴维营诞生了，并且以美国总统的度假休闲地而享誉天下。在电视新闻中，人们常常能看到总统夫妇或者牵着小狗去戴维营度假，或者悠闲地从戴维营乘坐直升机回到白宫草坪。在伊拉克战争打响之前，布什总统还在白宫，而当他发出最简单的开战命令之后，便动身去了戴维营度假。

如今，虽然“山姆大叔”在世界上扮演着忙忙碌碌的角色，但美国总统确实是世界上最悠闲、最潇洒、最会享受、最会懂得保养的国家元首。而美国总统之所以能这样，是因为：美国人民有权利要求自己的元首在全世界面前永远精神焕发，而不是睡意蒙眬、精神萎靡不振。

在这个沸腾的时代，很多人似乎都完全忽略了，其实心灵也需要一块闲适的空间。每一天，他们只知道埋头工作，不知道休息、度假为何物，不但在公司里争分夺秒地工作，还经常将工作带回家中，忙到深夜。更甚至，有些人连双休日和节假日都不肯休息，每天睁开眼睛想到的只有工作、工作、再工作。难道，他们真的比美国总统都忙吗？

实际上，那些整日风风火火、匆匆忙忙的人，几乎透支了自己的身体，工作却不见得能做出更多的成绩，与那些懂得一张一弛文武之道的人相比，还不如对方更出成绩。为此，他们也陷入一种怪圈，越不出成绩越忙，越忙就越不出成绩，结果整日疲于奔命，心浮气躁，却始终找不到原因在哪里。

让心灵整日处于劳役状态下的人，哪里懂得闲适是生命赐予的最好礼物呢？的确，人活着需要经营生活，经营生命，经营自己的追求、理想、未来，但即使是一架高速运转的机器，也需要适当地停顿和添加燃料吧！而在我们的生活中，闲适就是这样的一种“燃料”。心灵没有闲适的空间和时间，就如同机器缺少燃料，这样又怎么能有更多的产出和效益呢？只有懂得静下心来，让心灵享受到适当的清闲，我们的生命才会更充实，也才会更有效率。

记得有一位哲人说过这样一句话：“我不愿有一个塞满知识的大脑，而愿意有一个思维开阔的头脑。”的确，繁荣喧嚣的城市让我们无法驻足，灯红酒绿的生活也让我们无法停息，疲惫的心灵渐渐在霓虹灯下枯萎。但是别忘了，一个人应该做工作的主人，更应该做自己心灵的主人。你的心灵是否能闲适，并不在于你住在哪里、从事什么工作，关键在于你是否有让心灵闲适下来的想法。倘若你的心乱作一团，或一直被匆忙、欲望所驱使，那么任何自然美景、任何林间木屋或者湖边别墅，都无法让你的心真正闲下来、静下来。

相反，如果你希望获得宁静、闲适的心情，就应果断地放下满脑子的工作和满腔的欲望，如此一来，不论是住在海边还是身处闹市，你都同样可以找到心灵的“戴维营”。

人的世界分为两种：心外的尘世，心内的花园。古人常说：“若能自我净化，则何处不为清净之道场？”虽然很多时候，我们身不由己，但身不由己并不代表心不由己。即使外界繁闹嘈杂，也不会妨碍你给心灵腾出一块闲适的空间，不妨碍你拥有一颗宁静、淡然的心。如果能做到心境如一，那么也便无尘俗之念、无功名之累，而不受车马喧闹的困扰，从而找到人生的乐趣。

能够闲适是一种幸运，懂得闲适是一种艺术，它需要有一颗安静的、与世无争的心。闲看庭前花开花谢，静观远处云淡云舒，静心、闲适，实在是人生中一件美妙而惬意的事。

9. 甘于寂寞，享受轻松自在的人生

许多人都害怕寂寞，视寂寞如魔鬼，一旦遭遇，便常常发出无奈的怨叹。达官贵人，位退权消，害怕失势后门可罗雀的寂寞；富甲一方者，商海失利，害怕树倒猢狲散的寂寞；名姝艳丽，人老珠黄，害怕灯火阑珊的寂寞；作家学者，江郎才尽，害怕笔涩墨干的寂寞；中年人害怕事业无成的寂寞，老年人害怕孤苦无依的寂寞……总之，各种各样的人都有各种各样对寂寞的恐瞑，归根结底，还是因为贪求繁华，才害怕寂寞。若能以平静的心对待人生，不但不会有寂寞的苦恼，反而还会需要寂寞，甚至享受寂寞，享受那份生命中特别的自在与轻松。

事实上，寂寞之人并不意味着得不到别人的理解和接受，也不代表他的生活真的会落寞不堪。当你抬头仰望苍穹时，看到那翱翔长空的雄鹰，你会觉得，它是寂寞的。可是，你有没有意识到这样一点：寂寞的雄鹰却拥有着整个蓝天？

所以，在人海浮沉之余，我们有必要为自己留一段空白，留一段风轻云淡的寂寞。寂寞既是一种幸福，又是一种享受，更是一种绝美的心境，它可以绽放出最后的生命旋律。当我们一个人，面对窗前明月，面前清茶一杯，好书一卷，听一曲悠扬的乐曲，任由思绪神游，让人生少些浮躁与媚俗，多一些平静与安详，这是一种多么惬意的享受呀！

美国文学史上伟大的作家梭罗，在17世纪中叶时，为了过自己想过的生活，毅然辞别俗世，选择了一片森林。在这里，他为自己建造了一座圆木小屋，独自一人在这里生活了两年多，并留下了传世经典《瓦尔登湖》。

在梭罗的笔下，寂寞的森林充满了美丽和神秘，瓦尔登湖更有一种难得

的宁静与安然。这种安静与寂寞让梭罗更明白了人世的名利和纷争是多么没有价值。寂寞也让梭罗体会到了一种久违的自在与轻松，让他萌生了许多积极的人生思考。

在梭罗看来，寂寞并不是空虚无聊，虽然有时它们看起来好像亲姐妹。他通过自己的行动、自己的思考，让寂寞照亮了自己，丰富了自己的人生，也成为那个时代最特立独行的人。然而到了后世，当人们越来越厌倦繁华喧嚣的生活后，梭罗的行为也得到了越来越多的人的理解。

也有人说，甘于寂寞是人生当中的一种消极厌世的表现，是一种对自己人生极其不负责的态度，是一种与世隔绝、自命清高的做作。这样的看法，不觉得是一种偏见吗？处于寂寞之中的人，他们的人生并非不精彩。相反，他们的人生甚至比其他人更精彩、更充实。因为他们可以寻找到最初最想要的生命本真。在这份寂寞之中，他们有足够的时间平静心态、冷静思考。坚守寂寞，不是因为懦弱而躲藏，更不是因为恐惧而放弃，而是一种不愿被喧嚣的尘世所污浊的单纯，更是一种不动声色的蓄势。就如同猛兽在捕猎之前都要静静地占据一个有利地形，以耐心地等待最佳时机，一蹴而就。

你看，那翩翩飞舞的蝴蝶是美丽的，那种美丽就是因为曾经在厚厚的茧壳中，蛹在黑暗与无助的寂寞中，默默地等待、挣扎，才为自己迎来了这份自由灿烂的美丽；那盛开的鲜艳的花朵是美丽的，那是因为泥土中的种子在寂寞的时光中悄然地舒展着生命，等待着温柔的和风与细雨，给予它重生的希望。

真正的寂寞，是一种心灵的宁静，是一种高尚的修养，更是生命的洒脱。正如日本作家川端康成所说的那样："我独自一个人时，我是快乐的，因为我可以寂寞着；与人相处时，我发现我是寂寞的，只因为我已经变得很快乐！"

梁实秋先生也说："寂寞是一种清福。"寂寞，可以让人体会一种空灵悠远的境界。在这种境界中，我们可以尽情地摆脱尘世的喧嚣、忙碌、浮躁、迷茫，在自己心灵的空间里，任由思绪尽情飞扬，任由想象自由翱翔，让忧伤透彻沉默，让痛苦在此发光。这样的人生或许是孤寂的，但心却是完整的。

倘若我们翻开古代那些名人的成功史，很容易就会发现，"古来圣贤皆寂寞"。试想，如果没有不被重用、被贬谪流放的寂寞，屈原何以能完成千古绝唱《离骚》？如果没有壮志难酬、避世隐居的寂寞，陶渊明又何以能创作出

“采菊东篱下，悠然见南山”的田园诗篇？如果没有世态炎凉、佳人不在的寂寞，曹雪芹又何以能创作出《红楼梦》这样的鸿篇巨著？

可见，寂寞不仅涤荡了躁动的灵魂，也成就了很多人的人生事业。美国作家福克纳一生都在故乡的一个小村庄中“离群索居”，从未出过远门。当他荣获诺贝尔文学奖的消息传出后，记者们蜂拥而至，聚集在他的家门口。而开门而出的福克纳却只是淡淡地说：“这是我莫大的光荣，我很感激。不过，我宁可留在家里。”说完，他将所有热情的记者关在门外，自顾自地走进书房继续写作去了。

身处寂寞，享受寂寞，体会那份难得的轻松与自在，才能懂得生活的本质。也只有学会享受寂寞的心境，你才能获得生活的真谛。其实，我们生活在这个喧嚣浮躁的世界上，每个人都是寂寞的。取暖太久会厌倦，相处太久会陌生，共识太久会分歧，遗忘太久会失落，既然如此，我们为何不在踏雪寻梅中装点自己寂寞的点滴呢？

冰雪掩梅梅更香，何惧寂寞？终归会有人寻芳而至。在尘世中，是做一个甘于寂寞散发梅花幽香的人，还是做一个心浮气躁满身世俗气息的人，将会左右着你的心态以及你将来的命运。那么，你做好选择了吗？

第四章

从容淡定，更能拥有自在的心

经常将自己的身心放于安闲的环境中，世间所有的荣华富贵和成败得失都无法左右我；经常把自己的身心放于安宁的环境中，人间的功名利禄和是是非非就不能欺骗蒙蔽我。处于凡尘中的你，对此是否会产生那么一点点的感慨呢？

1. 心淡如水，顺其自然

有人说，在这个浮躁和充满欲望的世界里，每个人都染上了不安；有人说，寂寞是都市丛林里的人们想要逃避却又逃避不了的症侯群。快速发展的社会，浮躁与盲目追求已经让人们变得茫然不知所措，跟随在众人身后疲乏而又不能停歇地向前走。“禅心已定粘泥絮，不逐春风上下狂”的淡定，于每个人几乎都成了一种奢侈。

想要寻找走出迷茫的出路，就要让自己冷静淡定下来。我们只有静下心思考，才能找到自己真正所需的东西，也能让自己的生活更坦然。非淡泊无以明志，非宁静无以致远，不能心淡如水的人，也难以用一颗淡定的心面对人世间的繁华落寞。

有这样一个故事：三个人喝同一口井里的水，一个人用金杯玉盏盛着喝，另一个人用瓷碗泥杯盛着喝，还有一个人直接用手捧着喝，他们却喝出了不同的感觉。用金杯玉盏的人觉得自己富贵了许多，用泥碗瓷杯的人则觉得自己贫贱了许多，只有那个用手捧水喝的人，喝完后痛快地说了一句：“好甜呀!”

本来是同一口井里出来的水，为什么给人的感觉会有如此大的差别？是喝水的方式有本质上的不同吗？并非如此，是心态的不同使然。前两个人容易受外物左右，眼里看到的只有自己盛水的杯子，而不是杯子中的水，因而品尝不到水的甘甜。后一个人活得洒脱，眼里看到的只有水，即使用手捧着喝，也能品尝到水的甘甜。

人生亦如此。在纷繁喧嚣的尘世中，唯有保持内心的淡定，淡然自若，不受外物左右，才能品出人生的真味。

世事如风，一切都在轮回更替的变化之中。社会的发展太迅速，以至于生命的节奏也在不由自主地变得越来越快。开车要快，不快就会被堵在路上；升职要快，不快就老了；成名要快，不快就会被人遗忘；赚钱要快，不快就追不上 GDP 了；电脑、手机的运行速度更要快……不知究竟从什么时候开始，淡定从容地活着，仿佛已经跟不上时代的潮流。

然而，这样的生活真的让我们感到快乐吗？恐怕没有几个人能给出肯定的回答。

在竞争和发展都异常激烈的现代社会，淡定而从容地活着，是一件非常智慧的事，那么，你为什么不让自己的心淡定一点呢？同事间的钩心斗角，事业的成功失败，老板的冷遇，人际的纠纷，朋友间攀比……在你看起来好像是十分重要的事，可若放在历史长河之中，放在一个人一辈子漫长的生命中，这些又算得了什么呢？

有人为了温饱而劳碌奔波，有人为了争名夺利而处心积虑，有人因为功成名就而欢欣雀跃，有人却因为挫折坎坷而烦恼忧愁；有人获得了鲜花芳草，有人却失去了青春年华……而以一颗淡定的心生活，却能让你时刻保持冷静，懂得这个世界并不总是完美，人生也不会毫无缺憾。以这样一种态度生活，无论是荣耀、地位、权势，还是困境、挫折、失败，便都能做到不以物喜，不以己悲，淡然以对。

就像下面这个故事：有个名叫卢卡的人，在 50 多岁时遭遇了生活变故，先是他的妻子因病过世了，后来女儿又因为难产而去世。一连串的打击让他的心都碎了。他不知道自己以后的日子该怎么过，整日郁郁寡欢。

一段日子后，为了生存，卢卡不得不重新到外面找一份工作。但他不停地担心别人嫌他老，担心别人嫌他动作慢不能工作，担心自己无法承受工作的强度……这一系列担心令他更加怀念过去，怀念妻子和女儿在世的。日子，由怀念而生悲痛，结果真的病倒了。

在医院中，医生了解到了卢卡的生活情况后，就对他说：“你的病情太严重了，需要长期住院治疗，但你又没钱。我看这样吧，从现在起，你就在我们医院做零工，每天帮助病人打扫房间，赚取你治病的费用。”

卢卡虽然不情愿，但想到反正也没有更好的出路，于是就接受了这份工作。从此，他逐渐放下以前内心的忧虑，每天都想着怎样做好当天的工作。一段时间后，他的内心渐渐恢复了平静。而当看到那些比他更不幸的病人，他还会主动去安慰、开导他们。他甚至为自己能帮到别人而感到高兴。

在这种境况下，卢卡的身体也渐渐地好了起来。由于经常接触病人，卢卡对病人的心理了如指掌，后来还被院方聘为陪护。

人们总是习惯为生活中的各种事情担忧，往往会从眼前的一件事情想起万千烦恼。故事中的卢卡就因为生活变故、内心烦恼而病倒。可当他放下忧惧，内心淡定下来后，生活反而变得平顺了。你看，只要内心是淡定、从容的，无论身处多么阴霾的环境中，我们的心中都能拥有一片碧海晴天。

其实，在这个世界上，不止卢卡一个，有人被猛虎穷追不舍而坠入悬崖深谷，慌乱中抓住一根救命的枝藤，庆幸中回首一望，脚下竟是一条蟒蛇，正昂首吐舌。扭过头向上一瞧，一只硕大的老鼠正以锐利的牙齿啃食着他手抓的那根枝藤。可就在这生死一瞬间，他却腾出一只手，猛地摘起旁边的一颗草莓塞进嘴中：这味道真是棒极了！

你看，人生并不完全都是糟糕透顶的。无论我们处于多么恶劣的困境中，上帝及他所创造的恶蛇猛兽，再怎么威风无比，也对那些太细太小的事情鞭长莫及。只要我们关注于此，就会拥有自己的快乐。

淡定从容的境界，漂泊如云，它来自心境的豁达与品质的笃定。不浮躁，不张狂，不急功近利，不哗众取宠，凡事看重过程，更看重心灵的感受，至于结局如何，名利是否在握，并不重要。

天顺其然，地顺其性，人随其变。凡事淡定从容，顺其自然，就像春华之后，瓜熟蒂落；就像功到之后，水到渠成。王维的“行到水穷处，坐看云起时”，在自然与恬静中保持着心灵的宁静；柳宗元的“独钓寒江雪”，在冷清与寂静中守住了心灵的宁静；范仲淹的“不以物喜，不以己悲”，林则徐的“无欲则刚”，让胸怀在宁静中的分量显得更重要。而庄子在《天道》中指出：“夫虚静恬淡寂寞无为者，万物之本也。”在大千世界中，要做到心淡如水，就需要我们看淡很多东西，更需要我们懂得顺其自然的道理。

2. 学会分享，做大爱之人

不幸的人有千万种，而幸福的人只有一种：心境淡定、爱心无染的人。内心澄明清净之处，便是乐之所至。内心自私、浮躁之人，总会在尘世的繁华中迷失自己。但总会有那么一天，我们会叩问自己的心，自己究竟想要什么样的生活？也许是功成名就，也许是誉满天下，也许是高官厚禄，也许这些都不是，我们只想做淡定、真实、内心清宁的自己，以最自在的心看陌上红尘。

内心淡定之人，不会被现实的忙碌、浮躁所左右，总是能发现生活悠然的情致，由此让内心获得幸福和满足。当年，苏东坡在被贬谪黄州 4 年后，再迁汝州时作《浣溪沙》，写下了这样的诗句："雪沫乳花浮午盏，蓼茸蒿笋试春盘。人间有味是清欢。"寥寥几笔，便勾勒出淡雅灵动清新水墨画一般的景色：在山庄农家，泡上一杯浮着雪沫乳花似的清茶，品尝山间嫩绿的蓼茸蒿笋的春盘素菜，心情舒坦，这清新的欢愉便是人间最美的享受了。

面对浮躁的生活，我们可以面带微笑地安然走过，也可以淡漠无言地冷艳旁观，可是，又有谁愿意看见一张冷若冰霜的面孔，面无表情、步履匆匆地穿梭在满是钢筋水泥的城市中呢？我们或许生活在一个精神荒芜的沙漠，但若一个微笑、一个善意、一个分享，可以换来一片明媚的阳光，可以灌溉出真情的花朵，我们又何乐而不为呢？

有一位老人，在自己的院子里种了一株菊花。到了第三年的秋天，院子里开满了菊花，变成了一个漂亮的菊花园。香气飘到了邻居家。一天，邻居便来向老人要几株菊花，想要种在自家的院子，老人痛快地答应了。他还亲自动手，挑选几株开得最艳、枝叶最粗的，挖出根须送到邻居家里。

这个消息很快传开了，前来要花的人也变得接连不断。在老人的眼里，这些人一个比一个知心，一个比一个亲近，所以也都一一答应了。没几天，老人院子里的菊花就都送完了。

没有了菊花，院子里就如同没有了阳光一样寂寞。秋天的最后一个黄昏，老人的家人看到满院的凄凉，忍不住地叹息道："真可惜！这里本来应该是满院花朵与香味的，现在菊花却都被别人要走了。"

而老人却笑着说："这样不是更好吗？3年后，将是一村菊香！"

不舍一株菊花，哪得一村菊香？老人没有将美好的事物自己独享，而是拿出来与众人分享。当自己的善行换来别人脸上洋溢着的笑容和欢愉时，他也感到欣慰、满足。因为他明白，与人为善、与人分享的幸福远比自己独占幸福更幸福。

托尔斯泰说过，神奇的爱，会令数学法则失去平衡。两个人分担一个痛苦，只有一个痛苦；两个人分享一个幸福，却可以拥有两个幸福。因为爱迪生的分享，光照亮了整个人类；因为凡·高的分享，凡·高的朋友在"向日葵"中感知到了燃烧的友情。与人为善，懂得分享，生活便是彩色的。可遗憾的是，现在的人们因为忙碌、因为冷淡、因为自私，已经渐渐淡忘了与他人分享的乐趣，自然也更难以体会到其中的乐趣了。

分享，有时是一些实质性的事物，但更多的是一种心灵的沟通，一起分享花开的美丽，一起分享日落的悠然，保持一颗向善乐活的心。我们每个人虽然独立地生活在人世间，但是不能孤立地活着。万物皆牵绊，人间皆有爱，我们的爱心、善行会在这个浮躁、忙碌的社会中给人以柳暗花明的希望，让人获得一种欢快自在的平和。这于我们本身来说，何尝不是一种幸福和满足呢？

可是，在这个浮躁的社会上，越来越多的人宁可孤芳自赏，也不愿意与人分享。他们紧紧地守住自己的劳动成果，生怕别人抢去；他们精打细算，生怕自己从别人那里得到的会少于别人从自己这里得到的。如此，他们也变得睚眦必报、患得患失。倘若总是生活在这样一种状态下，整颗心都被计较、欲望、占有填满，淡定便根本无从谈起。

《菜根谭》中有这样一句话："径路窄处，留一步与人行；滋味浓处，减三分让人尝。"其意思是说，道路狭窄的地方，留一步让他人行走，他过去你也可以过去；滋味浓时，减三分给他人品尝，香甜留给你也留给别人。正如培根所说：“如果你把快乐告诉一个朋友，你将得到两个快乐。”

人生的幸福和美好的感觉不是索取、占有，而是分享、付出，怀揣一颗淡定无私的心，不图回报。当你将自己的善行与人分享时，你就会发现，自己心中所有的躁动不安都会被平静坦然所替代。如此，我们不仅会感受到奉献和分享的快乐，也会让很多复杂的过程不再劳累彼此的身心。

老子有“上善若水，水善利万物而不争”的说法，意思是说，最高境界的善行，就像水的品性一样，泽被万物而不争名利。一个真正有智慧、内心充满平和宁静的人，每当为别人带来方便时，心中往往只想到“要去做”和“怎么做”，之后便能感受到灵魂的快乐与安然。莎士比亚也说过，慈悲不是出于勉强，它是像甘露一样从天降下尘世，幸福不但会降临于受施的人，也同样会降临于给予的人。

世界本已浮躁，时刻都在撞击着我们原本清净的心。在这样的大环境下，我们应懂得沉淀自己，努力让自己远离浮躁，拥有一颗纯净之心，做一个大爱之人。如此，再多迷茫，也可挥袖淡然；再多沧桑，也可随心无恙。

3. 认清浮华，保持一份内心的淡定和清醒

何兆武先生在《上学记》中，多次说起朱光潜先生的一句话："慢慢走，欣赏啊。"

都市中的现代人，看起来实在太匆忙了。许多人在这个忙碌的世界上生活，根本没有时间停一停脚步，欣赏一下沿途的风光。他们只知道一路向前奔跑，结果错过了原本丰富美丽的人生，只剩下紧张、浮躁、忧愁、焦虑。

美国有一位著名的歌星曾经感慨地说："当我年轻的时候，总是急急忙忙跑到山顶上，就像参加赛跑的马一样，戴着眼罩，拼命地向前奔跑。除了终点的白线之外，我什么都看不到。我的祖母看我实在太忙了，就很担心地对我说：'孩子，别走得太快，否则，你会错过路上的好风景。'

"我根本听不进她的话，甚至心里还默默地嘲笑她。我想，一个人既然知道要怎么走，为什么还要停下来浪费光阴呢？我想继续前行，一年年过去了，我有了地位，有了财富，有了名誉，也有了家庭。可是，我并不像别人认为的那样快乐和满足，我不明白我到底做错了什么。"

有一次，他们在国外表演。演出很成功，大家都很高兴。这时，有人给这位歌星递过来一份电报，是他妻子发来的，他们的第四个孩子出生了。

突然，他感到一阵难过。每一个孩子出生，他都不在家，妻子独自承担着养育孩子的辛苦。他也从来没看过孩子们学吃饭、学说话、学走路的样子。他们天真的笑容他更没看过，只有从妻子那里得到有关孩子们的一些情况。

这让他很懊悔。一直以来，他都在忙着赶路、忙着演出，似乎永远都停不下来一样。他觉得这才是他应该做的事。可是现在，他为了金钱、为了名誉，错过了人生中的许多美景。"我想起祖母对我说的话……的确，我很久没

有看到孩子们了，我的朋友也跟我疏远了，我更是很久都没有摸过书本了。我答应过妻子很多次，要陪她一起去度假，却总因为忙碌而取消……”

你的生活境况有没有与这位明星很相似？在这个忙碌而喧嚣的时代，我们正从一个大鱼吃小鱼的世界，迈入一个快鱼吃慢鱼的世界，一切都要争分夺秒，做什么都求快、求速度，整个人生看起来都好像变成了一项匆忙奔跑的运动。

古人云，“欲速则不达。”无论做任何事，如果过于执着于速度，往往会忽略了事物发展的过程，甚至错过很多美好。比如，我们都比较熟悉这样一个故事：

有个小孩子，在草地上捡到了一只蛹。他把这只蛹带回家，想知道这看起来貌不惊人的蛹是如何化成美丽的蝴蝶的。

小孩子焦急地等待了几天，蛹的身上才好不容易出现了一道小裂缝，里面的蝴蝶身体好像被卡住了。尽管蝴蝶努力挣扎，几个小时后，仍然出不来。

小孩子很着急，非常想马上看到蝴蝶飞舞的样子，就想：“我一定要帮助它克服困难，让它快一点出来。”于是，小孩子就拿了把剪刀，把蛹剪开了，帮助蝴蝶克服了困境。没让他没想到的是，蝴蝶看起来身体臃肿，翅膀干瘦，根本就飞不起来。

小孩子以为蝴蝶是太幼小了，再过几个小时，它的翅膀就能舒展开来，那时他就能看到蝴蝶翩翩起舞了。可最终的希望还是落空了，那只过早出生的蝴蝶，注定要拖着臃肿的身体与干瘪的翅膀，永远无法展翅飞翔了。

大自然的规律就是如此玄妙，每一个生命的诞生，每一件事情的发展，都充满了规则，那就是瓜熟蒂落，水到渠成。蝴蝶是一定需要在茧中经历一番痛苦的挣扎，直到它的翅膀强壮了，才有能力破茧成蝶。而这个小孩子迫不及待地一剪，注定了失败的结局。

由此可见：人生中的许多事，其实我们没必要做得太快。所谓“饭未煮熟，不能妄自一开；蛋未孵成，不能妄自一啄”，人世间的事情都有其各自的平衡之道，我们只需保持一颗淡定的心，从容应对便是最好。

狂奔的时代快车装载了多少徒有虚名的过客，有多少人又是带着空虚、疲惫的心灵在奔跑！可悲的是：在不停地奔忙中，我们往往不明了自己脚下所处的方位，不明了自身所承重的极限，不明了自身视线的短浅；只看到了山脉的巍峨，却忘记了山径的陡峭与曲折；只看到了丽日春花，却忘记了漫漫长夜对一粒种子的熬煎；只看到了错落有致的摩天大厦，却忘记了一砖一沙皆辛苦。背负着自以为是的形形色色的行囊，我们强作潇洒地，追逐着缥缈无根的梦幻。

人生，有时经不起诱惑，竟不惜付出幸福、快乐甚至生命的代价。我们不懂得，拥有丽日春花的艳丽，就要失去银装素裹的圣洁；拥有迷人夜色的美好，就要失去阳光绚烂的白昼。为了接踵而来的欲念，人们步履匆匆，一往无前，终会在一个无限寂寥的夜晚，莅临生命的终点时，蓦然回首，才发现一生太过匆忙，早已忘记了当初为何出发，又为何上路。

真的不需要这么快！匆忙，只会让我们的心越来越迷茫，越来越浮躁，最后迷失的只能是我们自己，找不到心的方向。

以《失乐园》而闻名的日本作家渡边淳一曾写过一本名叫《钝感力》的书。有感于后工业社会对人的生活、人的价值和尊严的挤压，渡边提出：要与高速运转的现代社会保持一定的距离，适当放慢自认为很有意义的人生步伐，做任何事都不要过于求快，让自己适当“迟钝”一点。其实，这就是在告诉我们应认清浮华，保持一份内心的淡定和清醒，明确自己到底应该要什么、能要什么、怎么要。简言之，就是要正确把握自己，让自己拥有一颗怡然自在的心。

采菊东篱下是一种意境，浅草没马蹄是一种闲情，在你忙着赶路时，不妨带着快乐，带上好心情，让自己学着“慢半拍”，让自己的心淡定下来，哪怕是偷得浮生半日闲，也许就能够看到人生旅途上不一样的风景呢！

4. 成熟的稻穗低头弯腰

企鹅是生活在南极的一种可爱的小动物，可你知道吗？它们具有很强的攻击性。它们是群居动物，却时常与同伴发生冲突，每次哪怕为了一块小小的鹅卵石，也要发生一场激烈的争斗。

每过一段时间，便有成千上万只企鹅在雪白的海滩上相互争吵、打斗，于是，整个海滩便成了一个大战场。在这个激烈的战场上，杀红眼的企鹅们可不管对方愿意不愿意，只要遇到了，就要杀个你死我活。

然而也有不愿意厮杀的。一只急着回家看孩子的企鹅，在混乱的海滩上低着头，一路向家的方向狂奔，居然没有一只企鹅拦住它厮杀。很快，原本很拥挤的海滩就自动让开了一条路。那只低着头的企鹅很快就回到了家，与自己的孩子团聚了。

原来企鹅家族有一条规矩，就是从不向低着头的同类挑战。

面对复杂的社会，人类其实也应该学学那只善于低头的企鹅。可是，许多人却习惯标榜自己，习惯与别人攀比，处处都想超越别人，时时都想做人上人，甚至经常以自己的财富、权势、官职等，来炫耀显示自己的成功与非凡。

真的需要这样才能快乐吗？江海之所以能比一切小河流更加壮阔，是因为它们善于处于一切溪流的下游。一个人在工作或其他方面取得成就，迫不及待地想让人知道，这是人之常情。但这种急于体现自我价值、想被他人认可的心态，很可能会导致心理上的自我抬高，不能找准自己的位置，最终只能是自寻烦恼。

美国著名政治家、外交家、科学家，《独立宣言》的主要起草人富兰克林，年轻时非常骄傲自大。有一次，他到一位前辈家拜访。当时，他大步流星，昂首挺胸，完全一副志得意满的样子。

可是，当富兰克林来到前辈的住所，刚一进门，脑袋就重重地撞到了门框上。富兰克林非常生气，怒瞪着那比他的身高低得多的门框。

前辈看到他的样子，微笑着问富兰克林："是不是感到很疼？不过，这应该是你今天来我这里的最大收获。"

富兰克林不解地望着前辈，没有说话。

前辈继续说："你应该明白，一个人要想在社会上立足，过得平安顺利，就必须谨慎谦虚，学会低头。"

富兰克林恍然大悟。从此，他便将"学会低头"作为毕生为人处世的座右铭。这一美德也影响了富兰克林的一生，让他最终成为美国智慧与财富的象征。

人在仰着头时，总会看不清自己脚下的路，以至于目空一切。一旦低下头，放低自己，脚下的路就会一目了然。当你静下心来，用谦逊的目光看待周围的一切时，就会发现原来人外有人、天外有天。你会更清楚地看到自己身上仍有许多不足之处，发现自己所取得的成就微不足道，同时也能发现别人身上的闪光点。

勇者从容，智者淡定。俗话说："低头弯腰的都是满满的稻穗，昂头的却都是无果的稗子。"越是成熟饱满的稻穗，头垂得越低。倘若不低头，就不会成熟，风会将其吹折，雨会令其腐朽，鸟儿也会将果实作为食物而果腹充饥。只有那些内心空空如也的稗子，才会显得过于招摇，始终将自己的头昂得高高的。

人生也如此，至刚易折，至柔则无损，上善若水，是最好的选择。便利万物，而又能高能低，能屈能伸，方能顺利长远。

有一位作家曾经说过："真正有大智慧和大才华的人，必定是低调的、谦虚的、淡定的。才华和智慧就像悬在精神深处的皎洁明月，早已照彻了他们的心性。他们的心境是平和的，灵魂是安静的。"

被称为"台湾第一美女"的林志玲，笑容甜美温柔，声音清脆动听，引无数男士"竟折腰"，而她更大的魅力还在于善于低头。在一次为某品牌手表代言的商业活动中，林志玲要与70多位经销商合影，事后该品牌副总经理感叹道：“林志玲身高一米七四，还穿着高跟鞋，每与一位经销商合影，她都会膝盖微弯，尽量达到与对方一样的高度。一次合影下来，她的膝盖就弯了70多次。”这70多次的膝盖弯曲，不仅体现了她对别人的尊重，更体现了一种低调谦和的人格品质。美好的品质加上出众的容颜，谁能不钦佩她呢？

然而，很多人却觉得低头是一种认输、无能、退缩的表现；还有的人不屑于低头，做什么都直来直去，硬撑强做，锋芒毕露，一直奉行一种“宁可玉碎，不为瓦全”的精神。只是别忘了，就算是最硬的弓箭，拉得太满也会折断；更别忘了，即使最美的月亮，也会有盈亏的自然之道。

在很多时候，低头弯腰还能让你发现生活中更多的美好。这些美好不但能让你身处别样的美丽之中，还能减轻你内心的沉重。中国台湾著名绘本画家几米，在其作品中有这样一段话：“掉落深井，我开始大声疾呼，等待救援……天黑了，黯然低头，才然发现水里面满是闪烁的星光。我终于在最深的绝望里，遇见最美丽的惊喜。”诗意盎然的几语道出了耐人寻味的人生哲理，你是不是也深有感触呢？

人生路途，荆棘遍布，保持一颗淡定从容的心，信奉“虚心竹有低头叶，傲骨梅无仰面花”的道理，也许，我们的人生会走得更顺利、更长远。

孔子曾说，芝兰生于深林，不以无人知晓而不芬。有时，不妨甘于做一个淡定低调之人，多一点平和心气，少一点浮躁傲娇，反而会生出更多一些平凡人的快乐和内心的宁静。这时，你也许会突然发现，生命中最宝贵的时光并不属于取得成功、得到鲜花和掌声的时候，而是属于真正淡漠喝彩、享受平凡的日子。云在青天水在瓶，一切自在随心，这种感受不是更美好吗？

5. 心归宁静，优雅随之

一直很喜欢《幽窗小记》中这样一副对联："宠辱不惊，看庭前花开花落；去留无意，望天上云卷云舒。"寥寥数语，却告诉我们这样一个道理：在人世间，若能视宠辱如花开花落般平常，才能不惊；视名利去留如云卷云舒般变幻，才能无意。

现代人大多都觉得活得很累、很疲惫，不堪重负。大家有时甚至会很纳闷，为什么社会不断进步，而人的压力却更大，精神越发空虚，思想异常浮躁呢？

的确，社会是在不断前进，也更加文明了，然而文明社会中的一个缺点就是导致人与自然的日益分离。人类以牺牲自然为代价，其结果必然是陷入世俗的泥淖而无法自拔，追逐于外在的繁华与物欲，而不知什么才是真正的美好。金钱的诱惑、权力的纷争、宦海的沉浮，每每让人殚精竭虑。是非、成败、得失，让人或喜、或悲、或忧、或惧，一旦欲望难以实现，一旦希望落影成空，便会失落、失意乃至失志。

而一副对联，寥寥数语，却道出了人生对事对物、对名对利应持有的态度：得之不喜、失之不忧，宠辱不惊、去留无意。唯有如此，才能让我们无论处于怎样的境地，都能拥有一颗平和、淡定的心，于繁华喧嚣的世界中体会从容自在的美好。

人生本就是一个大舞台，没有人会一直只在台上，也没有人会一直在台下，只是时间长短而已。我们每个人都不可能脱离现实而存在，永远位于名利荣耀的最高点。所以，在面对荣辱繁华时，应保持一颗淡定的心。即使你凭借自己的努力获得了应得的荣誉时，也应保持清醒的头脑，切莫为此飘飘然，忘乎所以。同样，当你遭遇失败、冷落，陷入烦恼时，从容的心态可以让你学会释怀，学会放下，不必为之苦恼。我们应该懂得，一切功名利禄都不过是过眼云烟，得而失之，失而复得，都是经常发生的。能够意识到一切荣辱都可能因时空转换而发生变化，就能将尘世虚华和功名利禄看淡看轻，真正做到宠辱不惊，自得其乐。

有一位诗人，一次在外游玩时，走进一座山寺。山寺里的花刚刚开过，飘落了一地的花瓣，无人打扫，也无人欣赏。诗人见此情此景，不禁惋惜这凋落的春光，叹起气来。

这时，一位老禅师从禅房中走了出来，合十行礼，问道："施主为何在此叹气?"

诗人说："我看这落花，自开自落，无人欣赏，一时之间想到了自己，触景伤怀而已。"

没想到老禅师却笑道："施主是否认为世俗纷纷扰扰，自己的才能无人欣赏?"诗人点头称是。老禅师又说："但这院子里的落花却已经鲜艳了整个春天，此时不过觉得劳累，落下歇息，留待明年继续怒放。它们自得其乐，恐怕不懂施主的伤感啊!"

诗人很聪明，听完后大笑道："好一个'自得其乐'！比起这落花来，我倒是显得小气了!"

当下，诗人便走出山寺，游山看水，好不惬意。

人生本来短暂，韶华易逝，功名利禄若尘土，荣华富贵似云烟，既然都属身外之物，又何必过分执念？不若淡定处之，让自己该记得的记下，该忘记的忘掉，来的欢迎，走的目送，不以物喜，不以己悲，放心自由地行走于天地之间。"纵然繁华三千，看淡便是云烟；任凭烦恼无数，想开便是晴天。"

古代先贤老子在《道德经》中写道："宠辱若惊，贵大患若身。何谓宠辱若惊？宠为下，得之若惊，失之若惊，是谓宠辱若惊。何谓贵大患若身？吾所以有大患者，为吾有身，及吾无身，吾有何患！故贵以身为天下，若可寄天下；爱以身为天下，若可托天下。"

老子认为，人们对荣辱这种情感的体验是十分敏感的。当我们得宠时，心情会喜悦，但这种喜悦却是短暂的，因为人有患得患失的弱点；同样，当我们受到挫折、被人轻视时，又会感到不安、惊恐。由于人类自身的弱点，也决定了人无论得到宠爱还是受到屈辱，都会忧心忡忡，惶惶不可终日。这恐怕也是当下很多人的真实写照。

事实上，人之所患，人之所惊，都是因为太在乎得失，而我们又总在这片树林中迷失自己，令心情起起落落，不得安宁。而事实上，世间的许多事情都是我们难以预料的。有时候，我们会受到幸运女神的眷顾，收获意想不到的幸福；但有时，我们也会遭遇一些突发状况，令人烦恼忧愁。可见，人生在世，有褒有贬，有毁有誉，有荣有辱，有喜有忧，这本就是人生的寻常际遇，不足为奇。既然如此，为何不让自己自如一些呢？

当我们的心有了“闲看庭前花开花落，漫随天外云卷云舒”的淡定后，便不会再为各种喧嚣所左右，不为各种诱惑而心动，可守住初衷，于嘈杂和躁动之中享受宁静与平和，从而拥有山高水长的人生。正如佛学大家赵朴初在其遗作中写道：“生亦欣然，死亦无憾。花落还开，水流不断。我兮何有，谁欤安息？明月清风，不劳寻觅。”这不正体现了一种宠辱不惊、去留无意的达观、自在的精神境界吗？如此便心归宁静，优雅随之，淡定从容自美好。

“此身常放在闲处，荣辱得失，谁能差遣我？此心常安在静中，是非利害，谁能瞒昧我？”这句话出自明初洪应明所著的《菜根谭》中，大意是说：经常将自己的身心放于安闲的环境中，世间所有的荣华富贵和成败得失都无法左右我；经常把自己的身心放于安宁的环境中，人间的功名利禄和是是非非就不能欺骗蒙蔽我。处于凡尘中的你，对此是否会产生那么一点点的感慨呢？

6. 学会忘却，释放心灵的负累

“唉，活得太累了！”在如今这个压力重重、竞争激烈、飞速发展的社会，谁没有这样深深的叹息与疲惫？但要想做个轻松、快乐的人，就要明白什么事值得在意，什么事不必太在意。当我们不断地为一些烦恼、琐事斤斤计较的时候，我们的双眼就会为黑暗所蒙蔽，对生活中五彩斑斓的光芒视而不见；我们的心灵也会无法喘息，仿佛整个世界都与自己过不去。如此的人生多可悲，哪里还有快乐的位置？

有位哲人曾经说过：“一只脚踩扁了紫罗兰，它却把香留在了那只脚上。”上苍造物，何等卓绝！在赋予生命的同时，也赋予了生命一个宽广的胸怀。就像那朵紫罗兰花，从不用别人的错误惩罚自己。人生一世，草木一秋，总会有各种各样意想不到的烦恼，但只要我们放开心胸，以宽容、淡定的心去释怀、去忘却，便可以获得心灵的轻松与幸福。

当然，我们都是普通人，生活中难免充满各种不同的烦恼，有来自工作的压力，有来自自身的心态，但大部分的烦恼还是来自外界，来自他人。遇到一个无情无义的朋友，我们会埋怨自己遇人不淑；遇到一个不讲礼貌、不讲卫生的路人，我们会觉得自己倒霉透顶；遇到一个不通情达理的老板，我们会觉得自己运气不佳；遇到不公平的事情发生在我们身上，我们会抱怨世态炎凉……总之，人生不如意十之八九。

有时候，当我们静坐思考的时候，也会不由自主地想到生活中的种种不开心、不如意。对于我们来说，那些过往的失败或不幸，都是刻骨铭心的，我们会忍不住一遍又一遍地重复体验过去的痛苦，希望事情不是这样或不是发生在自己身上；每天都在预演着那些可能永远都不能出现的对话，为永远不可能发生的场景设计反应方式……要忘却过去，太难了！

而事实上，每天或回忆或懊悔过去发生的这些琐事，于现在有何意义呢？当遭遇挫折或面临错误时，你要做的不是没完没了地责备自己，而是应努力避免类似的错误再次发生。单纯地停留在过去的错误上没有任何意义，只会不断地折磨自己的身心，让自己的生活变得愈加不幸。对于过往的那些不快乐或者犯下的错误，我们要做的就是把它们当成一把流沙，让它们透过时间的指缝慢慢消失、不见。当我们从记忆中抹去那些痛苦的、灰色的故事时，心灵之间也会充盈着甜蜜的快乐。学会忘却，有时也是一种心灵负累的释放啊！

然而，遗忘是一个漫长的过程，你可能不仅仅挂念那些已经无法扭转的过去事实，并一直想着以前的不幸。但是，倘若你不能对折磨你思想、不断破坏你生活的事物做一点建设性的改变，那么至少你应该将这些不快乐抛到一边去。比如，将这些不愉快的记忆封存起来，或从事一些其他的活动，让新的经验来“刷新”它们，让自己重新开始一种生活。一段时间后，你或许会发现，过往的那些不快乐似乎也并没有那么重要，你完全可以重新拥有一条铺满鲜花的幸福之路。

在纽约市中心的一座办公大楼中，有一个开运货电梯的残疾人。由于一次不幸的车祸，他的左手被齐腕截去了。

一天，一位运货的人问他，少了这只手会不会觉得难过。他轻松地回答说：“噢，不会的，我根本就不会去想它。只有在要穿针的时候，才会觉得有一点点的不方便。”

你看，宽容、淡定地看待这个世界，心灵也可以获得自在逍遥。相反，如果这个少了一只手的人每天都活在过去的痛苦里，总是背着沉重的怀旧包袱，为逝去的流年和过去的不幸伤感不已，又怎么能真正快乐起来呢？

所以，如果有必要，我们就应该接受现在的任何不幸，让自己学会适应，然后当它是流沙一般，渐渐忘记。重要的是我们应该乐观地重新迈出双脚，同样可以发现脚下的路鲜花满地，同样可以再次获得幸福。

据说，终南山麓一带出产一种快乐藤，凡是能够得到这种快乐藤的人，都能快乐无比，不知道烦恼为何物。

有个年轻人为了得到快乐，便不远千里去寻找这种藤。他历经千辛万苦，终于在险峻的山崖上找到了这种快乐藤。可他发现，自己并没有获得预想中的快乐，反而感到一种空虚和失落。

这天晚上，他在山上一位老人的屋子里借宿。面对皎洁的月光，他发出了一声长长的叹息。老人听见了，便问他：“年轻人，什么事让你这么不开心？”

年轻人说出了自己心中的疑问：“为什么我已经得到了快乐藤，可依然不感到快乐呢？”

老人一听，乐了，说：“其实，快乐藤并非只有终南山才有，而是人人心中都有。只要你有快乐的根，即使走到天涯海角，都能够感到快乐。”

老人的话让年轻人顿觉耳目一新，又问：“可是，什么才是快乐的根呢？”

老人淡淡地回答说：“你的心，就是快乐的根呀！”

的确，每个人都有自己不同的生活道路，你的道路也不可能与别人完全一样。不该拥有的东西，我们注定是得不到的；应该获得的，迟早都是你的。所以，你完全不必过分计较自己的得失荣辱，学会忘却过往的那些不愉快，淡然、安心地做好现在的自己，你会发现，快乐的根原来就在自己的心里。

有一位著名作家总是这样对自己说：“如果没有出生在世，我就无法听到踩在脚底的雪发出的咯吱声，无法闻到木材燃烧的香味，也无法看到人们眼中爱的光芒，更不可能享受到因为自己的奋斗而带来的成功的快乐……能活在世间，是一件多么幸运的事呀！我为什么不尽情地享受生活中的每一天呢？”

生活如此美好，为何我们要让那些过往的烦恼扰乱今日迈向快乐的脚步呢？不如，忘却了吧。

7. 远离急躁，还自己一颗快乐的心

在你的生活当中，是否有过心急吃热豆腐被“烫”的经历？是否产生过对某件事急于求成的心理？相信答案是肯定的。为什么？因为我们已经习惯了不假思索，并热衷于速战速决，恨不得一下子就把所有事情都解决掉，而后静待果实成熟。

但你可能忘了那句古语：“欲速则不达。”无论做什么事，如果过于执着于速度，急功近利，往往会忽略掉事物发展的过程，事倍功半。

急躁，让我们变得遇事越来越不冷静，做事也越来越缺乏耐性，以至于常常会忙中出错。有人可能说：没办法呀！生活节奏太快，摆在眼前的压力逼得我们不得不加快步伐。你看，领导安排的任务一个接一个，同事之间明争暗斗，加班就做不完的工作，每个月的贷款和账单……哪一样不催促着我们要快步前进？想停下来，可真是停不下来呀！

我们的日子什么时候变成了这样？从前的悠闲自在去了哪里？是我们遗忘了它们，还是它们将我们束之高阁？

没错，是因为生活节奏越来越快，才让我们承受的压力越来越大，心随也越来越急躁。我们急于做完手里的工作，好进入下一项工作；我们急于在老板面前表现，以获得升迁加薪的机会；我们急于搞定手里的大客户，好拿到人生的第一桶金；我们急于应付各种考试，以提升自己的能力和水平……我们太急了，以至于被生活压得透不过气来，哪里还有时间体会快乐？就像一位哲人说的那样，人都会死，但不一定活过。体验鲜活的人生经历，太难得！

不能否认的是，现在的都市人，都患上了不同程度的急躁症。压力的来源，往往是自己对物质的追求，对生活状态的选择。为了能在城市中站稳脚跟，就不得不要求自己完成更多的工作，以获得更高的薪水，彰显自己的价值。而亲近了都市的繁忙与喧嚣，必然就要疏远自然的宁静与安逸。如此，内心原本可能清净自在的我们，逐渐变得急躁起来，甚至忘记了自己每天所追求的一切到底是为了什么。处于这种状态中的我们，该从哪里谈快乐？

急躁，是获得快乐的大敌，会让快乐和幸福感离我们越来越远。因为急躁，有人为欲求不得的金钱而烦恼，机关算尽，劳心费神；有人为了高高在上的权利而痴狂，不择手段，损人利己；有人为了博得好的名声而沉醉，弄虚作假，战战兢兢……这些人，为了获得自己的所求而心浮气躁，为了守住自己的所得而惴惴不安。在这种患得患失、精神高度紧张的状态下，又怎能体会到真正的快乐？

我们之所以不快乐，是因为我们走得太快、追求太多，以至于把心塞得满满的。但我们必须要明白这样一个道理：属于你的，谁也拿不走，比如你的快乐；不属于你的，你努力也得不到，即使得到了，也留不住，比如别人的快乐。你可能会问，怎样才是快乐的？其实快乐也是相对而言的，绝对的快乐就像隔岸的花朵，隐约可见，却无法触摸。你说它是虚幻的，可它却真实存在；你说它是浮现于眼前的，可它却又永远无法说清位于生活的哪一点上。所以，我们可以追逐快乐，但不能为了追逐而追逐，以至于自己需要马不停蹄地奔跑、赶路。快乐，往往就存在于自在、安然、不急躁的心理状态中。当你将眼光放远一些，将得失放开一些，将名利看淡一些，让生命中多些悠闲、淡泊与从容，快乐自然就会靠近你，你也会因此而产生一种“水穷之处待云起，危崖旁侧觅坦途”的感触。

有一点我们必须清楚：世界是复杂的，社会同样是复杂的，这个由千千万万人组成的社会中，每天都会发生许多你我意想不到的事情。无论我们愿意与否，都无法改变与阻止一些事情的发生。而当许多不如愿的事情发生时，急躁是解决不了任何问题的，反而可能适得其反。因此，在遇到麻烦时，首先要克制自己的急躁情绪，如此才能冷静思考，慎重抉择，耐心处理。

有这样一个故事：有个犯人，因为罪行重大，被关在了一个单独的牢狱中，每天看不到任何人，也无法与其他人沟通。这让他很烦躁，心中充满了怒气和绝望。心中急躁难耐时，他甚至以头撞墙。

直到有一天，一只小蚂蚁闯进了犯人的牢房。犯人看着这只小蚂蚁在地上慢慢爬，然后又把它拿到手里把玩，心情突然安静下来。到开饭时间，犯人还喂了小蚂蚁一粒饭。晚上，他又把小蚂蚁放在杯子里。突然，他发现自己生活了半辈子，只有这时才体会到蚂蚁的可爱之处。他不禁陷入沉思："生活中原来还有很多值得我们品味的东西，只是我们的心灵太浮躁，双脚太匆忙，而没有好好留意它们罢了。"

你看，倘若你也能像故事中的这个人一样，远离心中的急躁，用心去感受生活中的细微事物，一样可以在这些细小的事物中体会陕乐的真谛。

汪国真先生的《看海去》中有这样的诗句："走呵，让我们看海去，为了实现那个蓝色的梦想，也为了让年轻的心，变得更加坦荡和宽广。在海边，哼一支心底的歌，有浪花轻轻伴唱，属于我们的，永远是快乐，不是忧伤；面对波涛滚滚的大海，该遗忘的遗忘，该畅想的畅想，海岸边伫立的不是太阳——是我们，我们心里盛满的不是死水——是波浪。"

多么欢快的海浪旋律，演奏着心底的快乐，读来不禁让人觉得眼前豁然开朗，再压抑的心情，再绵延的烦躁，都会不知不觉随风而去。

大海之所以如此宽广无际，是因为它包容了残沙溪流。所以，向大海学习吧，拥有一颗宽广、悠闲、简单、自在的心，远离生活中的那些烦恼、忧虑、纷纷扰扰。弘一法师说："心清净了，一切都清净；心自在了，一切都自在。"与其因为忙碌追求而不得不让自己处于急躁痛苦之中，不如放慢脚步，放下执念，还自己一颗快乐的心！

8. 沉淀自己的心灵，找回人性的本真

在现在这个快速发展的社会形势之下，有多少人都勇敢地投入到了热闹的世事当中，享受着灯红酒绿的欢喻。然而，在这繁华之后，每个人的心中又隐藏着多少不足外人道的烦恼？一个人心灵的承受能力是有限的，如果欲望太多，心灵沾染的尘埃也就越多。如此，心灵便会变得浮躁、焦虑、紧张。

浮躁，最易恶化的情绪就是迷茫，因躁生乱，看不清前方的路。很多过来人这样形容：浮躁不可怕，可怕的是浮躁之后的迷茫。迷茫就像伸手不见五指的夜晚，没有一点指引。结果，我们也容易在这种躁动之中越陷越深，痛苦越来越重。

怎样才能摆脱这种令人烦恼的情绪？唯有让自己的心平静下来，学会沉淀自己。当你的心沉淀后，一切也都容易朝着好的方向转变。相反，倘若你在困境中更加急躁、慌乱，最终只会将自己置于更加糟糕的境地。

有一个年轻人，失业后心情十分糟糕。于是，他找到镇上牧师，想让牧师为他指点迷津。牧师听完这个人的抱怨和担忧后，并没有对他说什么，而是将他带到一个古旧的小屋子里。屋子里有一张破旧的桌子，上面放着一杯水。牧师指着这杯水，微笑着问这个人："你看，这只杯子已经在这里放置很久了，几乎每天都有尘埃落在水里，可它依旧清澈透明。你知道这是为什么吗？"

年轻人想了想，说："因为灰尘都沉淀到杯子底下了。"

"对呀！"牧师赞同地点点头，说，"年轻人，生活中的烦心事有很多，就像这落入水中的尘埃。但是，我们可以让它沉淀到水底，让水保持清澈透明，让自己身心好受些。如果你不能安静下来，而是不断地振荡，那么即使很少

的尘埃也会将整杯水搅浑，更加令人烦心。”

之所以有人感到生活充满烦恼，而有的人感觉生活很快乐，关键就在于人们对待烦恼的态度不同。其实我们的心就像那个水杯一样，若我们能让杯中的水平静下来，那么一切尘埃都会沉入杯底，杯中的水也会恢复清澈与透亮。同样，若我们能让自己浮躁的心平静下来，让烦恼沉淀到心底，不管烦恼会不会消失，都只会占据我们心灵中的一小块空间，那么大部分的空间就会被快乐幸福充实。

有一年夏天，新东方教育集团创始人俞洪敏老师外出旅行。当他来到黄河岸边后，就用瓶子灌了一瓶黄河水。泥浆翻滚的水，刚灌到水瓶时非常浑浊。可一段时间后，他猛然发现，瓶中的水开始变清，浑浊的泥沙逐渐沉淀下来。当上面的水变得越来越清澈，泥沙全部沉淀后，只占到了整个瓶子的五分之一而已，其余的五分之四全部变成了清清的河水。

透过瓶子里的水，俞敏洪老师想到了什么，我们不得而知，但至少我们是不是也应该悟出点什么呢？比如，生命中的幸福与痛苦，是否也如这瓶中的清水与泥沙？学会沉淀自己，便也是沉淀了生命。

不得不说，很久以来，我们都处于匆忙和浮躁之中，拼命地挥霍我们的生活，没有片刻的宁静。我们的生活也因而变得一片浑浊，所有表面看起来的快乐都掺杂了烦恼、焦躁、痛苦的成分，甚至感到命运是如此难以把握。虽然我们有时也试图摆脱这种状态，但对于自己的浮躁和喜怒无常却又束手无策，似乎自己的人生、自己的所有感受，都掌握在一个与我们毫无关系的东西手中。

其实，我们这些所有好的或坏的感受，一方面来自外部环境的影响，另一方面则来自我们大脑中的种种观念。前者正是通过后者影响我们的心灵的。但令我们不解的是，有时我们会无缘无故地陷入急躁、忧愁之中。这些变化背后的原因，往往让我们难以觉察。事实上，这正是我们心灵深处那些灰暗的尘埃在作祟。

“昨夜在梦中，我又回到了曼德利，月光很白，野藤爬满了庄园的小路……”这是琼·芳登在电影《蝴蝶梦》中的开场白，幽悠如梦幻般的声音，月光下爬满野藤的小路……很美丽。然而，我们却经常会在电视中看到这样的镜头：一大片干涸的土地，裂成一块块黄褐色的板块，寸草不生。这就如同我们的心灵，长时间缺少滋润，心灵就会变得干燥，毫无生机。可见，我们的心灵亦如土地一般，需要温暖和滋润，否则，也会变冷、变硬、布满尘埃。

如何清理掉这些尘埃呢？如同水杯中的泥沙一样，让水杯保持静止状态就好了。一段时间后，浊物自然会下沉。心灵也是如此。要想远离浮躁，获得心灵的温暖和快乐，我们就必须努力卸下肩上背负的压力，清除心中的种种欲望，学着沉淀生命、沉淀心灵，让心灵在浮躁中逐渐趋于宁静、悠闲，将那些烦恼的事当成每天必落于杯中的尘埃，慢慢地、静静地让它们沉淀下来。

“采菊东篱下，悠然见南山”是每个人都向往的境界，但是，只有心灵温暖、安宁、不浮躁的人，才能远离世俗。南山的美丽，也不是偶然的遇见，需要与自己恬静、悠然的心境两相逢迎，你才能看到世界的美景，悠闲地享受当下的快乐。

相反，心不静，气必不和；气不和，人就会心气浮躁，充满欲望，从而丢失自己的本性。在这种状态下，恐怕面前的南山就比不得你日日奔忙所追求的金山更有意义了，因而也就得不到南山之乐。

超然在于内心，心若能沉淀，何处无南山？所以，你有必要停下匆忙追逐的脚步，调整自己的身心，沉淀自己的情绪，用足够的时间去思考，用足够的阅历去成长，让那颗曾经不安分、充满欲望、布满尘土的心渐渐平静下来，让人性回归本真的状态。当你的心灵获得彻底的沉淀后，你会发现，你的心也会变得简单、自由、纯净、温暖。

第五章

放慢生活，让心灵回归净土

人生于天地之间，如白驹过隙，忽然而已，若是一辈子戴着面具奔跑，又有什么乐趣？不如停下脚步吧，用“慢”作为你生活的底色，去发现生活中的点滴美好，去留心生活中一个个令人感动的小细节，去慢慢地享受生活，享受亲情、爱情、友情的温暖美好，享受空气、花草、树木、云朵、星光、溪流以及大自然中本就一直存在于那里的美景，享受艺术、旅行、读书等精神上的补给……如此，才不枉在人世走一遭。

1. 在繁忙中慢下来，享受生活的美好

现在是一个崇尚快捷的时代，“快”可谓无处不在，出行有快车、快艇、高铁，传递有快递、快运、快件，信息有快报、快讯、快信，摄影有“快照”，婚姻有“闪婚”，就连购物都流行“秒杀”。

在这样的快节奏面前，每个人都仿佛永远睡不醒一样，但是永远要急匆匆地赶路、追逐，就连夫妻俩共同吃一顿早餐都成了奢望：早餐通常都是在外面凑合，午餐在单位食堂应付，晚餐以泡面、快餐充饥。吃饭已经成了任务，变成了一种形式。如果有一种营养片可以代替一日三餐，相信肯定会大受欢迎，全然忘记了吃饭时家人团聚、体验美味、放松心情、其乐融融的感受。

人生本就是一场旅行，如果你从一开始就只顾快快快，直奔终点而去，而不顾沿途的风景和享受放松的心情，那么，我们的人生意义到底是什么？

法国大餐之所以闻名世界，吸引人的不仅仅是它的浪漫和美味，更重要的是它完整复杂的程序、自在放松的气氛以及缓慢优雅的节奏，吃饭的同时也让自己的心情获得了放松，让灵魂得以安定而怡然。

可我们，每天却像身不由己一般，仿佛内心时刻都有一种声音和一种力量在推动着我们不停地奔跑、追逐，永无休止。“快”已经让我们的耐心越来越少，让我们的幸福感越来越弱，让我们的生活质量越来越差，让我们变得浮躁、变得焦虑、变得抑郁、变得……不再是原来的自己。

过去的快乐都哪去了？曾经的热情都哪去了？是工作的紧张压抑了生活，还是家庭的重担将人生紧紧束缚？怎样才能让心灵回归净土？怎样才能拾起丢失的快乐？

人生于天地之间，如白驹过隙，忽然而已，若是一辈子戴着面具奔跑，又有什么乐趣？不如停下脚步吧，用“慢”作为你生活的底色，去发现生活中的点滴美好，去留心生活中一个个令人感动的小细节，去慢慢地享受生活，享受亲情、爱情、友情的温暖美好，享受空气、花草、树木、云朵、星光、溪流以及大自然中本就一直存在于那里的美景，享受艺术、旅行、读书等精神上的补给……如此，才不枉在人世走一遭。

有人认为，“慢生活”是少数有钱人才能拥有和享受的。其实不然，当你停下脚步，给予一个陌生人真诚的帮助时，当你轻握着婴儿柔嫩的小手时，当你因读到一本好书而满心欢喜时，当你心怀温柔为爱人准备一顿晚餐时，当你在睡前的阅读中感受到时光的静谧美好时……你其实已经懂得了慢生活的真谛。

如果具体来说，“慢”可以体现在生活的方方面面。

“慢生活”可以从慢食开始。一颗种子，吸收阳光雨露，在悠长的日出日落、四季交替中成长。对于食物，我们应该以更慢、更缓和的步调去培植、去烹煮、去食用，应对大地给予的粮食充满敬畏与感恩。

“慢生活”可以从慢运动开始。工作之余，到户外散散步，看看刚刚萌芽的小草，闻一闻刚刚绽放的花香。周末早起慢跑，也可以做做瑜伽、跳跳舞、打打高尔夫、钓钓鱼……缓慢的运动，可以让我们收获心灵的宁静和身体的健康。

“慢生活”可以从慢休闲开始。无论走到哪个城市，就如回到自己的家：黄昏到街市买菜，在住处周遭闲逛，不带任何东西两手空空、潇洒走过，让平时劳碌的身体停歇，让紧张的神经放松，让浮躁的心态沉淀。。

“慢生活”可以从慢读开始。坐下来安静地看一本书，沉浸其中，同悲同喜，懂得欣赏和理解，寻回失落的人文精神。文字是有灵魂的，用心交流，你会获得意想不到的收获。

“慢生活”可以从慢爱开始。周末的早晨，让阳光铺满室内，静静地闭上眼睛，依偎在爱人的臂弯中，感受满满的幸福和浓浓的爱意。或者早起为爱人做上一顿丰富的早餐，与爱人一起品味一天的美好，珍惜生活赐予我们的阳光与幸福。

慢，不是逃避，不是懒惰，不是消极，而是一种生活态度，是让我们在生活中找到平衡、找回简单的快乐。它是一种意境，一种让心灵回归自然、轻松和谐的意境。

在台湾著名作家龙应台的《目送》一书中，有一篇《慢看》的文章，意味深长，读起来让人感慨良深。其中有一段文字这样写道：“当你到了码头，没有一个办公室贴着时刻表，也没有一个人可以用权威的声音告诉你几点可以到达终点，你就上船，然后找条看起来最舒服的板凳坐下来，带着从此在此一生一世的心情。”

这句话可能首先给人的感觉是有些浪漫，然后又会有些惊讶和羡慕。作者来到的恰恰是一个讲究“慢”的地区，这里几乎所有的人都处于一种低唱浅斟的状态。在他们的眼中，世界永远都是慢的，大家不用担心上班迟到，不用担心赶不上早班车，也不用想如果时间能倒流该如何。只要一切跟时间有关的，在常人眼里需要紧张的，在那里统统不需要去顾及。

这样，不是很好吗？

如今，许多都市人也纷纷到乡下居住，向往田园风光的美好和农村清新洁净的空气，追寻前辈恬淡、自在、慢节奏的生活方式。这是一种回归自然的倾向，也是追寻“慢生活”的一种方式，更是珍视健康、享受生活的一种表现。这至少表明，人们已经逐渐学会在繁忙中让自己放松下来，去用心发现无处不在的慢生活的美好了。

想起了皮德森的一首关于慢生活的小诗，非常喜欢，在这里与大家共享：

让我慢下来，

让我用头脑的平静抚平狂跳的心。

让时间永恒的信念平稳我忙乱的脚步。

在一天的迷茫中，请赐给我山丘般永恒的宁静。

用我记忆中欢唱小溪的美妙音乐，驱走神经和肌肉的紧张。

教给我体会休闲的艺术——

慢慢静下来，看一朵小花，与朋友聊天，拍一拍狗，对一个孩子微笑，从一本好书中选出几行认真品味。

每天提醒我，比赛并不是最快的人赢，生活中有比增加速度更多的内容。

让我每天仰视那高塔般的橡树，明白它生长得又高又壮，是因为它缓慢而健康地成长。

2. 慢下来，给心灵以缓冲

如今，我们正生活在一个“速度至上的时代”，致富要快，成名趁早，快速入门，快速记忆，英语速成，爱情速配，冲冲冲，赶赶赶，内心仿佛一直有个声音在驱赶着我们卖力工作，拼命赚钱，快餐果腹，行色匆匆。

然而，我们的心灵却愈来愈疲惫，灵魂却愈落愈远。当大自然的野趣和闲情逸致离我们越来越远，当抑郁症、过劳死、亚健康开始笼罩在我们头顶，当急功近利的情绪在整个社会迅速蔓延，诸多不正常的状况，让我们不得不反省这种“生命中不能承受之快”，从而遵循内心的需求，投身到全球的“慢生活”潮流之中。

德国著名时间专家塞维特说：“慢生活与其说是一场潮流，不如说是人们对现代生活的反思。在快节奏、高压力的生活状态下，困扰人们的问题是，如何寻找一种更健康的生活方式。”

1986 年，意大利记者、美食评论家卡洛·佩特里尼在看到几十名学生在广场大吃快餐汉堡的场面时，极为震惊。当得知有人要在著名的西班牙广场附近新开一家麦当劳快餐店时，为了捍卫意大利的美食文化，唤醒人们遭受快餐催眠的味觉，佩特里尼在西班牙广场发起了一场“保护享受权利国际运动”。他组织人们聚集到西班牙广场，端着盛有传统意大利面的碗进行抗议，最终成功阻止了麦当劳快餐店的开张。

随后，佩特里尼又于 1989 年成立了“国际慢餐协会”，号召人们慢慢进餐，细细品味美食，从此拉开了“慢生活”运动的帷幕。此后，“慢食运动”的风潮自欧洲开始迅速风靡全球。到慢餐运动诞生 20 周年之际，慢生活运动在全世界范围内掀起了一个高潮。

“慢食运动”最初是针对“快餐”而言的，号召人们放慢吃饭的速度，仔细领略饮食的美味，认真享受美味的全过程。此后，针对快节奏、高压力的现实生活状态，“慢食运动”便逐渐演变成一种放慢各种生活节奏的“慢生活运动”。

如今，“慢生活”已经逐渐渗透到生活的方方面面，比如吃饭、旅行、读书、运动、恋爱等，无处不提醒人们放缓脚步，养成“慢”习惯，从容惬意地享受人生。就像缓慢运动网站所宣传的那样：“慢生活并不是将每件事都拖得如蜗牛般缓慢，而是希望活在一个更美好的世界。它是一种平衡，该快则快、能慢则慢，尽量以音乐家所谓的正确的速度来生活。”

那么，“慢”习惯到底是一种怎样的习惯呢？这或许没有准确的答案。对于不同的人来说，放松的方法也千差万别，我们不能将这种短暂的放松当成一种慢习惯，因为那仅仅是人生在疲惫的工作之后的本能休闲而已。

真正要养成“慢”习惯，首先应该转变心态。这可能有些难度，因为我们平时太习惯了“快”——快步行走、快速工作、快速吃饭、快速郊游……我们甚至想让有限的时间燃烧起来，释放出它的最大能量，其结果便是让人身心疲惫、筋疲力尽。

现在，我们应试着转变这种心态，甚至应有所感悟：为什么要让一切都看起来那么快？难道慢下来就真的不能做事了吗？一个人在心态上慢下来，最先会表现在待人谦和上。我们不妨试想一下：一个性格急躁的人，在做人做事方面，如何能给人一种踏实、稳重之感？

所以，要想养成“慢”习惯，我们首先应试着弱化自己锋利的个性，，让自己的心态慢慢放松下来，与人接触时善于真诚地敞开心扉，这也必然能使你心胸开阔、容纳万物。

其次，我们还要试着养成多角度思考问题的习惯。当遇到问题时，不要急于下结论、做决定，很多时候，慢下来、静下来，事物本来的面貌往往能自己“浮出水面”，既免去了我们焦虑地冥思苦想的过程，又让我们一直被“快”塞满的心灵获得了缓冲。

随着时间的推移，你会逐渐发现慢的好处。而此时的“慢”，也渐渐演变成了我们性格特点的一部分，于是我们开始慢慢剥去浮躁、尽享安然。遇到困难时，也不再一味地钻牛角尖，而是学会从多角度思考，从更多的切入点寻找解决问题的方法。

掌握了“慢”的习惯，体会了“慢”的好处，我们也将变得渐渐不再苛求自己，而我们自己也会真的慢下来，做事也将呈现出一种自然而然，不做作、不矫揉的状态，于人于己都会格外舒服。

有一本名叫《慢下来》的书，书中有一篇《跳绳的哲学》中有这样一段话，或许能让我们对“慢”产生更为深刻的理解：

“只有慢，才能领略生命的从容，因为有很多时候不是生命急促，而是我们不会欣赏，不懂得慢下来的意义。岁月流逝，揭开的黄历一页一页黯淡，生命也慢慢地风干，留下的只有对往昔的追味，甚至悔恨的泪水。人生有太多的无奈，时不待我大概只是其中的一种。”

“慢”的习惯，与我们个人资产的多少没有太大关系，你也不用担心它会助长你的懒惰、散漫，影响你的事业，因为“慢”是一种健康的状态，是一种积极的奋斗，是对人生的高度自信，更是一种随性、细致、从容应对世界的方式。它只会让你更高效、更优雅、更接近幸福，让你的压力获得充分释放。慢的习惯也能给你的身体一个缓冲，给心灵一个缓冲，让你放松身心，凡事懂得顺其自然的道理。

所以，放下你对慢生活的种种误解吧！从今天起，开始享受“慢”带给你的各种好处：慢慢地吃饭，放松地工作，真正地休闲，用心地聆听，投入地爱，温婉地交际……很快你就会发现，幸福真的会像花儿一样绽放。

3. 安然地享受所拥有的安乐与平和

不得不承认，现在很多人的内心都是喧嚣不安的，充满了孤独感、压抑感和焦灼感。但是，这并不是因为他们拥有得太少，而是因为他们深陷于流转不停的心念，不是在痴情过去，就是在规划未来，唯独没有认真专注地感受此时此刻的生活。

著名作家斯宾塞·约翰逊写过一本名叫《礼物》的书，其中有这样一段故事：

有个孩子问一位充满智慧的老人："世界上有最珍贵的礼物吗？"

老人回答道："有！世界上最珍贵的礼物，可以让人的生活拥有更多的快乐和成功，可这个礼物只有依靠自己的力量才能找到。"

于是，这个孩子就从童年到青年，走遍千山万水，用尽所有办法寻找这个最珍贵的礼物。可他越是拼命寻找，越感到生活不快乐，而他生命电那个最珍贵的礼物却始终没有出现。

到后来，他气急败坏、满心绝望地决定放弃，不再漫无目的地追寻世界上最珍贵的礼物了，而此时他发现，自己苦苦追寻的东西原来一直就在身边。这个人生最好的礼物就是——"当下"。

天地万物，自然轮回，每一个瞬间都将是不可逆转的永恒，所有的一切都是在当下发生的，过去和未来只是一个无意义的时间概念。活在当下这一刻，让自己的心沉静下来，安静地体会此时此刻的美好，才能获得喜悦与平和。

佛家禅宗常说要"活在当下"，吃饭的时候就吃饭，工作的时候就工作，放下过去的烦恼，舍弃未来的忧思，全身心投入到当下的这一刻，才是生活的智慧。总是在渺茫的期盼中寻找关于未来的一切，这是错误的。试问，谁能够保证一旦脱离现有的位置，就可以得到快乐？谁又可以保证，今天不笑的人，明天就一定能够笑得出来？生命并不像想象中那么坚强，一旦生活遭遇变化，裸露出生命脆弱的本质时，无论过去还是未来都不再重要。所以，我们不必要求未来很快乐、很幸福，只要当下感到快乐、幸福就足够了。

可惜，现实生活中很多人都不明白这个道理，经常为昨天做的事懊悔，为明天、后天要做的事深感不安，为那些还没有到来或永远也不可能到来的事焦虑忙碌，以至于让今天处于一种奔波、急躁、忧愁的状态之中。就像撒哈拉大沙漠中的一种沙鼠一样，每当旱季来临的时候，它们都要囤积大量的草根，以备度过这段艰难的日子。因此，在整个旱季到来前，沙鼠都会忙得不可开交。而实际情况是，沙鼠根本不需要这样劳累，因为在整个旱季，一只沙鼠只能吃掉两公斤草根，可它却要运回十几公斤的草根才踏实。结果，大部分草根最后都烂在沙鼠洞里，旱季过后，沙鼠还要辛苦地将这些腐烂的草根一一清理出洞。

要知道自己是不是也像沙鼠一样，不懂得享受当下的生活，而为未来过于忧虑，你可以用一个简单的标准来衡量一下自己，比如问问自己：“我正在做的事情是否让我感到喜悦、安逸和轻松？”如果不是，那么你的生活很可能真的像沙鼠一样，当下的时刻被世间遮盖了，生命正处于负累或挣扎状态。

藏族有一个美丽的传说，只要找到八瓣的格桑花，就能获得幸福和快乐。于是，很多充满憧憬的人就这样一味地找寻这种特殊的花朵，他们的眼中已经看不到任何东西，就这样跌跌撞撞、寻寻觅觅，最终不仅没有找到传说中的格桑花，反而遗失了路边一地的美丽。

我们的人生不也一样吗？有多少人一生都在茫茫红尘中不停地奔走，在名与利的泥潭中跋涉，总以为自己所追求的快乐和幸福在更远的地方。结果，兜兜转转地转了一大圈后，才发现真正的快乐和幸福恰恰就在原来出发的地方。等意识到什么才是自己最应该珍惜的时候，生命留给自己享受快乐的时间往往已经少之又少。

生命本就是一种赐予，所以我们最应该做的就是珍惜当下，将注意力集中在当下的生活中，对现在的生活心存一种美好的感恩，生命的喜悦便会自然浮现，心也若莲花一般，安然而又喜悦。“何必眉不开，烦恼无尽时，一切命安排，当下最悠哉。”这段话，有没有让你有那么一点点感触呢？

诺贝尔奖获得者、哥伦比亚作家马尔克斯曾说过：“真正的幸福和快乐，永远是触手可及的，因为幸福和快乐更喜欢现在进行时。”没错，过去的已成为定格的风景，只能留给回忆；而未来的还处于遥远的路上，缥缈无边；唯有眼前的一切，才是最真实的。聪明的人，懂得从当下的一点一滴中发现、创造和享受快乐，懂得把梦想中的快乐经由“努力珍视的现在”，变成未来美好的回忆，懂得品味持久而真实的快乐。

这就像林清玄在《前世与今生》中提到的一句话一样：“昨天的我是今天的我的前世，明天的我就是今天的我的来生。我们已经来不及参加前世了，让它去吧！我们希望有什么样的未来，就先把握今天吧！”

的确，尘世之间，阡陌繁华，总有些幸福和快乐，可喜、可悲、可聚散；也有些幸福和快乐，可念、可变、可蹉跎；更有些幸福和快乐，可等、可看、可叹息……本自痴人，皆是冥顽不灵。到头来，自己都不曾知，是幸福抛弃了我，还是我负了幸福。不论是烟花易冷还是乱世荒凉，总有那么一段快乐时光，陪自己静看风花雪月，倾听细水长流。

所以，请不要黯然后悔于昨天的虚度时光，也不要寄无尽的希望于明天的幸福快乐，安然地享受现在所拥有的安乐与平和吧。当我们放慢生活节奏，静静地享受生活之美时，我们也不会有那么多浮华的渴望，人性中最瑰丽的一面也会尽数呈现。

4. 源于内心的真实，做最好的自己

这是一个张扬的时代，热门话题，流行时尚，抢手职业，最新潮流，在社会的喧嚣热闹中，许多人失去了自我。不少人总是认为，只要自己快速奔跑，紧跟别人的脚步，将自己也置身于各种热门行业、职业、话题中，就能成为社会光环的中心，就会得到权力、地位和财富，就会得到快乐。然而等他们花尽毕生力气追求之后，最终才恍然大悟，原来期望的快乐并没有到来。潮涨潮落，自己跟随在别人后面所追求的很多热门根本就不适合自己，也没有获得像别人一样多的快乐，或者那根本就是一种炫目的泡沫。

传说这世上有一种荆棘鸟，从出生就开始不停地飞翔。因为它们是没有脚的，所以只能一直飞下去，永远无法停歇，直到找到属于自己的那棵最高的荆棘枝。这时，它们终于可以停下来，将自己的身体钉在锋利的荆棘上，并平生第一次开口发出黄莺一般的歌唱，嘹亮的歌声一直钻到云霄里，那是它们生命最后的绝唱。

这个传说太过凄美，然而放眼现实，我们的身边有多少人就像这只不停飞翔的荆棘鸟一样，一生忙忙碌碌，被各种欲望压得喘不过气！直到老了、飞不动了，才终于能停下来歇一歇，可是美好的岁月已经过去。虽然人活着不仅仅是为了享受生活，但这样的一生真的有意义吗？我们能不能不让自己活得这么辛苦？要知道，人生并不是一场服不完的苦役。

由范伟主演的喜剧电影《饭局也疯狂》中，有一句台词非常经典：“幸福与贫富无关，与内心相连。”这句话在影片中反复出现了多次，给人留下了深刻印象。其实这句话并非电影编剧的原创，于丹曾在《论语心得》中对幸福

做了这样的解读："幸福快乐只是一种感觉，与贫富无关，同内心相连。"

是啊，幸福本就来源于内心的感受，是精神世界充盈与否的表现，它发于心、表于形，同时也会感染到周围的环境，当然也会受到来自外界的影响，这本与贫富无关。就像影片中的煤老板，用加长的悍马、武装到牙齿的黄金、白玉的鞋拔子以及所谓的LV纸内裤来满足自己内心的空虚。如同煤老板一样，许多所谓的富人、暴发户也只是停留在炫富的层次，他们不断地行走在寻觅幸福的道路中，却不知幸福究竟在哪里。其实，对于贪欲不止的人来说，无论拥有多少财富都是不够的；而对于恬淡的人而言，一粥一饭便已满足。

欲望的存在，源于人们内心对利益和权力的不满足。如今的世界，就是一个物欲横流的社会，充斥着太多的浮躁与喧嚣，对名利、金钱、地位的无休止追求，对物质和精神享受的无限依赖，对感官和精神刺激的放纵，或争名于朝，或争利于市，人们也总是不停追逐，总把别人所拥有的一切作为标准，匆匆忙忙地追随着别人的脚步。而在我们的耳边，也时常响起"他的事业做得越来越大""他是这个行业的能人""他现在是个富翁"一类的声音。于是，为了成为别人口中的"能人""有钱人""有事业的人"，我们也开始教唆自己迎难而上，拼命追赶那些遥不可及的目标。而就在这不断追随别人脚步的过程中，我们的心也渐渐迷失，丧失了本真的自我。

索菲娅·罗兰是意大利的著名影星，自1950年从影以来，已经拍摄了60多部影片。她的演技炉火纯青，曾获得1961年度奥斯卡最佳女演员奖。

然而，当年她抱着当演员的梦想刚到罗马时，很多人都给出了否定意见，原因是她的个子太高、臀部太宽、鼻子太长、嘴巴太大、下巴太小。

制片商卡洛曾对索菲娅说："如果你真想干这一行，就要把鼻子和臀部'动一动'，这样你就像意大利式的演员了。"

尽管索菲娅·罗兰很想成为一名出色的演员，但她却断然拒绝了卡洛的建议。她说："我为什么非要长得和别人一样呢？鼻子和臀部是我身体的一部分，我想要它们一直保持现在的样子。"

索菲娅·罗兰没有因此而放弃自己的理想，她决心不依靠美貌，而是依靠内在的气质和精湛的演技获得成功。最终，她也如愿以偿地成功了。那些关于“鼻子”“臀部”“嘴巴”的非议也随之消失了。这些曾经不利于她的特征，现在反而成了美女的新标准。在20世纪末，索菲娅·罗兰还被评为20世纪“最美丽的女性”之一。

后来，索菲娅·罗兰在其自传《爱情和生活》中写道：“自从开始从影以来，我就由于自然的本能，知道什么样的化妆、发型、衣服和保健最适合我。我谁也不追随，也从不去奴隶似的跟着别人的时尚走。”

有人说，世界上能真正体会美好生活的人只有两种，一种是孩童，另一种是看透世事的老人。孩提时代天真快乐，是因为他们想得简单；老年人宁静安详，是因为他们站在人生的另一头，参透了生命的真谛。

曾经还听过这样一种观点：懒人推动了历史的发展。为什么这么说呢?因为懒人不想走路，所以发明了汽车；懒人为了让沟通更快捷，所以发明了电话……这里的“懒”，其实就是一种“慢”，一种不急着追随别人的脚步，只遵循内心需求的生活方式。

其实，凡事追随别人的脚步，是因为我们太在意别人的品评，总是拿别人的优点来对比自己的缺点，以此便显示出了他人的优势、自己的劣势。事实上，不同的人生是没有可比性的，这虽然很难做到，但也正因为困难，才让我们有可能获得圆满、通达的人生。放慢你自己的脚步，走你自己的路，珍惜你所拥有的生活，你的人生目标才能更清晰，你的内心也才能更愉悦、更平静。

每个人的人生都可以光彩夺目，是不停地追随别人扰乱了我们自我欣赏的心思。我们可以不自夸，但绝不能自卑；我们可以不自傲，但也绝不能自毁。静下心来，慢慢品味，不去理会别人是登天还是入地，是飞黄腾达还是一败涂地，用一颗从容、淡定的心去对待万事万物，安心地享受自己的独特人生。有时候，我们做出的最艰难的决定，最终往往也成为我们做过的最漂亮的事。

我们的快乐，源于内心的真实，做最好的自己；我们的不幸，皆因浮躁的灵魂，攀比着他人。每个人都有长处，亦有软肋，艳羡别人的风光，追寻身外的幸福，尽属愚者之举。世间本就没有两片相同的树叶，你再不堪，也是独一无二的，无须自轻自贱，更无须做别人的影子。生命的要义，就是拥有静下来的心态和慢下来的姿态，安然地倾听自己心灵的声音，活出全新的、不一样的自己。

5. 爱自己是收获幸福的前奏

每一天，时光都在悄无声息地流逝着，日子一天天过去。每一天，我们几乎都在重复着这样或者那样的事情，永远没有完结，也没有终点。只有偶尔在午夜梦回之间，才会恢复自我状态，想一想自己到底是谁？到底为什么会这么忙碌？是什么样的压力压得自己仿佛透不过气来？

面对他人的时候，我们可以说也许多话语来劝慰他，可当独自面对自己的时候，我们总是觉得自己不够完美，我们总是很脆弱，甚至不敢看镜子中自己的眼睛。因为通过眼睛，我们几乎可以看到自己灵魂最深处的疲惫。而面对这种疲惫，我们又常常不堪一击。说起来有些可笑吧？即使一些外表看起来很强大的人，其实也是在软弱的精神上故意表现出来的强大，坚强的外表下时常也隐藏着一颗敏感脆弱的心。

我们到底为什么而生活？不清楚原因的人可以过得很快乐、很满足，而清楚原因的人则可以活得更通透。有人爱惜自己的名誉，就像爱惜生命一样。比如堂吉诃德，在大战之时，总是大声呼喊："为了名誉而战。"也有人认为，只有站到社会的最高层，才能证明自己的价值，才能让他人敬仰，才能获得真正的幸福，才不枉此生。然而即便如此，也可能有高处不胜寒的烦恼。既然这样，我们为什么不能将一切身外之物看得淡一点，将不停追逐的脚步放慢一点，允许自己平凡一点，爱自己、重视自己多一点呢？

天地万物，任何事物都有自己的价值，你也一样。即便你做得不够出色、不够精彩，也依然是个有价值的人，依然有值得爱的地方。所以，无论你是谁，无论你从事什么样的工作，也无论你对自己取得的成绩是否满意，你需要时常做的一件事就是多爱自己一点，多善待自己的心灵，不要将自己生命中所有的时光、青春都“奉献”给工作，都用来追逐金钱、名利、地位、荣誉等。别忘了，在你的人生中，你自己才是最值得珍惜的那一个。

试想一下，倘若你的心就像一块荒芜的园地，充满了自我憎恨的荆棘，以及自卑、愤怒、焦虑的石块，还有一棵叫作恐惧的老树要修剪，那么你又怎能感到快乐和幸福呢？相反，如果你能把这些丑恶的东西全部清除了，土地就会变得干净，适宜撒种。你撒下一些种子，种下喜悦与成功的小树，让阳光照耀着这块园地，你浇水施肥，用爱和关怀照料着它，那将会多么美好！一开始，你也许不会看到太大的变化，但不要着急，继续照料它，只要你有足够的耐心，你的小树就会茁壮成长。就像你自己和你的心一样，只要选择接纳，选择宁静快乐的思想，并耐心等待，最终你一定会收获自己想要的幸福。

台湾地区有一位名叫黄美廉的女士，在出生时由于医生的疏忽，致使脑部神经受到严重损伤，自幼便患上了脑性麻痹症，以致颜面、四肢肌肉都失去了正常的作用。她不能说话，嘴还向一边扭曲着，口水经常止不住地流下来。但是，黄美廉女士却快乐地用自己的手当画笔，画出了大学艺术博士学位，也画出了自己生命的灿烂。

有一次，黄美廉应邀到台湾复旦中学与同学们进行交流，并接受大家的提问。当同学们看到她时，都被她不能控制自如的肢体动作震慑住了。这时，有一位同学忽然问她：“黄博士，您从小就长成这个样子，请问您怎么看您自己？您都没有怨恨吗？”对一位身有残疾的女士来说，在大庭广众之下被问出这样的问题，显然是十分尖锐而苛刻的，周围的人都很担心黄美廉会受不了。

“我怎么看自己？”黄美廉用粉笔在黑板上重重地写下这几个字。写完这个问题后，她停下笔来，歪着头，回头看着发问的同学，然后嫣然一笑，又回过头，在黑板上龙飞凤舞地写出了自己对问题的答案：

一、我好可爱！

二、我的腿很长很美！

三、爸爸妈妈这么爱我！

四、上帝这么爱我！

五、我会画画！我会写稿！

六、我有只可爱的猫！

七、还有……

教室内一片鸦雀无声，没有人敢讲话。她回过头来，定定地看着大家，再回过头去，在黑板上写下了她的结论：

“我只看我所有的，不看我所没有的。”

忽然，台下响起了如雷般的掌声……

一株小草，也有一份新绿；一根青葱，也有它独特的味道；一片枯叶，也可以化作肥料；一粒细沙，也可以成为建造高楼的材料……

无论你在别人眼中是如何普通、平凡，你都要相信自己、爱护自己。要知道，学会爱自己、接纳自己，你就会对自己拥有的一切感到快乐、感到满意。当有些许美好的事物出现时，你就会觉得特别幸福。而且，学会了爱自己，也就能学会爱和接纳别人，对别人不计较、不苛求，善待别人。如此，你的心也会被阳光、快乐和满足充盈。

然而在我们的生活当中，很多人并不懂得爱自己。之所以如此，是因为他们的眼睛总是盯着别人最出色的地方，对自己的生活处处不满，不懂得享受自己当下的生活。有时即便别人没有他们想象的那么出色、优秀，他们也会找到一些别人有而自己没有的优势，去羡慕别人，从而忽视自己的美丽，忽视自己拥有的一切，结果，只能让自己的心灵更加痛苦，生活也毫无快乐可言。

如果你不想让自己的心灵被痛苦占满，那么就请爱你自己、重视你自己、善待你自己，无论你的容貌美丽还是普通，无论你的工作高尚还是低微，无论你的事业是成功还是失败，也无论你取得的成就是多还是少，都要为自己保留一个开阔的心灵空间，让心灵在其中自在地徜徉。当你会掬一捧如水的柔软于心间，放飞一份沉寂的梦想于远方时，你也将体会到阳光温淡、岁月静好的幸福与满足。

6. 珍惜自己所拥有的幸福

人生活在世间，就是为了寻找幸福而来的。在这个喧嚣纷繁的社会，幸福或者不幸福的人们，都在奔波的脚步中寻找那份说不清道不明的幸福。

在我们的生活当中，烦恼就如同疾驰而过的列车一般，一次次地将幸福一带而过。痛苦、无奈总是不请自来，让你对生活失去信心、对前途迷茫不已，于是就有人开始寻找幸福。

幸福，其实是一种感觉，是一种对生活超然的体验。不知什么时候，我们的身边有了太多匆忙的身影，有了太多无奈的叹息，有了太多迷茫的眼神。我们不禁自问，难道在繁华的尘世间，这就是我们想要的生活吗？难道幸福和快乐就那么遥不可及吗？

并非如此。有时候，当幸福来临时，我们往往“不知庐山真面目，只缘身在此山中”，甚至常常抱怨上天不够怜悯我们，为什么对我们吝啬得连一点幸福都不愿给予？

什么才是属于自己的幸福呢？幸福到底在哪里？在云里，在雾里，还是在别人的生活里？总之，不在我们自己的身边。

古代，人们觉得生活在皇宫中的人最幸福，因为他们拥有享受不尽的荣华富贵，可以呼风唤雨，要什么有什么。但是，当小燕子成为还珠格后，还千方百计地溜出官外，去享受自由自在的生活。为什么？难道她不幸福吗？

因为每个人对“幸福”的定义是不同的。幸福就像围城，城里的人想冲出去，而城外的人又想钻进去，结果多少人是身在福中不知福。

其实，幸福就在我们身边，只要你用心体会，就能看到它的影子：失意的时候，朋友贴心的安慰；工作一天回家后，家人准备好的香喷喷的饭菜；

生病时，亲人朋友围坐在病床前关切的问候；生日时，收到恋人送来的一大束玫瑰花……看，身边这么多的幸福，够你享用一辈子了！而我们之所以经常感到累感到不幸福，是因为我们所求的太多。我们总希望拥有的越多越好，站得越高越好，从而不断地索取、占有，让心灵无法呼吸。事实上，幸福是非物质的，而且是非常简单的，也是最容易感受到的。获取幸福的方法也很简单，就是懂得珍惜生活，安然地享受自己现在所拥有的一切。如果忽略生活中拥有的美好的一面，只关注自己所没有的、失去的，就会令幸福悄悄地从我们的指缝间溜走。

贪欲，是人类的一种顽疾，人类也极易成为它的奴隶。一个贪求厚利、不懂珍惜生活的人，等于是在愚弄自己，希望什么都得到，对自己拥有的一切熟视无睹，对外界的一切左盼右顾，结果最终可能一无所有，自然也就没有幸福可言了。

人是群体动物，离不开所生存、依赖的社会。生活当中，也会遇到各种各样的事情，如买房子、涨薪水、评职称等。如果不珍惜自己现在所拥有的，每种好处都想得到，必定会令自己身心俱疲，生活也会变得复杂化。当然，作为现代人的我们，也需要物质享受，但没必要在这方面苛求太多，不妨简单一点，甚至“糊涂”一点，这样才更容易获得快乐和幸福。正如美国作家丽莎·因·普兰特所说的：“当你用一种新的视野观察生活、对待生活时，你会发现许多简单的东西才是最美的，而许多美的东西也正是那些最简单的事物。”

相反，倘若我们时时处处都在计较自己的得失荣辱，对自己拥有的一切熟视无睹，对外界的一切患得患失，双眼总是盯着别人所拥有的东西，忘却自己身边已有的一切，那么就会逐渐远离幸福而被痛苦包围。

幸福时刻都包围在我们的身边，就像一颗颗小小的颗粒，只要我们懂得收集，很快就可以装满一篮子。这些幸福感受也许是一杯清茶、一碗热汤，也许是一个微笑、一个拥抱。更大一点的单纯乐趣也同样存在，生而自由的喜悦，就足够我们感激、享受一生了。

著名影星周迅在谈到幸福时，是这样描述她理想中的幸福的：“我心目中的小家庭其实很简单，一个小巢，干干净净，不需要太豪华，也不需要拥有太多的钱，只要有情有爱有温暖有体贴就行了。当我走进院门时，心爱的人无须过多表白，只需默默地递上一杯水；回家的时候，我们买上两个冰淇淋，一人一个，边吃边聊。这样的生活太美好了，我做梦都向往。”

可是，这样的幸福不是一直都在我们身边吗？

是的，这就是我们的幸福。可是，要知道，幸福太瘦，指缝太宽，当我们面对幸福，却感叹幸福缥缈不定的时候，它正悄然随着岁月从我们的指缝间溜走。

然而，总有人抱怨自己的生活不够完美、不够幸福，缺少这个、没有那个，想让自己拥有更多、生活更完美。而事实上，一个人不论多么不幸，他的身边都会有幸福和快乐。而他之所以感受不到这些幸福，恰恰是因为不懂得发现和珍惜。当有一天这些幸福都离我们而去，我们不再拥有它们时，恐怕才能体会到它们的珍贵，才想起去挽留。然而，这时幸福已离我们远去，再也抓不住了，空留遗憾与懊悔。

“曾经有一份真挚的爱情摆在我面前我没有珍惜，等我失去的时候才追悔莫及，人世间最痛苦的事莫过于此……”《大话西游》中这段经典的台词里最真挚的是那段感情，但最透彻的却是对过去的幸福没有珍惜的惋惜和后悔，即使拥有了“月光宝盒”，具备了穿越时空的能力，可幸福依然还是错过了。

幸福不等人，须臾之间，美好的时光就会过去。所以，从现在开始，认真地、慢慢地过好每一天，把握住那些经常从指缝之间悄悄溜走的幸福，珍惜现有的那些快乐，不要错过身边的任何点滴幸福。只要我们一点一点地将幸福收集起来，幸福很快就可以装满我们的生命。

7. 静下心、爱生命、慢生活

喧闹的都市，繁华的街道，行色匆匆的人群，不变的是追赶时间的脚步。“东京化”的生活弥漫了全世界，“三天一层楼”的城市速度激荡了一个时代……如今，想一想每天自己的生活状态，不也正在这样与时间赛跑吗？快节奏的生活不断撞击着我们的每一根神经，奔跑的我们也已经习惯了这样的节奏。许多时候，我们也是身不由己，仿佛有一只手在推着我们拼命向前奔跑。于是，在“快城市”的氛围下，我们的生活从写信变成了短信，从绿皮火车变成了和谐号高铁，从奔腾1、2、3、4到英特尔13、15、17，从普通公交变成了在城市中快速穿梭的地铁……

而在世界的另一些角落，有的人却在湖边支起帐篷，有的人正开着敞篷车在山路上缓慢盘旋……彼时快，此时慢，总有些时候，我们需要让生活停一停脚步，安然地享受一下生命之中的快乐与幸福。

在繁忙奔跑的间隙，我们偶尔也会回忆起曾经的岁月，而且那些回忆多数是由轻松愉悦的时光填满的。在弥漫着丁香味的空气中，我们踏着轻松的步伐，漫步在雨后公园的青石路上；或是带着轻便的鱼竿，到阳光下清澈的湖泊中垂钓……平和宁静的过去总是那么美丽、那么令人难忘。

只是现实与回忆总是有着巨大的反差。现在的我们，每天都在忙着工作、忙着应酬、忙着加班、忙着升职、忙着赚钱……种种现实中的欲望，也让我们渐渐地疏离了那些轻松的日子，疏离了淡泊的心情，疏离了幸福的感受。

当时代发展的脚步超越了我们驾乘的汽车，我们是否在紧张的快节奏生活中失去了点什么？对，安静的时间。对于很多人来说，能拥有一段安静的时间可能已成为一种奢望。忙碌的生活，让人们的生理系统都紊乱了，但要记得，千万别让自己的心绪也随之紊乱。那颗被各种工作、欲望、琐事塞满的心，需要放松，需要缓解压力，需要安静地透透气。

如此，不妨让自己的心安静下来，安然地等待时间一分一秒慢慢地过去。就在此刻，放下你手中忙碌的工作，将自己的专注力放在表盘上，看着表盘上的时间一点点挪动，侧耳聆听自己的心跳，关注自己均匀的呼吸，感受周遭空气的变化……相信那会是一种心灵处于真空的感觉：万籁俱寂，世界停留。

很多人觉得，让自己于繁忙的工作之中停下来几分钟甚至几秒钟简直就是浪费时间，于漫长的生命是没有任何意义的，而对于工作却可能会产生严重的影响。比如，这几分钟或许可以拿下一个大客户，这几秒钟或许可以完成一个关键的程序步骤。而停下来安静地待着，于自己何益?

真的是这样吗?

在浙江省有一个名叫富阳的小城市。那里的人们，都为出自此地的《富春山居图》而骄傲自豪。这幅大作是于600多年前的元朝时期，年过七旬的画家黄公望在此山居住时，用三四年的时间完成的。

在那三四年中，小城里的人们都在各自为名忙为利忙。在小城里的人们看来，黄公望他的画作不过是一个看似无用的人做了一件无用的事而已。而耐人寻味的是，当年这幅画黄公望画给道友无用师的，因此也有人称这幅画卷为《无用师卷》。

然而几百年后，那些一代又一代人做的有用的事都烟消云散了，唯有当年那位无用的老人，用清静的心和一支又一支磨秃的画笔留下的无用画作变得显赫起来，终于成为这座城市的象征与最伟大的记忆，并陆续为这座小城带来了金钱、财富、关注、美名。一个无用的人送给无用师的画作却变得有用起来，这该是怎样的一个轮回?无用的事真的无用吗?

这其实也在告诉我们：有时候看似无用的事，恰恰可以平衡我们生活中必有的苦，甚至会让你觉得这些事才是人生中最有用的事。

不是吗?人生本就是一条单行线，倘若你只为目的而忘了过程，只为快速奔跑而忽略了沿途的风景和享受生命中的快乐，人生，其实才真的是一场苦役。

金钱、名誉、权势、荣誉或者其他，都只是让生命丰富起来的手段而已，让脚步慢下来，让心灵静下来，让生命分出一些时间给看似无用的事，安然地享受生命中的每一秒，这才是目标。脚步太快，心太嘈杂，幸福就来不了；人没有更多与内心对话的机会，生命就鲜活不起来。我们总需要有个机会与忙乱告别，才能邂逅更好的人生。

生活本来就是不断创造美好和享受快乐的过程，美好不只是事业的成功和辉煌，生活也不需要总是轰轰烈烈，哪怕是时而平凡、时而简单的快乐，哪怕是生活如流水般平淡无味，只要自己感觉美好，感觉到自己存在的价值，时光便没有白白度过。

生活也并非故事，需要跌宕起伏，金钱、权势、地位等只能在物质上满足人心的虚荣，却无法在精神上满足自己的快乐。既然如此，不如就让我们慢下来、静下来，怀揣着一颗脱尘的心，做一回慢时光的主人，给自己一个享受慢生活的机会，享受一下生命中每一秒的自由与安逸。“盛世无饥馁，何须耕织忙?”放慢脚步，安享恬静的生活与悠闲的时光，生命才能回归到最自然的美好。

就在喧闹的都市中，寻找一个安静的所在，宁心静气，慢慢享受，慢慢地观察生活中的每一个精彩瞬间。此刻，细心聆听自己的心跳，放慢呼吸，放慢游戏，慢慢谈情，慢慢努力，不必着急。如此，自然能获得加倍的快乐，也就等于战胜了生命中那些飞逝的时光。

最后，引用亨利·大卫·梭罗的一句话：“如果我们发现自己难以抵御今天这个纷繁复杂的物质世界的引诱，那么最好的办法就是 Simplify，simplify，simplify（简朴，简朴，简朴）。”

那么，就让我们一起做个简朴的人吧，一起静下心、爱生命、慢生活。

8. 不计较，才能安然享受生活

有人曾经说，这个世界上最吝啬的就是那些不懂微笑的人。但也有人反驳，说社会发展如此之快，生活如此之累，为了生计，为了事业，为了出人头地，疲惫奔波，还经常遇到不顺心、不如意的事，日子过得像打仗一样，不哭已经是好的了，哪里还有心思微笑呢？

可是，难道这就是我们在人世走一遭的真正目的吗？奔波着、疲惫着、痛苦着、无奈着，生活就像未成熟的沙棘果，涩得人痛苦难当。到底是什么抹杀了我们内心对生活的那一抹憧憬？又是什么剥夺了我们的快乐和幸福？事实上，罪魁祸首就是我们的欲望太多，对人生的计较太多。

很多时候，我们往往会计较，同样的付出，为什么别人得到的回报比自己多？很多时候，我们会计较命运为什么总是把好机会给别人，而不肯给自己；很多时候，我们还会计较别人说话做事不考虑自己的感受，让我们伤了自尊……

总之，要计较的太多了！我们为一分一毛钱计较，为偶尔的小挫折计较，为一句无心的话计较，为自己的付出到底能够获得多少计较……就在这不停的计较中，快乐离我们越来越远，幸福离我们越来越远，满足离我们越来越远。是啊，一直都在计较，哪里还有时间快乐，幸福和满足呢？

喜欢计较的人，往往都会把快乐拒之门外，因为快乐来源于追求简单的美。凡事看淡一些，什么都是云淡风轻，快乐也就无处不在了。否则，你就会为尘世所烦，为尘事所累。

心理专家威廉曾经是一个极能算计的人。他知道华盛顿哪家店里的袜子最便宜，哪家店里的蛋糕经常有促销，甚至知道哪家快餐店会比其他快餐店多给顾客一张餐巾纸。但是，这种算计并没有给他带来多少快乐，相反，却让他得了一身病。尽管他知道哪家医院的医生医术最高明，哪家医院的治疗费用最便宜，但仍然病魔缠身，没过几天舒心顺畅的日子，更谈不上健康和幸福了。

直到32岁时，威廉才在病痛的折磨中恍然醒悟，并开始了关于“能算计者”的研究，最终以无可辩驳的事实得出了惊人的结果：凡是太计较的人，实际是很不快乐的，甚至是多病、短命的。因为喜欢计较的人，很容易发现生活中许多负面的东西，并不自觉地加以扩大，甚至一点点小事都能让他浮想联翩，进而感慨自己的艰难，感慨命运对自己的不公。这种心理也会使得人们倾诉的欲望非常强烈，心情越来越焦虑、急躁。因此，喜欢计较的人都会不同程度地存在着身心隐患，他们中的90%以上都患有心理疾病，他们的痛苦也比心宽、不计较的人多许多倍。

快乐不是因为拥有得多，而是计较得少。凡事都喜欢吹毛求疵，过分注重一些毫无价值的小事，不但会令别人难堪，自己的心情也会受到影响。这其实是一种心浮气躁的表现。生活本已很累，而你还不断地计较、算计、苛求，这样的人生，即便拥有金山般的财富，拥有他人无法企及的事业，恐怕过得也不会开心。因为在长期的计较中，你早已忘记了惊喜为何物、快乐为何物、幸福为何物了。

有一首歌这样唱道：“不管得与失，值得去庆祝，因为心中易满足。”不计较的人，才能拥有豁达的胸怀，遇事不急躁、不焦虑，这是一种明智的表现。这样的人，有时看似吃了点亏、受了点累，但往往能比别人活得更心安、更满足。

人生是一个由起点到终点、短暂却漫长的过程。在这个过程中，每个人所拥有的和所承受的喜怒哀乐、爱恨情仇大致都是相等的。这既是自然赋予生命的规律，也是生命赋予人生的规律，只不过我们利用的方式不同罢了。这不同的利用方式也演绎出了多彩的人生。于是，有的人先苦后甜，有的人先甜后苦；有的人起起落落，有的人安顺平和；有的人事业风生水起，有的人工作屡屡受挫；有的人智慧超群，却相貌不恭；有的人俊美娇艳，却才疏德浅……

既然人生是多姿多彩的，我们又何苦计较、何必苦苦追求那些你不曾拥有的东西？也许，有些东西你真正拥有后，结局并不是你所期待的那样呢！就比如，生活中很多人总是羡慕那些名人、明星，羡慕他们光鲜亮丽的生活，以为世间苦痛与他们无缘。然而，事实真的如此吗？美国前总统里根曾几度风光，晚年却备受逆子的冷落；戴安娜如果没有魂断天涯，又有几人知道她与查尔斯王子那场经典爱情竟是那般无奈呢？

属于你的东西，终归会落到你手里；不属于你的，无论你如何计较强求，最后也只能眼睁睁地看着它溜走。不计较，不是不争取，而是知道哪些应该追求，哪些应该放弃。大多数人都在追求物质上的满足，因而每天忙忙碌碌，时常为小事斤斤计较，可当物质需要得到满足之后，却发现自己并没有获得内心真正的充实。

事实上，有些忙碌是自己强加的，有些劳累是自己折腾的，拼命追逐本无所谓的东西，就会漠视心灵的平静。然而，有些精彩注定属于他人，你根本无须驻足，走好自己平凡的道路，幸福往往才会不期而至。

人的一生总会遇到各种各样的不如意，心胸豁达的人不会将这些装进心里。你可以有“逝者如斯夫”的感怀，可以有“西风独自凉”的惆怅，可以有“一江春水向东流”的愁伤，也可以有挥之不去的凄凉，但是没有人会因为计较、抱怨而受益。星云大师说：“不怀恨，不怨尤，就会少烦少恼；不计较，不比较，必然多助多缘。”在大自然的世界当中，树木因为承受风吹雨打，所以浓荫密布，众鸟栖息；海水因为能纳百川，所以宽广深邃，水族群集。人，也唯有秉持“不计较”的情怀，宽容点、从容点、淡定点，不怒、不急、不躁，不奢恋、不强求、不妄取，安然地过好当下，悠闲地享受生活，方能涵容万物、心灵平静。如此，安好。

第六章

追求完美，会让人活得很累

尽管人们心中都有着对完美的美好向往和追求，然而种种客观或主观的因素让我们总是做不到十全十美。也许很多人会为此而难以释怀，但其实真的没有这个必要。把缺憾当作自己生命中的一部分，只要在过程中付出了汗水，收获了快乐，即便结果是有缺憾的，这种缺憾也会在一个人的成长面前渐渐变淡，甚至因为它的真实而显现出别样的美丽。如果刻意去追求的话，就会背上沉重的负累。

1. 盲目追求完美，就是做无谓的牺牲

崇尚完美，是人们的普遍追求。谁都希望有一个完美的家庭，有一份稳定的工作，与一些高尚的人在一起相处。可是，这只能是乌托邦，人世间是不存在的。如果刻意去追求的话，就会背上沉重的负累。

在这个世界上，十全十美的事是不存在的，完美只是人们的一个目标、一个方向和一个憧憬，却不应该成为一个人的必然追求。

一位未婚的先生来到一家婚姻介绍所，进入大门后，迎面见到两扇门。一扇门上写着：美丽的；另一扇门上写着：不太美丽的。于是他推开“美丽的”门，迎面又见到两扇门。一扇门上写着：年轻的；另一扇门上写着：不太年轻的。他推开“年轻的”门，迎面又见到两扇门。一扇门上写着：善良温柔的；另一扇上写着：不太善良温柔的。他推开“善良温柔的”门，又见到两扇门。一扇门上写着：有钱的；另一扇门上写着：不太有钱的。他推开了“有钱的”门……

就这样一路走下去，他先后推开过美丽的、年轻的、善良温柔的、有钱的、忠诚的、勤劳的、文化程度高的、健康的、具有幽默感的九道门。当他推开最后一道门时，只见门上写着一行字：您追求得过于完美了，这里已经没有再完美的了，请您到大街上找吧。原来他已经走到了婚介所的出口。

这个幽默故事不只是讲婚姻，更是在讲有关完美的话题。世界上本来就没有完美无缺的人与事。古人云：人无完人，金无足赤。人一走向绝对，就走入了误区。

但在生活中，无数的人却过分追求完美。他们常常在生活中寻找完美之人，不仅是对自己的各个方面要求做到完美，也要求别人完美。正是由于陷

入这种误区，使得很多人活得很累，以至于改变了对世界、生活的看法。

凡是那些苛求完美的人最终必然失败，无论他们怎么尽力，怎么要求自己，怎么强迫自己，都免不了失败的厄运。

有个贵族拥有一张出色的檀木做的弓，用这张弓射箭又远又准，他非常珍惜这张弓，把它看得非常重要。

有一次，这个人仔细观察他的弓，他想：这张弓虽然不错，射箭射得也远，但还是有些笨重，尤其是外观可以说是毫无特色，于是便在心里计划着要请艺术家在弓上雕一些图画。于是，他请了一位高明的手艺人在弓上刻了一幅完整的行猎图。

经过这位手艺人的精心雕刻，这张弓变得十分完美，当他欣喜地拉紧这张自以为完美无比的弓时，弓“咔”的一声断了……

世间的所谓完美只是相对的，绝对完美就意味着停止、终结。苛求完美不仅事实上达不到，而且也极容易导致自我挫折感，并诱发认知障碍和自我适应障碍，不利于人的心理健康。

19 世纪法国诗人穆塞特曾写下这样段话：“完美根本就不存在，了解这句话的人就等于了解人性智能的极致，期待拥有完美是人类最疯狂危险之举。”

对于人类而言，完美只是一个理念，一个追求，一种梦想。因为这个梦想的存在，人们生活的更有乐趣，仅此而已。盲目追求完美，就是做无谓的牺牲，不论人生的任何阶段，都不要苛求完美。

2. “缺憾”也是一种美

人人皆知，牡丹国色天香，却味道平平，茉莉香气四溢，却貌不惊人；玫瑰色香俱全，却茎身遍刺。任何一样事物，都无法做到十全十美。可正是因为有缺憾，才造就了它的与众不同，缺憾，也是一种美。

米洛斯的维纳斯雕像是希腊划时代的一件不寻常的杰作，它以卓越的雕刻技巧，完美的艺术形象，高度的诗意和巨大的魅力获得了观众的赞赏。她失去的双臂更是给人留下了充分的想象空间，更是令人觉得有一种摄人心魄的美的魅力，透散出一种缺憾的美。

曾几许，有人想为她接上断臂而提出过种种奇思异想。认为如果把她失去的双臂复原的话，那一定会十全十美了。但是，“十全”的是否就一定“十美”？美是否一定要“全”呢？

维纳斯失去了美丽的双臂，但却出乎意料地获得了一种不可思议的抽象的艺术效果，给人一种难以准确描绘的神秘气氛。试想，如果她原本双臂就完好，难道还会有那种神秘的魅力来吸引、攫住众人的心吗？还会引得那么多的人来研究她吗？失去给人带来一种缺憾美，断臂的维纳斯正是因为有缺憾，才获得了更有价值的艺术美。

在我们的人生中，在我们的生命里，在我们人世间，处处充满着缺憾，缺憾充斥在我们每一个人的生命里。想想我们的人生中有多少烦恼和痛苦？人生的烦恼和痛苦、遗憾都来自于哪里？就来自于这些无处不在的缺憾之中。

正如狄德罗所说：“如果世界上一切都是十全十美的，那便没有十全十美的东西了。”月亮因为有阴晴圆缺，所以才那么丰富多彩。卓越、出色者并非完美，奇才常常有大缺憾。著名影星玛丽莲·梦露，有人说她脸太短，身体则丰满得有点偏胖，然而她却被评为20世纪最美的女人。美国伟大的总统林肯，外貌平平，不修边幅，嗓音粗哑，但他却是历史上最出色的演说家。

生活中，每个人都想将事情做得圆满，因而凡事都要求完美。追求完美，固然是好的，可是如果苛求完美，不仅不能达到理想的状态，而且可能适得其反。

有这样一个故事：一个渔夫非常幸运地获取了一颗硕大而美丽的珍珠，然而在那颗珍珠上有一个小小的斑点。他想，若是能将这个小小的斑点剔除，那么它肯定会成为世界上最珍贵的宝物。于是，他就下狠心削去了珍珠的表层，可是斑点还在。他又削去一层又一层，直到最后，那个斑点没有了，而珍珠也不复存在了。

那个渔夫所看见的，是那整颗珍珠上的一个小斑点，却没有看见小斑点之外那颗珍珠的美丽和珍贵。的确，如果能把珍珠上的斑点去掉，它确实会变得光洁一新、价值连城；然而如果无法做到呢？是否就意味着这颗珍珠完全失去了它的价值？非也。换一个角度来思考，这个斑点也许正是最能展现珍珠独特价值的一个标志，是这颗珍珠的独特价值的标志，它体现了这颗珍珠自诞生以来最原始、最自然的面貌，通过斑点，我们甚至能感受到蚌在形成珍珠的过程中所历经的艰辛——它是经历了怎样的痛苦和努力，与外界作了怎样一番抗争才孕育出这样一个成果！即便斑点确实看来不完美，然而“瑕不掩瑜”，一个小小的斑点难道足以掩盖整颗珍珠散发出来的光芒吗？又或许正是因为它身上的“瑕疵”，使其有别于市面上其他没什么区别的外表光鲜，毫无瑕疵的珍珠而更显其独特魅力呢？

尽管人们心中都有着对完美的美好向往和追求，然而种种客观或主观的因素让我们总是做不到十全十美。也许很多人会为此而难以释怀，但其实真的没有这个必要。把缺憾当作自己生命中的一部分，只要在过程中付出了汗水，收获了快乐，即便结果是有缺憾的，这种缺憾也会在一个人的成长面前渐渐变淡，甚至因为它的真实而显现出别样的美丽。

3. 完美主义，让精神备受折磨

将完美作为自己的一个努力方向，这当然很好。但也有很多人不仅仅是在追求完美，而是处处苛求完美，将其当成了自己一生的终极追求，以致掉进了这个漂亮的陷阱，随之而来的是心情焦虑、紧张、孤独，精神备受折磨。

2008 年 8 月 17 日，在北京奥运会女子竞技体操决赛场上，我国女子竞技体操名将程菲两次失手。一次是她最拿手的跳马。众所周知，她的跳马技术，堪称当今女子跳马最高水平。2005 年墨尔本世锦赛上，程菲一鸣惊人，就是凭借她的高水平发挥，不仅夺得中国首个女子跳马世界冠军，她的新动作还被国际体坛命名为“程菲跳”。而在 2008 年的奥运会上仅有一名选手会跳“程菲跳”，所以，人们都以为这块金牌非她莫属。

比赛开始了，她的第一跳以完美的表现获得全场最高分 16.075 分，然而在第二跳跳自己的“程菲跳”时，她却跪在了地上，这是她第一次在最拿手的动作上翻船。

在接下来的第二个项目自由体操上，程菲又摔在了垫子上。如果说这一次失手是因为她还未走出上一个项目失败的阴影，思想上有包袱，失败情有可原。那么第一次失手就是因为她过于追求完美的结果。她为了把自己的最高水平展现给奥运会，展现给全世界的观众，结果适得其反。如果她不是为了追求更完美，而是稳中求胜，程菲跳“程菲跳”何至于失败？

追求完美本身是好事，这是值得提倡的，尤其是比赛场上，只有这样才能不断挑战自我，超越自我。因为在竞争如此激烈的赛场上，如果你不进步，就意味着被淘汰。但是，凡事都有一个度，过于热衷于完美，就会与自己的初衷脱节。

完美，无论花多少时间与力气都不可能达到。如果你已尽最大努力，再多忧虑或担心也不会做得更好的话，再做下就会适得其反，这时一定要制止自己追求完美的冲动。

哲人说："完美本是毒。"生活中，如果事事追求完美其实是一件很累的事，就如毒害心灵的药饵！让人不知不觉掉进陷阱。

有位伟大的雕刻家就是一位完美主义者，他所完成的雕像，令人几乎难以区分哪个是真人、哪个是雕像。有一天，死亡之神告诉雕刻家他的死亡时刻即将来临。

雕刻家非常伤心，他和所有人一样，也害怕死亡，也不想死亡。他苦思冥想了很久，最后终于想到一个好方法，他做了 11 个自己的雕像。当死神来敲门时，他藏在了那 11 个雕像之间，屏住了呼吸。

死神感到困惑，他看到了 12 个一模一样的人，他无法相信自己的眼睛，从未发生过这种事！从没听说过上帝会创造出两个完全一样的人，这个世界上每个人都是唯一的。

这是怎么回事？死神无法确定自己究竟该带走哪一个？他只能带走一个……死神无法作决定。带着困惑，他回去了，他问上帝："你到底做了什么？居然会有 12 个一模一样的人，而我要带回来的只有一个，我该如何选择？"

上帝微笑地把死神叫到身旁，在死神耳旁轻声说了一句话。

死神问："真的有用吗？"

上帝说："别担心，你试了就知道。"

死神半信半疑地来到那个雕刻家的房间，往四周看了看，说："先生，一切都非常的完美，只是我发现这里还有一点瑕疵。"

这个追求完美的雕刻家完全忘记了自己此刻的处境，立即跳了出来问："什么瑕疵？"

死神笑着说："哈哈，我终于抓到你，这就是瑕疵——你无法忘记你自己，天堂都没有完美的东西，何况人间。走吧，你的死亡时刻已经到了！"

是啊，天堂都没有完美的东西，何况人间？雕刻家苛求完美，掉进了上帝的陷阱。

生活中，我们要懂得放自己一马，不要对自己过分苛刻。人的能力总是有限的，不要为了让周围每一个人都对你满意而掉进完美主义的陷阱。

4. 活得粗糙点，让自己更轻松

人们往往向往精致完美的生活，但如果生活中活得太精细、太细致，就会把自己弄得筋疲力尽。

若玲的妹妹在一个机关任职多年，最近一直抱怨工作和家庭都很累，常乱发脾气，有时连晚上都睡不着，感觉快要崩溃了，想与姐姐聊聊。若玲想，妹妹在机关工作，捧着薪水相当优厚的铁饭碗，该单位目前没什么大的改革，压力并不来自于工作。妹妹的压力应该是来自于家中有个幼儿吧，但是妹妹也有坚强的后盾：住隔壁的公婆在她上班时会为她照顾小孩，丈夫也会分担家务，和真正蜡烛两头烧的她比起来，算是幸福的。

姐妹结婚后难得独处。当她在妹妹家喝下午茶后，马上发现了妹妹的问题所在：

妹妹家一尘不染，地板上连一根头发也没有，什么东西都收拾得井井有条，小孩一流口水一秒钟内马上擦掉，杯子一喝完马上洗掉。妹妹还在聊天时夸口，早上的豆浆都是自己磨的，果酱也都是自己做的，因为外头买的都不干净……她每天下班后都整理房间，清理柜橱，洗衣服、被褥、床单、窗帘，擦门窗、桌柜，家里简直能达到五星级酒店的卫生标准。

从小妹妹就爱干净，但现在她越来越夸张了。看妹妹忙进忙出，怎么也没空聊，若玲已经看出端倪：“唉，你的问题就是什么都想求全，不肯粗糙一点点，”姐姐说，“如果眼光都停在那一点点上，那么生活上最轻微的事情也会变得沉重难担！”

能够有一个五星级的家当然是好，可是要看看付出的代价是不是太大。家是休息的地方，相对舒适整洁一些就可以了。时时弄得如展厅、会馆一样，一尘不染，光亮照人，这就要陷于繁琐的束缚，付出劳累的代价了。家是一个什么概念？这是一个可以休息的地方，要的就是舒适、随意。生活中并非所有的事情都值得全心全意做，活得粗糙点才能让自己更轻松。

世界太大了，事情太多了，人生有限，何求活得样样都精致，事事都细致？粗放一点，粗糙一些有何不好？这如同人要多吃些杂粮糙米一样，在粗糙中生活，是一种原生原态。

活得粗糙一点，不是消极颓废，不是不努力了，不是说没有目标了，而是说，简单一点，少一点敏感，多一些愚钝。简单一点，把敏锐的触觉变粗糙一些，粗糙的日子，会轻轻松松，自自然然。

5. 寻找完美的爱情，会丢掉幸福

人生中任何一件事情都没有绝对的完美，爱情也一样。如果你狂热地陷入到对完美爱情的追求之中，只能让你丧失自我，失去判断力。

很简单一种现象：大多数殉情者都是初恋的少男少女。初次涉及爱情，让他们完全丧失了自我，连同世界都不复存在了。对于这种年龄段的孩子们而言，爱情是伟大而神圣的。热恋中的情人根本不敢设想一旦两人分手，还有什么活下去的理由。当然，他们也决不怀疑他们的爱情是永恒的。所以，爱情的破灭就等于生命的终结。

当然，所谓“真爱”的经历并不局限于初恋，也许是几次恋爱失败的遭遇，也许是婚后的偶遇。但是，无论如何，人们衷心期待并为之不懈努力的那种完美与永恒都是不存在的。

爱情实际上只是一种人生体验，并不是人生的全部。没有必要为了并不存在的永恒而失魂落魄，甚至怀疑起整个世界。

如果你是一个完美主义者，就需要在陷入爱情之前，给自己打个预防针，告诉自己完美的爱情只不过是一种童话，一个传说，实际生活中是不存在的。打破对完美爱情的迷信，你才能够坚强。

相信完美的爱情对你百害而无一利。它使你无法客观地去对待感情之事，无法容忍人性中不可或缺的瑕疵，对爱情完美的挑剔与永恒的非难最终只会扼杀爱情，至少会让爱情失真，逐渐演变成一场虚伪的游戏并以分手而收场。

阿静、阿彩、沙沙是好得不能再好的闺中密友，三人中阿静长得最美，沙沙最有才华，只有阿彩各方面都平平。三个人虽说平时好得恨不能一个鼻孔出气，但是在择偶标准上，三个人却产生了极大的分歧。阿静觉得人生就应该追求美满，如果找不到一个能让自己觉得非常完美的爱人，那么情愿独身下去；而沙沙则觉得婚姻是一辈子的大事，必须找一个能与自己志趣相投的男人才行；只有阿彩没有什么标准，她是个传统而又实际的人——对婚姻不抱不切实际的幻想，对男人不抱过高的要求，对人生不抱过于完美的奢望，她觉得两个人只要“对眼”，别的都不重要。

后来，阿彩遇到了小军，小军长相、才情都很一般，属于那种扎在人堆里就会被淹没的男人，但他们俩都是第一眼就看上了对方，而且彼此都是初恋的对象，于是两个人一路恋爱下去。对此，阿静和沙沙都予以强烈的反对，她们觉得像阿彩这样各方面都难以“出彩”的人，婚姻是她让自己人生辉煌的唯一机会，她不应该草率地对待这个机会。但是阿彩觉得没有人能够知道，漫长的岁月里，自己将会遇见谁，也不知道谁终将是自己的最爱，只要感觉自己是在爱了就是对的。于是阿彩 24 岁时与陈军结了婚，26 岁时做了妈妈。虽说她每天都过得很舒服、很幸福，但她还是成为了女友们同情的对象，阿静摇头叹息：“花样年华白掷了，可惜呀!”沙沙扁着嘴说：“为什么不找个更好的?”

随着时间的流逝，当年的少女被消耗成了三个半老徐娘，阿静众里寻他千百度，无奈那人始终不在灯火阑珊处，成了剩女，只好让闭月羞花之貌空憔悴；而沙沙虽然如愿以偿，嫁给了与自己志趣一致的男士，但无奈两个人虽然同在一个屋檐下，却如同两只刺猬般不停地用自己身上的刺去扎对方，遍体鳞伤后，不得不离婚，除了食物之外她找不到别的安慰，生生将自己昔日的窈窕，变成了今日的肥硕，昔日才女变成了今日的怨女；只有阿彩事业顺利，家庭和睦，到现在竟美丽晚成，时不时地与女儿一起冒充姐妹花招摇过市。

阿静认为完美的爱人、浪漫的爱情，能使婚姻充满激情、幸福、甜蜜，其实不然，完美的爱人根本就是水中月镜中花，你找一辈子都找不到，况且即使你找到了自己认为是最美满的爱情之后，一遇到现实的婚姻生活，浪漫的爱情立刻就会溃不成军，因为你喜欢的那个浪漫的人，进了围城之后就再也无法继续浪漫了，这样你会失望，失望到你以为他在欺骗你；而如果那个浪漫的人在围城里继续浪漫下去，那你就得把生活里所有不浪漫的事都担待下来，那样，你会愤怒，你以为是他把你的生活全盘颠覆了。

沙沙自视清高，把精神共鸣和情趣一致作为唯一的择偶条件，她期望组织一个精神生活充实、有较强支撑感的家庭，她希望夫妻之间不仅有共同的理想追求和生活情趣，而且有共同的思想和语言。可是事实证明她错了，她的错误并不在于对对方的学识和情趣提出较高的要求，而在于这种要求有时比较褊狭和单一。实际上，伴侣之间的情趣，并不一定限于相同层次或领域的交流，它的覆盖面是很广泛的，知识、感情、风度、性格、谈吐等都可以产生情趣，其中，情感和理解是两个重要部分。情感是理解的基础，而只有加深理解才能深化彼此间的情感，双方只要具备高度的悟性，生活情趣便会自然而生。

阿彩的爱也许有些傻气，但恰恰是这种要求不高的爱使她得到了他人难以企及的幸福。爱情中感觉的确很重要，感觉找对了，就不要考虑太多，不然，会错过好姻缘的。将来的一切其实都是不确定的，不确定的才是富于挑战的，等到确定了，人生可能也就缺少了不确定的精彩了。阿彩很庆幸自己及时把握了自己的感觉，青春的爱情无法承受一丝一毫的算计和心术，上天让阿彩和小军相遇得很早，但幸福却并没有给他们太少。

那些像阿彩一样顺利地建立起家庭的人，都有一个共同的心理特征：他们不过分挑剔。爱情中的理想化色彩是十分宝贵的，但是理想近乎苛求，标准变成了模式，便容易脱离生活实际，显得虚幻缥缈。

可见，寻找完美的爱情时，会让人在无意间丢掉本该得到的幸福。自己都不完美，如何去要求其他？注意一下身边的平淡，选择适合我们自己的，才是最美好的。

6. 生活中避免找错挑刺

追求完美的人一般拥有敏锐的洞察力。精观善察本是一种优点，一种财富，但怎么利用它，主要在于洞察之后的反应。假如能针对不同的人，采取不同的方法，那么这笔财富算是用在了点上；倘若过于苛责，吹毛求疵，发现他这也不好，那也不对，就会让自己陷入不幸。

有位才华很出众的 A 君，与 B 君相识已有十余年了。初时他们同在一家公司打工，分任两个部门的经理，后来他们先后辞职开辟自己的天地，一直保持着较紧密的联系。别人本以为以 A 君的能力，他的公司定会很快上一个台阶的，殊不知，他做得一直都不顺利，而 B 君的公司却越做越大。

为什么呢？很重要的一个原因就是 A 君总爱找错挑刺。

每次见面聊天，B 君总听到 A 君抱怨、指责别人，这些人包括他的合作伙伴、客户以及下属，他会一针见血地指出每个人的缺点和不足，然后抱怨同这些人共事有多么困难，他总也找不到令他满意的伙伴和员工。B 君相信他说的话，相信他是对的，也总在劝他：许多人并不是故意同你作对，只不过是个性、习惯的原因，尺有所短，寸有所长，用人、与人相处要尽量地看人长处，用人长处，不要老盯着人家的缺点不放，你又不是要找个道德楷模，等等。

可是，说归说，下次见面依然如故，A 君的公司事业依然没有起色。

有不少人有着与 A 君同样的毛病。他们苛求完美，自律甚严，在他们眼中，周围的人身上全是毛病，他们在用自己的标准、好恶去衡量要求别人。他们不乏精明，但少了一份应有的胸怀。这样的人才会是做具体业务的好手，但绝不是好的管理人才；他可以成为好朋友，但要做整天在一起共事的同事很困难，尤其是做他们的下属。

俗话说：水至清则无鱼，人至察则无友。有些人对别人要求得过于完美以至近于苛刻，他们希望自己所在的环境一尘不染，事事随心，不允许有任何一件鸡毛蒜皮的小事不符合自己的设想；一旦发现这种问题，他们就怒气冲天，大动肝火，摆出一种势不两立的架势。他们对许多问题的看法往往过于天真，过于理想化，过于清高，总觉得世界之上，众人皆浊，唯己独清，众人皆醉，唯己独醒。用这种天真的眼光去看社会，许多人往往会变得愤世嫉俗，牢骚满腹。

我们说“水至清则无鱼”，主要强调的是做人做事做官都不能太“较真”，只要不是原则问题，“睁一只眼，闭一只眼”也未尝不可。所谓“水至清则无鱼”谈论的不是一般的清，而是“至清”。所谓“至清”者，一点杂质全都没有，这岂不是异想天开？然而，现实中很多人往往苛求完美，特别注意小事，哪怕是芥蒂之疾，蝇屎之污，也偏要用显微镜去观察，用放大尺去丈量。于是，在他们的眼里，社会总是一团漆黑，这实际上是一种病态。

《菜根谭》中说：“地之秽者多生物，水之清者常无鱼，故君子当存含垢纳污之量，不可持好洁独行之操。”一块堆满腐草和粪便的土地，才能长出许多茂盛的植物，一条清澈见底的小河，常常不会有鱼来是繁殖。君子应该有容忍世俗的气度，以及宽恕他人的雅量，绝对不可自命清高，不与任何人来往而陷于孤独和不幸。

一个人在生活中避免找错挑刺，那么他才能处理好人际关系，自己也活得轻松自在。克服找错挑刺的习惯还可以获得以下收获：

（1）避免矛盾纷争

生活中有很多人总是喜欢揪别人的辫子，抓别人的缺点，这种做法是造成两个人关系疏远、分道扬镳，甚至成为仇敌的主要原因之一。生活中的许多小事，如果我们采取“睁一只眼，闭一只眼”的态度，很容易小事化了。

（2）可以使自己心态平和

与人交往关键要使心情愉快，而心态平和是心情愉快的前提。如果你能发现一些别人注意不到的东西，但以笑置之，不加追究，不久你就会忘掉这些东西；而一旦你觉得自己无法不指出来，非要给他人一个昭示，既弄得他人满心不快活，恐怕你自己的心也难以平静下来。

(3) 让自己拥有好人缘

人常说："给人方便，与己方便。"对于一些非原则性的问题不较真儿，你放别人一马，自然可以有个好人缘。

7. 方向错了，再坚持也只是徒劳

“坚持就是胜利”是人们常说的一句话，但这句话是有前提的，只有方向是正确的，坚持下去才会取得胜利；如果一条路根本就是行不通的，那你越坚持，离你的目标就越远。

方向错了，再坚持也只能是徒劳。坚持也是有条件的，当你陷进泥塘里的时候，就应该知道及时爬起来，远远地离开那个泥塘。

有人可能会说，这个谁不会啊！而事实上，不会的人多了。比如一个不适合自己的公司，一堆被套牢的股票，一场“三角”或“多角”恋爱，或者是个难以实现的梦幻……

在这样的境遇里，你再怎么样坚持也无济于事，真正聪明的做法就是调整方向，重新来过。

而生活中不同的人在这样的泥塘里是怎样想的？他们会想，让人家看见我爬出来一身污泥多难为情呀；会想，也许这个泥塘是个宝坑呢；还会想，泥塘就泥塘，我认了，只要我不说，没人知道！甚至会想，就是泥塘也没关系，我是一朵荷花，亭亭玉立，可以出污泥而不染……在现实生活中，有不少人在做着无谓的坚持与努力，就像是已经做了反方向的公共汽车，还要求司机加快速度一样。有好心人告诉他停止前进，重新选择方向的时候，他还振振有词，自己不愿意下车。于是就说是售票员的错，是售票员没有阻止自己登上汽车；于是就努力说服司机改变行车路线，“教育”他跟着自己的正确路线前进；于是就下决心消灭这辆汽车，因为消灭一个错误也是件伟大的事业；于是说坚持坐到底，因为在9999次失败后也许就是最后的成功。

人生道路上，我们常常被高昂而光彩的语汇弄昏了头，以不屈不挠、百折不回的精神坚持而死不认输，从而输掉了自己！其实，“条条道路通罗马”，找到适合自己的新的努力方向，比一味地坚持更有意义。

法国少年皮尔从小就喜欢舞蹈，他的理想是当一名出色的舞蹈演员。可是，因为家境贫寒，父母根本拿不出多余的钱来送皮尔上舞蹈学校。皮尔的父母将他送到一家缝纫店当学徒，希望他能学一门手艺后帮助家里减轻点负担。皮尔厌恶极了这份工作，不但因为繁重的工作所得的报酬还不够他的生活费和学徒费，更重要的是，他为自己的理想无法实现而苦闷。

皮尔认为，与其这样痛苦地活着，还不如早早结束自己的生命。就在皮尔准备跳河自杀的当晚，他突然想起了自己从小就崇拜的有着“芭蕾音乐之父”美誉的布德里，皮尔觉得只有布德里才能明白他这种为艺术献身的精神。他决定给布德里写一封信，希望布德里能收下他这个学生。

很快，皮尔收到了布德里的回信。布德里并没提及收他做学生的事，也没有被他要为艺术献身的精神所感动，而是讲了他自己的人生经历。布德里说他小时候很想当科学家，因为家境贫穷无法送他上学，他只得跟一个街头艺人跑江湖卖艺……最后，他说，人生在世，现实与理想总是有一定的距离。在理想与现实生活中，首先要选择生存。只有好好地活下来，才能让理想之星闪闪发光。一个连自己的生命都不珍惜的人，是不配谈艺术的。

布德里的回信让皮尔猛然醒悟。后来，他努力学习缝纫技术。从 23 岁那年起，他在巴黎开始了自己的时装事业。很快，他便建立了自己的公司和服装品牌。他就是皮尔·卡丹。

在一次接受记者采访时，皮尔·卡丹说，其实自己并不具备舞蹈演员的素质，当舞蹈演员只不过是少年轻狂的一个梦而已。

巴尔扎克曾经梦想着做一个经营有方的商人，开过印刷所，做过小生意。尽管他颇有经营头脑，但无奈时运多舛，屡屡受挫，于是捡起冷落已久的笔，重操旧业。巴尔扎克若不是及时从商海里“回头是岸”，恐怕就没有那个写出《人间喜剧》等名著而蜚声世界的文学大师。莎士比亚原是个跑龙套的三流演员，后来他发觉自己在表演上确实没有天赋，难成大器，也明智地改而搞戏剧创作，写出了《罗密欧与朱丽叶》等不朽的剧作，成为一代戏剧大师！

人生如果盲目执著，对完全没有实现可能的目标仍然穷追不舍，结果不但会无端地浪费时间和精力，而且盲目的执著也会因达不到预想目标而成为一种负累，让自己烦恼不堪，痛苦不已。

毫无疑问，我们不应当轻言放弃，因为成功常常孕育在再坚持一下的努力之中。但是，有些情况是你已经付出了最大的努力，却未取得理想的结果。这就需要我们认真考虑一下：如果选定的方向并不适合自己，就需要另辟新径，没有必要在一棵树上吊死。

8. 及时调整不正确的目标

在人生旅途中，有许多人满怀雄心壮志，向着自己的目标不断努力，这是一件非常好的事情，但也有许多人因为执著于自己设定的目标，却又无法实现而频遭失败的折磨。

正确的目标能推进我们快速地走向成功，而错误的目标；如果固执地去坚持，则会导致南辕北辙，离我们的目的地越来越远。

一个没有希望的目标，坚持是毫无益处的。当出现在我们面前的是一座无法逾越的大山时，我们所需要的是灵活应变，而不是一条路走到黑的盲目执著。

美国威克教授曾经做过一个有趣的实验：把一只蜜蜂和苍蝇同时放进一只平放的玻璃瓶里，使瓶底对着光亮处，瓶口对着暗处。结果，那只蜜蜂拼命地朝着光亮处飞，最终气力衰竭而死，而四处乱窜的苍蝇竟能做到从细口瓶颈逃生。

种种的原因都可能会制约着人们的梦想，就像这只小蜜蜂，与其错误地坚持下去，不如明智地另选他路。

对于那些错误的目标，该放手的时候就要明智地放开手。明知道这是一条走不通的死胡同，却还要继续往前走，面对的也许只有痛苦与浪费。

诺贝尔奖得主莱纳斯·波林说："一个好的研究者知道应该发挥哪些构想，而哪些构想应该放弃，否则，会浪费很多时间在差劲的构想上。"对于我们不值得做的，千万别做，大多数人当走过了职业生涯一大段路程以后，才开始问自己，这件事能成功吗？其实，无论目标是否正确，我们一旦开始就要花费很多时间。我们的时间是十分有限的，在有限的时间里，应及时确立目标，反省目标，对于错误的选择应及时纠正，审慎地做出正确的判断，选择正确的方向，寻找别的机会。

有一个孩子：他小时候最喜欢的玩具就是那五颜六色的气球，每次外出玩耍，他的手里总是拿着各种各样的气球。

有一次，他母亲带他出去玩。在公园玩耍的间隙，他的母亲从包里拿出了一个精致的口琴，不一会儿就吹出了一首首动听的乐曲。他有心要母亲的口琴，但又舍不得放开手中的气球，左右为难之际，母亲突然停止了吹奏，笑眯眯地看着他。就在这一瞬间，他作出了选择——他松开了手放飞了气球，然后扑向母亲索要口琴。

这一天，他学会了吹口琴，而更重要的是他从这件事上获得了一个对他一生影响深远的启示，那就是：该放手的就必须勇敢地放手。这之后，他考上了音乐学院，虽然这对他无异于如鱼得水，但是当他发现自己对音乐并不是那么钟爱时，他毅然选择了放弃，转而进入纽约大学商学院学习，学习自己更感兴趣的经济。1950 年，他获得经济学硕士学位，并得到去哥伦比亚大学深造的机会。从此，他放弃了一切该放弃的东西，一心一意地关注经济学，将全部的精力都放在了对经济学的研究上，并很快成为这个领域的高手。1987 年，当里根总统任命他为美国联邦储备委员会主席时，他一下子便成了一个重量级的人物，他就是艾伦·格林斯潘。

人的生命的过程，就是一个不断选择与放弃的过程，选择一条道走到黑并不明智。放弃所有你并不真正需要的东西，转而抓住你真正愿意用毕生精力去研究的东西。只有这样，你的生命才可能获得它的最大值。

所以，当发现自己原来确定的目标与自己的条件及外在因素不相适合，那就不要再执著，而应改弦易辙，另择他径。目标的调整主要有以下几个方面：

第一，寻找追求目标的动机。

制定成功的目标以前，必须明了到达此目标的动机。这是因为实现人生目标，尤其是成功的目标，需要强大的、永不枯竭的动力。而要有这种动力，就要先有正确的动机，即要明了“为什么要这么做”。动机让人在艰难的时刻保持坚定的意志，让人的内心燃烧“肯定”的火焰，从而“否定”外在的各种障碍。

第二，主攻方向的调整。

扬长避短是确定工作目标、选择职业的重要方法。在人类历史上，大量人才成败的经历证明，人们可以在某一方面具有良好的天赋和能力，但不可能有多方面的强项。如果原定目标与自己的性格、才能、兴趣明显相悖，这样，目标实现的概率趋向为零。这就需要适时对目标作横向调整。要及时捕捉新的信息，确定新的、更易成功的主攻目标。

第三，工作目标要符合自己的价值观。

俗话说得好，人怕入错行。选错了目标的人，会浪费大好时光。许多人偏离了生活的正路，就在于没有弄清他们的人生价值，常常把精力消耗在毫无意义的事情上。唯有目标和价值观完全相符，才能使人的心灵得到欣慰和满足。

总之，确立目标时应审慎分析，充分考虑。认为目标切实可行，具备成功的可能性，就矢志不渝地瞄准这一个目标去坚持，并且不论遇到多大困难都要义无反顾、坚持到底，必定能成功；同时，当意识到目标不正确时，应及时调整，使目标更有意义，更切实际，更有可能实现。

9. “半途而废”可以赢来新的机会

从小人们就被教导做事一定要有恒心，比如：“只要努力，再努力，就可以达到目的。”由于“不惜代价，坚持到底”这类教条的束缚，那些中途放弃的人，就常常被认为“半途而废”，令周围的人失望。但很多人按照这样的准则坚持努力做事，却常常会不断地遇到挫折和产生负疚感。其实，人生有些事是强求不来的。你已经尽了力，实在做不到何不放弃？如果你死钻牛角尖，那么你就是放弃了在其他事情上成功的机会。

人生总会碰到许多走不通的路，在这个时候，应当换个角度考虑问题，重新操作。成功者的习惯是：如果这条路不适合自己或者这种做法是错误的，就立即改换方式，重新选择另外一条路或另外的方法。

很多人因为太过迷信“坚持就是胜利”，“一条路上跑到底”，“头碰南墙不转弯”，甚至有捷径也不去走，而去简就繁，并以此为美德，加以宣扬。

美国前总统候选人杜尔在离开参议院时说：“我会不辞艰辛地去竞选，我曾经不畏艰辛地做好任何一件事，这种方式对我十分有益。”我们并不否认杜尔先生对国家的贡献和个人取得的成就，但很可能正是由于他不辞艰辛的做事方式，使他日见苍老、疲惫和心力交瘁，没有条件去做好总统的工作。

一个推销员被客户以“再说吧”这样的轻松方式逐渐毁掉前程。他在每一次与客户洽谈业务的时候都力图操纵局面，所以客户能给他的答案只有“再说吧。”而他办公桌上的档案大多也是“容后再议”。他日复一日地与这些客户满怀希望地联络，却毫无所获，仍以此为荣。

他的这种坚忍不拔的精神没有实用价值。收入丰厚的推销员只是尽快行动，要求客户给出明确的“是”或“不是”的答案。这样他们就不必在已接触的客户身上再花费时间和精力，而及时投身到与下一个客户的业务上去。不论你把推销讲得多么复杂，它首先是一个数字游戏。你能很快了解谁对你说“不”，你就听到更多次的“是”。

这位坚忍却自毁前程的推销员认为，只要他能坚持不懈地与这些客户一而再、再而三地联络，凭着他的执著，他的客户一定会与他达成交易。他认为自己的毅力一定会瓦解客户的拒绝。事实却不尽如人意。

《思考致富》一书作者拿破仑·希尔曾经在爱迪生的实验室中访问他。爱迪生做了一万多次实验才发明了电灯。希尔问他：“如果第一万次实验失败了，你会怎么办?”

爱迪生回答：“我就不会在这儿与你谈话了，此刻我会把自己锁在实验室中，做第一万零一次实验。”

这个小故事被大多数谈到“坚持就是胜利”的人用作坚忍不拔的典型例证。他们会说：“每次你打开电灯的时候，都可以感受到爱迪生是一个毅力非凡的人。”这简直是无稽之谈，我们应该感受到的是：爱迪生是用科学的方法进行发明创造的科学家。

希尔没有表达出来的，也许他认为人们可以自己领悟出来的是：爱迪生不是把同一个实验做了一万次。他做了一万个不同的实验，也就是做了一万次假设，而且一发现不对就马上放弃。他做了一万次的半途而废。

有很多教练因为“执著”输掉很多比赛。一场篮球赛在中场休息后，他走出休息室，球队已经输掉28分，球员被教训得不知该如何打下去，他却对着电视评论员大嚷：“我们会按原计划打完比赛。”原来计划已经不灵了，队员被打得七零八落，还在坚持原订的比赛计划，这种行为是坚忍不拔？只能说它是呆板和愚蠢。噢，教练又说了：“我们的队员只是需要再加把劲。”

半途而废有时也是不错的选择。因为并不是什么事情坚持到底都会有一个令人满意的结果，当你付出艰苦的努力却仍无法成功时，你的追求其实已经成了负累。既然如此，你何不“半途而废”一次，抛弃强求带来的负累，为自己赢来新的机会和身心的轻松自在呢?

第七章

看破名利，身心才不会疲惫

人人都想活得潇洒一点，轻松一点，快乐一点，但终其一生却总是潇洒不了、轻松不了，更快乐不了。他们被什么东西拴住了、卡住了、缠住了，这东西就是名和利。名利就像是一副枷锁，束缚了人的本真，抑制了对理想的追求。人生看不破名利二字，就会受到终身的羁绊。一个人要以清醒的心智和从容的步履走过岁月，他必须能够放下名利的负累。

1. 摆脱名利束缚，构筑心中宁静

人人都想活得潇洒一点，轻松一点，快乐一点，但终其一生却总是潇洒不了、轻松不了，更快乐不了。他们被什么东西拴住了、卡住了、缠住了，这东西就是名和利。

一般人都把功名和利禄看成了人生的境界，似乎功名愈厚人生也就愈美妙，活得就愈滋润。其实，功名和利禄是一副用花环编织的罗网，只要你进去了，就没法自在与逍遥。没有功名利禄，于是乎想得到功名利禄，得到了小的功名利禄，又想得到更大的功名利禄，得到功名利禄，又害怕失去功名利禄。人生就在这种患得患失中度过，哪里还能品尝到人生甘美清纯的滋味呢?

名利就像是一副枷锁，束缚了人的本真，抑制了对理想的追求。人生看不破名利二字，就会受到终身的羁绊。一个人要以清醒的心智和从容的步履走过岁月，他必须能够放下名利的负累。

在有了生存基础以后，人们的所求所为便有了许多的不同。你可以求名，做个名人；你可以求利，当个富翁；你也可以看破名利，寄情山水，做个闲散懒人。

古代有一个王国，国王刚刚登基，外族都不臣服，经常犯边滋扰。于是国王召开会议，决定用武力使四夷臣服，进而安定边疆。

国王做好了决定就颁布诏书，民间若有肯为国出力者，皆有重赏。不出十天，有三个年轻人应召而来。高个子的叫若木，善骑术；矮个子的叫宾蒂，善射术；中等个的叫天定，善于谋略。国王择日让他们三个带领大军开赴边疆了。

日子不多，边疆的喜讯不断传来，三个年轻人屡建奇功。一个月以后，边疆得到了安宁，四夷全都臣服。得胜之师回到都城，国王要给将士论功行赏。

国王对三个年轻人说：“有什么要求尽管说！”

若木说：“我要做大将军，为陛下镇守边关！”

宾蒂说：“我要做尚书，替陛下分担国事！”

天定却说：“我一不当官，二不领兵，三不要钱。我只希望陛下能赐我一群牛羊和一块牧场！”

国王很惊诧，不过还是一一满足了三个年轻人的要求。

过了若干年，天定正在牧场上吹着笛子，欢快地牧羊的时候，消息传来，若木和宾蒂因为权势熏天，遭到了国王的猜忌，全都被陷害入狱了。

名利终究是人生的枷锁，很多人受尽其累却不知悔悟。看破名利者，即使立下了汗马功劳也不要求做什么封疆大吏，只想重新回到过去快乐无拘的生活，吹笛牧羊，自由自在，不受名缰利锁的羁绊，更不用绞尽脑汁的谋划和算计，何乐而不为?

俗话说，名利是个无情物。有了名利，就会产生欲望，于是欲望膨胀，丧失理智，巧取豪夺的有之，杀人越货的有之，父子失和的有之，兄弟相残的有之，夫妻反目的有之，朋友绝交的有之……形形色色，不一而足。

不为名利所困扰，需要有一种超凡脱俗的气节，有一种经受困苦煎熬的耐力。曾国藩就是这种超凡脱俗的强人。他说：“人皆为名所驱，为利所驱，而尤为势所驱。”曾国藩身处功名又善处功名，他劝告人们说：“世人只知道功名利禄会给人带来幸福，殊不知功名利禄也会给人带来痛苦。”

人活着就是为了享受快乐，如果名利心过重，为外物所役使，终日奔波于名利场中，每天抑郁沉闷，不知人生之乐。

其实，不论功名富贵，即使自己的四肢躯体也是上天赐给的，不论父母兄弟，甚至连天地间万物也和我同属一体，生不带来，死不带走。所以，人对事物的变化要看得透彻，认得真切，才可以摆脱人世间的功名利禄的束缚。

当然，看不破名利不等于什么事也不干，人人都去做山中隐士。不追求名利，也不等于不建功立业。看破红尘，是为了再入红尘，摆脱功名利禄的束缚，是为了消除杂念，纯洁内心，在纷繁的世界里，在众多的不公平中，在自己的心中，构筑一片宁静的田园。

2. 放下包袱才能轻松上路

抓住自己想要的东西不放，常会给自己带来压力、痛苦、焦虑和不安。放下一些不必要的“精彩”，你并不会损失什么，而在放下的背后也正意味着得到更多。

心理专家分析，一一个人若是能在适当的时候放开手（不论是自愿还是被迫），都是一个很好的转机，因为它能让你留出时间观察和思考，使你在独处的时候找到自己内在真正的世界。

作家费奥里娜说过一段令人印象深刻的话：“在其位的时候，总觉得什么都不能舍，一旦真的舍了之后，又发现好像什么都可以舍。”曾经做过杂志主编，翻译出版过许多知名畅销书的费奥里娜，在四十岁事业最巅峰的时候退下来，选择当个自由人，重新思考人生的出路。

费奥里娜带着两个子女悠然隐居在新西兰的乡间，充分享受山野田园之乐。因为要适应新的环境，尹萍才猛然发觉人生其实有很多其他的可能，后退一步，才能使自己从执迷不悟中解放出来。

四十岁那年，麦利文从创意总监被提升为总经理，三年后，他自动“开除”自己，舍弃堂堂“总经理”的头衔，改任没有实权的顾问。

正值人生最巅峰的阶段，麦利文却奋勇地从急流中跳出，他的说法是：“我不是退休，而是转进。”

“总经理”三个字对多数人而言其代表着财富、地位，是事业身份的表征。然而，短短三年的总经理生涯，令麦利文感触颇深的，却是诸多的“无可奈何”与“不得不为”。

他全面地打量自己，他的工作确实让他过得很光鲜，周围想“结交”自己的人更是不在少数，然而，除了让他每天疲于奔命，穷于应付之外，他其实活得并不开心。这个想法，促成他决定辞职，“人要回到原点，才能更轻松自在。”他说。

辞职以后，司机、车子一并还给公司，应酬也减到最低，不当总经理的麦利文，感觉时间突然多了起来，他把大半的精力拿来写作，抒发自己在广告领域多年的观察与心得。

“我很想试试看，人生是不是还有别的路可走？”他笃定地说。

如果在一生中要活得轻松快乐，我们不妨简化自己的人生，经常地把负累放下，把自己的生活中和内心里的一些所谓“精彩”的东西断然放弃掉。

如果我们永远凭着日常世故的经验，固守已经获得的功名利禄，为了权钱职位或风头利益去争夺，这样我们会疲于应付，把很多时间和精力都花在无谓的纷争和无穷的耗费上，不仅自己的正常发展受到限制，甚至迷失自己的方向。

适时放下所谓精彩的东西，是对围剿自己的藩篱的一次突围，是对消耗你的精力的事件的有力回击，是对浪费你生命的敌人的扫射，是你在更大范围去发展生存的前提。丢掉那些不值得你带走的包袱，拿走拖累你的行李，你才可以简洁轻松地走自己的路，人生的旅行才会更加愉快，你才可以登得行得远，看到更多更美的人生风景。

3. 得之泰然，失之淡然

人生在世需要一种“得之泰然，失之淡然”的风度和修养。假如我们能放下得失心，那么，任何人生的酸甜苦辣都将化为一杯清香醇厚的茶。但很多时候，人们往往会怨叹“失”，而不去想想“得”，让自己痛苦不堪。

有一次，佛印坐在船上与苏东坡把酒话禅，突然闻听：“有人落水了！”

佛印马上跳入水中，把人救上岸来。被救的原来是一位少妇。

佛印问：“你年纪轻轻，为什么寻短见呢？”

“我刚结婚三年，丈夫就遗弃了我，孩子也死了。你说我活着还有什么意思？”

佛印又问：“三年前你是怎么过的？”

少妇的眼睛一亮：“那时我无忧无虑、自由自在。”

“那时你有丈夫和孩子吗？”

“当然没有。”

“那你不过是被命运送回到了三年前。现在你又可以无忧无虑，自由自在了。”

少妇揉揉眼睛，恍如一梦。她想了想便走了。以后再也没有寻过短见。

很显然，那位妇女要寻短见是因为她认为丈夫与孩子是她生命的全部，所以才在失去时选择自杀。但三年前，她没有这些时，她不是一样活得很快乐吗？所以，许多人，许多物其实都是可有可无的。

美国石油大王洛克菲勒，33 岁时就成了美国第一个百万富翁，43 岁时创建了世界上最大的独资企业——标准石油公司，每周收入达 100 万美元。然而，他却是个只求“得”，不愿“失”的资本家。一次，他托运百万美元的货物，在途经伊利湖时，为避意外之灾，他投了保险，但货物托运顺利，并未发生意外，于是，他为所交的150美元保险费而懊悔不已，伤心得失魂落魄，病倒在床上。他的这种患得患失、锱铢计较的思想观念给他带来了无数的烦恼，使他的身心健康受到了严重伤害。到53岁时，他“看起来像木乃伊”已经“死了”。医生为了挽救他的性命，为他做了心理咨询，告诉他只有两种选择：要么失去一定的金钱，要么失去自己的生命。在医生的帮助和治疗下，他对此终于有了深刻的醒悟。他开始为他人着想，热心捐助慈善和公益事业，先后捐出几笔巨款援助芝加哥大学、塔斯基黑人大学，并成立了一个庞大的国际性的基金会——洛克菲勒基金会，致力于消灭全世界各地的疾病、文盲和无知。洛克菲勒把钱捐给社会之后，感到了人生最大的满足，再也不为应该为得失而烦恼了。他轻松快活地多活了45年。

古希腊时期，曾有一位学生问哲人苏格拉底：“请你告诉我，为什么我从未见过你蹙额愁眉，你的心情总是那么好吗？”苏格拉底回答说：“因为我没有那种失去了它就使我感到遗憾的东西。”苏格拉底的好心情得益于他的得失观：失去了，不用生悲；得到了，也不必狂喜。失去是一种痛苦，失去其实也是一种幸福。在失去中方能体会得来的不易，在得到中才能感受那失去的珍贵。失去了太阳，得到的是满天的繁星；失去了绿色的春，得到的是热情的夏；失去了缤纷的花，得到的是丰收的果；失去了青春岁月，得到的是成熟的人生；失去了权力与金钱，得到了心安理得与身体的康健。

民国元老、著名书法家于右任饱经沧桑沉浮，却一生淡泊、荣辱自安。常有友人问及他高寿的养生之道，他总是指着客厅墙上高悬的那幅字画，笑而不言。那是一幅写意的莲花图，旁边是一副对联：不思八九，常想一二。横批：如意。人们常说：人生不如意事常有八九。倘若心为物役，患得患失，就只会被悲观、绝望窒息心智，人生的路途注定如负登山，举步维艰了。常想一二，就是用心感恩，庆幸、珍惜人生中那如意的十分之一二，最终以那份豁达与坚忍去化解并超越苦难。

上帝在为你关闭一扇门的同时，也在另一个地方为你打开了另一扇窗，而这扇窗里的东西，可能更加丰富多彩。豁达面对得与失，必能让生活变得永远阳光明媚，让自己少一份郁闷，多一份那快乐。

4. 看淡得失，获得心灵的安宁

有所得必有所失，拥有生命就要承担生命中的曲曲折折，取得成功就要付出艰辛的劳动和百般的努力；逐渐成熟稳健了，就会失去童年的单纯与快乐；等到老年，人生阅历丰富了，生命却已近黄昏；有家了，就会失去单身的自由；成就高官显要了，就会失去一般人悠闲自在的生活；成为名人、明星了，就要注意言行举止，失去相对于普通人的自由随意。这正所谓“有得必有失”。

人从诞生那一天起，就要为尘世中的功名利禄、衣食住行不断地努力，孜孜不断地追求，想得到很多东西，也失去了很多东西，就如同蜗牛背上的壳，得到了却失去了飞翔的自由。得到之后，失去之后，最终撒手而去，化作尘土。

这不是悲观厌世，而是生命的客观规律。人注定赤裸裸来往天地间。在岁月的长河里，任何人都是来去匆匆的过客，谁也不可能永久存活在世上，也不可能永远地拥有什么，凡得到的，终究要失去。鱼和熊掌，不可兼得。抉择之所以如此艰难，常常是因为我们内心舍不得放下。

获得一样我们心所想的东西，或许我们会兴奋乃至欣狂，但那也无法说明我们就一定可以永远占有。有时候我们也常常在想，要是能够怎么怎么样那该有多好啊。但对于一些本来不属于自己的东西，如果你得到了，随即便会产生害怕失去的烦恼。

任何一种生活都有它的得与失，正如人们所说：“醒着有得有失，睡下有失有得。”因此，人们应正确认识人生的得与失，要知道世间的一切本来就是来去无常，所以得到时要懂得珍惜，失去时也不必无所适从。不肯舍弃他人都有的，便得不到他人都没有的，会生活的人失去的多，得到的更多，只要这样一想，你就会有一种释然顿悟的感觉。

其实，得到固然令人欣喜，失去却也没有什么值得悲伤的。得到时，渴望就不再是渴望了，于是得到了满足，却失去了期盼；失去时，拥有就不再是拥有了，于是失去了所有，却得到了怀念。得与失本身就是无法分离，得中有失，失中又有得。

在《孔子家语》里有这样一个故事：一天楚王出游去打猎，不小心遗失了他的弓，随从要去找，楚王说："算了，我掉的弓，我的臣民会捡到，反正都是楚国人得到，又何必去找呢?"孔子得知此事后，感慨地说："遗憾的是楚王的心还是不够大啊！为何不讲人掉了弓，自然有人捡得，又何必计较是不是楚国人呢?"

"人遗弓，人得之"应该是对得失最豁达的看法了。就一般常情来说，人们在得到一些利益时，大都喜不自胜，得意之色溢于言表；而在失去一些利益时，自然会沮丧懊恼，心中愤愤不平，失意之色流露于外。但是对于那些志趣高雅的人而言，他们在生活中能"不以物喜，不以己悲"，并不把个人的得失记在心上。他们面对得失心平气和、冷静以待。如晋代的陶渊明在官场摸爬滚打十多年之后，认为官场是污浊的、肮脏的，他置身其中总有一种格格不入的感觉。于是，他毅然决然辞官还乡，他失去了功名利禄，失去了工作，没有了养家糊口的凭借，但是却毫无遗憾和留恋。"采菊东篱下，悠然见南山。"精神上的这种得意和轻松，是任何物质的东西都难以取代的，陶渊明不被世俗的负累所束缚，舍弃物质利益，放飞心灵的洒脱，千百年来，令多少人"高山抑止，心向往之"。

当我们在得与失之间徘徊的时候，只要还有抉择的权利，那么，我们就应当以自己的心灵是否能得到安宁为原则。只要我们能在得失之间做出明智的选择，那么，我们的人生就不会被得失所累。

5. 痴迷金钱的人，是非常可悲的

在一个有分工又并非实行完全配给制度的社会里，人们获得吃喝住穿就得靠被俗称为“钱”的一般等价物。在这种情况下，金钱无疑是衡量生活质量的指标之一。一个起码的道理是，在这个货币社会里，没有钱就无法生存，钱太少就要为生存操心。在一定限度内，钱的增多可以提高生活质量，改善衣食住行及医疗、教育、文化、旅游等各方面的条件。

但是，请注意，是在一定限度内。一个人的身体构造决定了他真正需要和能够享用的物质生活资料终归是有限的，多出来的部分只是奢华和摆设。

加州大学圣迭戈分校的管理学教授大卫·施卡得认为，一旦你获得了温饱，钱多钱少对你来说真的没有太大差别。他说：“一旦你跻身中低收入阶层，你要收入增加很多才会觉得生活有了明显的不同。钱是重要的，但并不像人们认为的那么重要。”

人生最美好的享受都依赖于心灵能力，是钱买不来的。钱能买来名画，买不来欣赏；能买来豪华旅游，买不来旅程中的精神收获。金钱最多只是我们获得快乐的条件之一，但永远不是充分条件，永远不能直接成为快乐。

金钱不能买到一切，如果一头扎进钱眼里，会让自己背上沉重的负累，束缚个人的自由。人生除了金钱还有其他更有意义的事情，不要一心想着钱，有时候金钱也是有毒的。

亚里士多德曾这样描写那些富人们：“他们生活的整个想法，是他们应该不断增加他们的金钱，或者无论如何不损失它。一个美好生活必不可缺的是财富数目，财富数目是没有限制的。但是，一旦你进入物质财富领域，很容易迷失你的方向。”

45 岁的银行家特雷纳说：“虽然我拥有超过 200 万英镑的财产，但我感到压力很大，我不能在每年 15 万英镑的基本收入的基础上使收支相抵。我想也许我正在失控，我总是苦于奔波，但我还是错过了好多约会。当我不得不做决定时，我感到好像有人把他的拳头塞进了我的肠子里并不松手。午夜时，我会爬起床开始翻报表，我只是想让自己平静下来。我无法睡觉，无法停下来。然而我还是不能取得进步。”

很明显，在特雷纳看来，他所取得的一切都没什么意义，他真的相信，当他达到他的金融目标时，他将感觉像一位国王。金钱已成为他的自尊和支柱，一种对人的价值的替代之物。他意识到金钱本身绝不可能让他幸福快乐，并且一直到他重新界定他的价值和他的优先考虑事项为止，特雷纳将继续在成功的边缘摇摆不定，将他的家庭和他的健康置于危险之中。

迷恋金钱有多种表现方式，特雷纳只是体现出其中一部分。然而，有一条把所有这种情况贯穿起来的共同线索，在这一点，金钱作为美好生活的手段的价值消失了，金钱本身成了一种目的。当它被置于爱情、信任、家庭、健康和个人幸福之前时，它总是倾向于腐烂。

习惯痴迷金钱的人，是非常可悲的人。盲目追求只能让自己背上沉重的包袱，活得喘不过气来。而且金钱及物质财富何为多，何为少，很难有一个衡量的标准。即使金钱再多，也不见得能够幸福快乐，相反，很可能将自己推向充满痛苦的欲望深渊。所以我们应当善于取舍，于我有益者，不懈追求；不利身心者，纵然好得天花乱坠，也不为所动，毅然拒绝。这才是明智之举。

6. 贪欲会让人得不偿失

几乎所有人都会认为金钱越多越好，可是，事实真的是这样吗？当你永不满足自己现有的金钱的时候，就会想尽一切办法来增加自己的财富，结果不仅会给自己带来无形的负累，还会使自己陷入一种恶性循环，最后得不偿失。

在印度，流传着这样一个故事。

有个穷理发师，他非常快乐，就像神仙一样，他没有什么可以担心的。他是国王的理发师，经常给国王按摩，修剪他的头发，整天服侍他。

他的快乐连国王都嫉妒了，总是问他："你快乐的秘密是什么？你总是兴致勃勃的，好像不是在地上走，简直是在用翅膀飞。这到底有什么秘密？"

穷理发师说："我不知道。实际上，我以前从来没听说过'秘密'这个词。您说的是什么意思呢？我只是快乐，我赚我的面包，如此而已……然后我就休息。"

后来国王决定问问他的首相，因为他的首相是个学识非常渊博的人，他问道："你肯定知道这个理发师的秘密。我是一个国王，我还没有这么快乐呢，可是这个穷人，一无所有，却这么快乐。"

首相说："那是因为他并未置身于那种恶性循环之中。"国王问："什么恶性循环？"首相笑了，说："您在这个循环里面，但是您不了解它。让我们做一件事情来证明这种恶性循环的存在吧。"

晚上，首相就把一个装有 99 块金币的袋子扔进理发师的家。第二天，理发师忧心忡忡地来了，如同掉进地狱里一样。事实上，他整个晚上都没有睡，一遍又一遍地数着袋子里的 99 块金币。他太兴奋了，他翻来覆去睡不着。他一再地起床，摸摸那些金币，再数一次……

他数来数去都是99块，他想要是100块就好了，凑个整数。

但是1块金币对于一个穷理发师来说是不小的一笔数目，l块金币也相当于他近一个月的收入，但他一天所挣的钱只够应付生活。去哪里再弄到1块金币呢？

他陷入困境了。他只能想到一件事情：他要断食一天，然后吃一天。这样，渐渐地，他就可以攒够1块金币。然后有100块金币就好了……他不断地想着这个问题，想着把99块金币变成100块，简直都要走火人魔了。

他越来越忧郁，他再也不像神仙一样快乐地在天上飞，他呆呆地站在地上……不仅呆呆地站在地上，还有一副沉重的担子，一个石头一样的东西挂在他的脖子上。这副担子就叫欲望，欲望夺走了他的快乐。

贪婪只能让你感觉到很深的空虚，然后你就会不顾一切地想要用任何可能的东西来填满它，不管它是什么。

欲壑深不见底，贪婪的人一心想填满它，越是填不满，越是想要填满，心境失去平静，生活失去平和，整个人生就像老式座钟上的钟摆，永远不得安宁地在两极情绪间起落挣扎，品尝着绵绵无尽的焦虑与惶恐、无奈与苦涩、疲惫与怨怒、失落与惆怅，最终陷入了恶性循环当中。

贪心的诱惑常常存在于我们的身体里，时不时地出来“发作”一下，因此，我们应该培养自己抵御诱惑的能力，这就要求我们要有一颗平常心来对待身边各种各样的诱惑。

很多的人生困境是源于不满足。我们极力争取，愈是要得多，反而愈觉不够，本来拥有够多的了，因为贪心反而觉得拥有的减少了。

老子说：“祸莫大于不知足，咎莫大于欲得。”不知足是最大的祸患，贪得无厌是最大的罪过。把钱财物、家世、容貌视为荣辱标准的人，一般都不知足，越有越想有，越有欲望越盛；欲望太盛，就会生出邪念，为拥有更多的财权欲而不择手段。由敬财、爱财而贪财、聚财、敛财，甚至于见钱眼开、巧取豪夺、唯利是图、谋财害命。其结果，必是既“辱”且“殆”。

可见，如果任由贪婪的恶欲膨胀，陷入追求金钱的恶性循环中，其结果将是得不偿失。因此，当我们在面对巨大的诱惑的时候，应该秉持适可而止的原则，并感谢上苍已经赐予我们的财富。“知足常乐”虽是老生常谈，但是却发人深省。虽然我们不是主张人们都完全满足于清淡生活，但对那些不必要的欲望，至少还是应当有所节制。

7. 要学会放下虚荣的负累

虚荣心的产生与人的需要有关。人类的需要分生理需要、安全需要、归属和爱的需要、尊重的需要和自我实现的需要。其中尊重的需要包括对成就、力量、权威、名誉、地位、声望等方面。一个人的需要应当与自己的现实情况相符合，否则就要通过不适当的手段来获得满足，在条件不具备的情况下，达到自尊心的满足就会产生虚荣心。

心理学上认为，虚荣心是自尊心的过分表现，是为了取得荣誉和引起普遍注意而表现出来的一种不正常的社会情感。在虚荣心的驱使下，往往只追求面子上的好看，不顾现实的条件，最后造成危害。

虚荣是以虚假方式来保护自己自尊心的一种心理状态。与朴实无华的人相比，虚荣心强的人实际上是心虚的、不自信的。为了追求表面的荣耀，他们不惜打肿脸充胖子。表面上由虚荣架构起来的意得志满与内心深处的心虚总是在斗争着。因此有虚荣心的人，至少受到来自两个方面的心灵折磨：一是没有达到目的之前，为自己的不尽如人意的现状所折磨；二是达到目的之后，为唯恐自己的底细被看穿的恐惧所折磨。因此他们的心灵总是痛苦的。

“谁都有点虚荣心，这没有什么。”你可能会这样想。的确，适度地有一点点虚荣心，并不可怕，反而能在一定程度上给人以促进。但是，当虚荣心超过了限度，如果不及时做出调整，虚荣的枷锁就会越来越重，把你禁锢得无法自由行动，这时就不再是“没有什么”了。

虚荣与人的本性天然地混合在一起，人为其所累又不易察觉，自己的眼睛往往看不到、看不清。但这不应该成为姑息它们的理由，因为虚荣让你不再纯净，其危害常在无形中影响你的生活。

朱小姐在一家大公司上班，月收入六千元，是个人人羡慕的白领丽人，然而她的生活却并不像人们想象得那么美好。朱小姐承认自己是个爱慕虚荣的女孩，她的大部分工资都被她用来买名牌服饰，精美首饰，因此她只能租最旧的公寓，一个月有三分之二的时间要吃泡面，她是外表光鲜、内里苦呀！而且尽管她面容姣好，周围的男士众多，但却没人愿意追求她，这让已经27岁的她更加难过。一个男同事一语道破了众男士的顾虑：“她的一个皮包就要我一个月的工资，这么‘贵气’的女人谁敢要啊！”朱小姐却不清楚自己的问题出在哪里，她仍旧过着虚荣的生活，当然也不会有人来追求她。

虚荣有很多表现：有的人喜欢追赶流行，炫耀自己，希望自己成为别人眼中的焦点；有的人喜欢卖弄自己的学识，好为人师……无论哪一种表现，它们都只能引起别人的厌恶。

虚荣是在追求不真实的光荣感或荣誉感，是一种暂时的，虚假的心理需要。这种心理是消极的，一味追求虚假的东西，会使人形成盲目自大及虚伪的性格，会失去真实，失去尊重，失去实在的追求。因此，我们要放下虚荣的负累。

第一，要正确对待自己的虚荣心。每个人都有虚荣心，都有对名誉金钱地位的追求，但是要有一种正确地态度和认识。自己对它们有需求应是合理的，这种追求必须与自己的能力相符合，不可以不切实际。如果过分追求自己能力不能达到的东西，挫败感会很大，那么虚荣心会越来越强，很有可能做出一些可怕的举动来。

第二，要立志奋斗。虚假的荣誉不属于自己，它终究会被人遗弃。我们与其追逐一个个转瞬即破的肥皂泡，还不如通过奋斗创造出属于自己的荣誉来，这才是真实的。

第三，要自我控制。人各有需求，并且人的需求是无止境的，当你满足了现在的需求后就会产生新的需求，永远都没有终结，那么虚荣心也会越来越膨胀。因此要学会自我控制，想要得到某样东西前，可以自问一下，自己是否需要它？它对自己真的有用吗？如果自己内心的答案是否定的话，就要去控制自己的欲望。

第四，走自己的路，不计较别人的议论。有些地方攀比风十分严重，其中很大部分原因一些人自尊心强、爱面子和害怕别人议论所致。如有的人在庆祝朋友结婚时，所送的礼物并不是自己的经济能力所承担得起的，只是为了不至于不如别人，为了避免人家说他穷、小气，于是尽管内心并不原意这样做，但结果还是“打肿脸皮充胖子”。其实，做人最主要的是开心、自然，对得起自己和别人，这就问心无愧了，何必去计较别人说什么？做自己该做的事，走自己该走的路，你就会觉得坦然多了。

8. 盲目攀比会变得自卑自怨

很多人都有和人攀比的习惯，比相貌、比能力、比地位、比才学，好像没有比较，就不知道自己有多重，没有比较，一切成功都是枉然一样。

事实上，把自己与别人相比是毫无意义的，因为你根本不知道别人在生活中的目标与动力以及别人独一无二的能力。盲目比较，或者会使你妄自尊大，或者会让你变得自卑自怨。

人外有人，天外有天。攀比是一条没有尽头的苦旅。攀比这个“魔鬼”偷走了我们心中的快乐，只留下了焦虑和痛苦。心中的不满足，让我们变得不快乐、不阳光。

生活中的许多烦恼都源于我们盲目地和别人攀比。有这样一则笑话：

有一位喜欢和别人攀比的妻子对丈夫说：“我们绝对不能输给别人，你看你的同事小李，他职位不比你高，能力你们旗鼓相当，因此他有什么我们也一定要有。记住了吗？我问你你知不知道他家最近又添了什么？”

丈夫回答：“他最近换了一套新家具。”

太太说：“那我们也要换套新家具。”

丈夫又说：“他最近买了一辆新车。”

于是太太又说：“那你也应该马上买一辆啊！”

丈夫接着又告诉太太：“小李他最近……最近……算了，我不想说了。”

太太马上大声追问：“为什么不说，怕比不过人家呀！快点说！”

丈夫便小声地跟妻子说：“小李他最近换了一个年轻漂亮的妻子。”

太太没有话说了。

这个太太是很可笑的，什么都要和人家攀比，直到最后，听说人家把太太也换了，她才不再攀比了。生活中，很多人都习惯于和别人做比较，但事实上，每个人都各不相同，也没有太大的可比性，盲目地和人攀比，只会给自己增加一些无谓的烦恼。如果我们安心享受自己的生活，不和别人比较，在生活中就会减少许多烦恼。

李×是一个机关公务员，每天过着安分守己的平静生活。一天，他接到一个高中同学的聚会电话，高中毕业后，他们也是很多年没有见过了，他满怀喜悦地前往赴宴。在宴会上，有的同学经商有道，开着名车，住进豪宅，一副功成名就的派头；有的仕途宽阔，前途似锦，这使他从心中莫名地浮起一阵阵尴尬。

回到单位后，他像变了一个人，整天唉声叹气，逢人便说自己心中的烦恼。“这小子现在为什么这么牛，以前考试总是不及格，为什么他能住进豪宅，开着名车?”“我们坐办公室的真是命苦，按我们现在的收入，就是一辈子也买不起一辆名车啊!”

他的同事开导他：“我们整天坐在办公室，就是有钱也不用买车啊，再说我们每个月的钱也不少，是完全够花的呀!”然而，他还是整日郁郁寡欢，后来竟得了重病，卧床不了。

攀比总是伴随着抱怨，使自己心理无法趋于常态。攀比有时就像一把利剑，刺向自己心灵的深处，使幸福和快乐荡然无存，剩下的只有心累和心痛。

因此，请不要被你所做的工作、所住的房子、所开的汽车限定住，你并不是这些东西的总和。人生匆匆，不过几十载，每个人都逃不过。套用现在的流行用语：“神马都是浮云。”与其跟人家比，不如踏踏实实过好自己的日子，做真实的自己，该怎样生活还是怎样生活。有道是“人比人得死，货比货得仍”。你再有钱、再有名，总有人比你更有钱、更有名。

每个人都有自己的生活，每个人都只能过自己的日子，找到自己生活的意义。有时即使吃粗茶淡饭，穿粗布衣服，瞪着三轮，唱着歌也幸福无比；有的人开着宝马，还整天愁眉不展。其实人活的是一种心态，过分追求一些超出你能力的东西，会活得比较累，没有快乐可言。

第八章
爱或被爱，不要让人感到痛苦

爱是人类最美好的感情，它不是负担，而是一种喜悦的关怀与无私的付出，就像灵魂之间自由流动的海水。真正的爱应该是没有重量的，无论是恋人、夫妻还是亲人，如果因为爱或被爱而感到沉重和痛苦，那么，这种所谓的爱也就成了一种负累。

1. 没有交集的爱，不如选择放下

爱要求同存异，但不是要全部迁就对方，放弃自我，那样的爱情是不自然的。爱情就像是集合中的交集，如果两个人是两个独立的集合，无论怎么努力都没有交集，这样的爱情对两个人来说都是一种负累。

阿强认识春玲已经两年多了，从相识到相知，从羞涩到熟悉，他们两人一直努力地消除彼此的距离，希望能够多为对方着想一些，从生活习惯到生活观念，几乎涵盖了生活的方方面面。然而，就连他自己也不清楚为什么硬是要彼此迁就对方。虽然相爱的人是应该求同，拥有共同的梦想或对待生活的态度，这样才能在往后的日子中走得更稳更远，但是，他和春玲的行为，已经远远超出了为对方着想，迁就的程度甚至已经变成了双方的负担，演变成沉重的包袱，压在两人的心头没个尽头。

阿强知道，他是喜欢春玲的，而春玲也是真心喜欢自己，然而他们两个人原本就是两个独立的个体，如果硬要有个交集，势必都要走出一条扭曲的道路来。所以，尽管为了感情，他们放弃了许多，甚至一直坚信再过不久，再努力一些，再转变一点，就能够默契地在一起，能够幸福地走到梦想的彼岸。可是，事与愿违，时间流逝中，两个人都已心疲力乏，都脱离了自己原本的生活太远，挣扎在一个奇怪的漩涡中，似乎变成了为了喜欢而喜欢，为了在一起而在一起，真不知道该如何摆脱这种痛苦的让人琢磨不透的状态。

许多个夜里，阿强辗转难眠，回想着与春玲相处的这两年，他们之间更多的是客气，是尊敬，是迁就，相处的那么不自然，似乎永远都才是开始，永远都还是初次相识的样子，尽管彼此已经很熟悉对方的习惯，却依旧无法走人对方的世界，尽管彼此不断地为对方着想，却始终像陌路人般陌生，仿佛他于春玲之间隔着一层透明却隔音隔热的玻璃，让他永远无法听到春玲的心声，永远不能触及春玲的感受，他能做的只是猜测，猜测春玲的感受，调整自己的状态，去迎合，去制造虚假的合拍。事实上，春玲也有这样的感受。

最后，他们选择了分手。分手是阿强提出的，让他没想到的是，她对他说：“其实，我也思考过我们的关系，也渐渐意识到了这种不是真正的爱情，也曾经想过要结束这段感情，却始终没有勇气，似乎已经习惯了这样的相处，”春玲继续道，“但是，我有时很痛苦，也希望获得解脱。”春玲的话语有些哽咽。

春玲离去时的微笑第一次有了生命的活力，真实而温暖。

俗话说：“相爱容易相处难。”爱情的道路不是越走越宽，就是越走越窄。有些事永远无法通过努力来弥补。没有交集的爱情，如同没有温度的铁笼，锁住两人的心，令人窒息。与其让两个人都累，不如选择放下。

2. 别让爱变成一种负累

当伴侣为生存奔忙，为前途打拼的时候，可能所需要的是默默的关怀与和风细雨的柔情，这样的爱，这样的家，是轻松愉快的。而如果回到家中需要承受更大压力，这种爱就成了沉重的负累。

他比她大6岁，处处让着她。校园里的恋爱是单纯的也是简单的，单纯得让她以为有爱就会有一切。在享受宠爱中，她和他一起毕业了。她到一所中学当老师，他到一家生物制药公司去搞研发工作。两个人的收入还不错，加上他父母的资助，他们很快就贷款买了一个两室两厅的房子，步入了婚姻的殿堂。

为了让爱情长久维持新鲜，为了时时能感受到爱情的甜蜜，她给他定下了一些“规矩”，比如离家前回家后都要吻她，每次要至少两分钟。她曾经问他：“老公，你觉得我这样过分吗？”

“有点吧。爱也不一定要这样吧？”

她一努嘴，“这又不费什么事，是你对我表达爱的方式嘛！”她狠狠地又加上一句，“不愿意就算了！”

他说：“好，好，不过分，为了表示我对你的爱，亲爱的小乖乖，我满足你，别生气了，啊？”他就把她揽在怀里，吻了起来。

还有诸如每天必须说“我爱你”，每晚必须抱着她睡。在她看来这些事都是轻而易举就能够办到的事，爱自己女人的男人无须女人提出都应该做到的。女人就是这样感性的。她给他定的一系列的规矩，他都答应了。她知道，那是因为他爱她。

有时他忘记了，就会招来她一阵数落，她一脸难看给他，要么就使出她的看家本领，不跟他说话，自己默默地哭，她看到他似乎也是一脸的无辜，但她觉得这些小的事情都做不到，还谈什么其他？

他还是会哄她开心，她会像小孩子一样开心地笑，然后钻进他温暖的怀里。

在这些她认为爱的表达方式中，她幸福着，而且向别人夸耀着自己的幸福，她庆幸自己结婚后依然可以拥有恋爱时的甜蜜。

生活是那么繁琐重复，吃饭、睡觉、上班，一天一天又一天，没有新鲜感，有时她也感到了厌倦与疲惫。而她给他定下的那一系列的规矩，三年下来已经变了质。

他们的争吵终于爆发了。

那些天他的研发工作正在攻坚阶段，家也不能按时回，回来后就没有一点神采的样子，该例行的公事也忘了。她心疼他，但是同时也很不满，跟他不怎么说话，睡觉时也是各睡各的。

他也感觉到了她的反常。“你怎么了？别这样行不？”

“这样不是给你节省时间嘛，不打扰你。”她没好气地说。

“这些天我实在是很累，宝贝，你就原谅我吧。”

“即使你累，你也不能这么对我呀，你看你一点精神都没有，脸色那么难看，给谁看啊？”

“我又不是针对你。”

“我没得罪你，别给我脸色看。”

“你不讲道理，我这么卖命的工作难道只是为了我自己吗？”

“我是为了我自己，行了吧？”

“你就不能替我想想，我每天这么辛苦地工作，在公司还得小心翼翼地去应付复杂的人际关系，每天承受这么大的压力，这些我都跟你说过吗？没有吧？我容易吗？家是人的避风港，回来可以放松一下，可我呢，回来还得哄你开心，在家比在外面还要累！你又不是小孩子，以前我是迁就你，可是你却怎么也长不大了。”他有些愤怒了。

“你……”她没想到他居然这么说，她气得说不出话。

“我忍了你很久了，我烦了。”他大声嚷了起来。

她哭着跑到卧室里，把门闩上了。她以为他一定会来敲门，可是她没有听到。

然后就是冷战，他回家得更晚了，她甚至闻到了他身上的酒气，他以前很少喝酒的。她不知道她怎么会伤了他，他真的不爱自己了吗？

那天，他心平气和地对她说，“我们离婚吧。”

“不，我是爱你的呀。”她抱着他，但是她看到他眼神里的坚定：“你不再爱我了吗？”

他没有回答她，“还是离婚吧，我受不了了，太累了。”

他们离婚了，他从他们的房子搬了出去。

面对着一纸离婚证书，看着这曾经充满过欢笑但现在却空荡荡的房子，她欲哭无泪。她的爱赶走了一个人，一个她挚爱的男人。

人都渴望爱与被爱，在爱里我们应该是轻松愉快的，应该让被爱的人活在春风里，而不是提心吊胆，苦苦煎熬。如果爱变成负累，情变成折磨时，往日的温情不再甜蜜，昔日的诺言开始变得无力，浪漫的气息变成压抑的呼吸，女人开始惶惑，男人开始逃避。一切已开始失去初衷和真谛，伤心的是女人，无奈的是男人。

3. 别让你的爱成为对方的负担

有很多人，都只会义无反顾地去爱一个人，却不知道怎样付出。所以经常使所给予的爱成为对方的负担。

阿浩向朋友倾诉婚姻中的苦恼，他的原因听起来让人莫名其妙，他说妻子对他呵护备至，体贴温存，让他有些受不了。

朋友笑着说他放着福不会享，纯粹是“犯贱”。阿浩没有反驳，只是淡淡地叹了口气说：你不知道，这样的爱很沉重，让我有些无力承受。

那么，到底妻子对他怎样的好，会让他有这样的思想负担，以至于觉得这份爱沉重到让他无力承受？

阿浩的妻子非常贤惠，她把阿浩照顾得无微不至，从身体上到生活上对他关怀呵护。阿浩喜欢喝粥，她每天会费心熬上至少两种粥，因为这样丈夫就可以有所选择，具体喝什么由丈夫来定。每天只要阿浩一进家，她便前后跟着，拿拖鞋，脱外衣，端开水，嘘寒问暖，呵护备至，好似阿浩还是一个不懂事的三岁娃娃。阿浩吃过饭后，她照顾洗漱，还给阿浩洗脚，送到床上，然后放开舒缓的音乐，在一旁轻轻地拍打着阿浩入睡。

也许你会说阿浩太幸福了，这么周到细致的照顾，他一定会呆在家里不想出门。可事实恰恰相反，无论她熬的粥多么营养糯滑，无论她照顾得多么温柔细致，阿浩反而一次比一次晚回家，最后甚至到了不想回家的地步。

阿浩跟朋友说：我实在受不了，你想想，当一个人把你当成一个婴儿或病人来照顾的时候，你心里是多么的憋屈。我是一个男人，需要的是一个和我心灵相通、趣味相投的女人，而不是需要一个保姆，她天天围着我转，我在家里衣来伸手，饭来张口，从心理上觉得自己就是一个没用的人，让我觉得很压抑，因此我宁愿在外面，也不想回家。我知道她对我好，爱我，可这份爱太过沉重，我消受不起。

按说，当一个女人做到爱夫若爱子的地步，应该是达到最爱的程度了，可是为什么这样的爱却让身边的男人感到沉重，感到无力承受，甚至有了想逃离她的念头呢?

这就是一个度的把握，好多女人因为没有把握好这个度，而使得自己在婚姻中处于一个尴尬的境地。

婚姻中的爱太浓或太淡都不行，只有浓淡两相宜，才会滋味无穷，回味长久。就像蜂蜜，如果你直接取一勺放进嘴里，肯定会觉得甜得有点腻，让人受不了。但如果你拿来一杯温水，放进去一勺，搅上一搅，一杯可口香甜的蜂蜜水会让你觉得喝下去熨帖极了。

我们都知道书画中的留白，那一大片空白会给人很多遐想的空间，爱也是这样，适度的爱给人享受，过度的爱让人窒息。

仅仅爱一个人是不够的，更要学会爱好一个人，别让你的爱成为对方的负累。因此，爱要有所保留，像喝茶，也像饮酒，不要一饮而尽，来日方长，浅酌最好，带一份悠闲，也带一份甜蜜。

4. 给爱留一个适度的空间

再圣洁、再炽热的爱情也是需要私人空间的，毕竟，两个人是彼此独立的，谁也不是谁的附属，谁也不应该希望别人成为自己的附属。相爱的两个人，应该像两棵彼此独立的树一样，肩并肩地去应对生活中的风风雨雨，就像舒婷在《致橡树》中所描绘的爱情那样，不攀附，不忘我，独立，自我，“仿佛永远分离，却又终身相依”。

人与人的交往忌讳零距离，爱人之间的相处同样忌讳这种零距离，虽然爱人之间的关系很亲密。所以，在你与爱人相处时，一定要给对方留一点空间。彼此有一点朦胧感才更具吸引力、把对方看得太清楚了，反而会失去更为美好的东西。

曾经有一对青梅竹马的夫妇，他们的关系非常好，可以说是如胶似漆，周围人都很羡慕他们。丈夫每天都会去妻子的公司接她回家，妻子公司的职员们都说她找到了一位好丈夫。但就是这样的夫妻最后却分道扬镳了，理由就是妻子认为丈夫的举动限制了她的自由，让她觉得丈夫不信任自己，感到自己就像个囚徒，时时在丈夫的监视之下。因此决定离开丈夫，拥有属于自己的空间。

两个人如何相处是个很大的学问，如何把握尺度是每一对伴侣必然遇到的问题。如果对爱人过于限制，那么对方就会感到压抑，感到自己失去了自由，所以爱人之间应该给彼此留一点空间，让爱人能够更轻松愉快地与你相处。

有一位很爱丈夫的妻子，她觉得既然自己很爱丈夫，那么就应该无微不至地关怀他，从衣食住行到工作与交际，甚至丈夫有几个朋友，他们与丈夫联系了几次，都谈了些什么等等，事无巨细，她都要过问。在她看来，这才是真正亲密无间的体贴的爱。由于操心太多，她不但容颜憔悴，而且工作时也常常神情恍惚。

丈夫起初很感激妻子的细致与温情，然而，渐渐地他开始觉得有些厌烦，感觉到妻子对自己干预太多，信任太少，与妻子渐渐疏远，他对妻子说："你能否给咱们各自一点空间？你操那么多心，所以才总是显得很劳累。家庭就是一个舒适的放松之地，为什么要把咱俩都搞得那么紧张呢？"

妻子听了感到很痛苦，她不明白：为什么自己这样的深情却换不回来丈夫的真心？于是她开始关注各种爱情指南，偶尔翻一本书，上面有这样一句话："好的爱情是不累的。"于是她幡然醒悟，明白了：夫妻间必须留有一定的距离，不要使双方感到透不过气来。但是间距要适中，太远，"听"不见对方爱的呼唤；太近，"看"不到对方情的流盼。

有人用刀与鞘来比喻生活中的夫妻，说如果刀与鞘天天粘在一起，一点多余的自由和独立的空间都不给对方，那么最后就可能完全锈死了。虽然从外面看还是有一个完整的形象，但是实际上早已经名存实亡。夫妻之间也是如此，如果彼此间没有独立的心灵空间，就会使爱情窒息而亡。有很多人高喊捍卫爱情纯洁的口号，将爱人紧紧绑在自己的视线之内，唯恐其越雷池半步，用这种方法维持下去的婚姻，好像是把家庭建成了一座不透风的监狱，而爱人就成了囚在狱中、被判了无期徒刑的犯人，人生来谁不渴望自由，所以狱中的人总想出逃，这种做法等于是亲手将爱情送进了坟墓。

天长地久的爱，不是用"看管"的方式来为对方戴上手铐，而是用信任把他释放。真正的爱情无须你去限制，对方从爱上你的那一刻起，就已经没有了绝对的自由，因为对方心里牵挂着你，默默信守你们彼此的承诺，天涯海角总是思念着你，对方的身心被你占据着，这岂是全然的自由？在爱中，不要以为只有完全放弃了自己的自由，才是对爱情的忠贞。

爱情需要好好珍惜，好好把握，需要给爱留一个适度的空间，这样婚姻才能圆圆满满。生物学家研究表明，豪猪喜欢群居，当它们为了取暖聚集在一起时，它们习惯性地希望贴得密无间隙。但它们身上的刺，使它们只得保持靠近但不紧贴的状况。很快，豪猪们发现，保持适当的距离，给彼此一点空间，其实益处很大：它既保证了它们不会因贴得太紧而被刺伤，也让它们拥有足够的温暖。“靠近但不紧贴”，这就是豪猪给予我们人类在爱情与婚姻中的启迪。

夫妻在一起时，并不是非要不停地说话，才能显示彼此情感的热烈。有的时候，夫妻也需要一点沉默，他们同处一个屋檐下，虽然各自忙碌着各自的事，但情感却可以通过空气、安谧的氛围、偶尔的交谈，在整个房间里传递。无言不等于无情，不说话也不代表遗忘。你陪在我的身边，活在我的记忆里。闻着彼此的气息，我们已经心领神会了我们的爱情，所以沉静也是一种美丽和多情。

人与人相处，应该允许对方有自己的隐私和秘密，即便是夫妻间也是如此，每个人的心里都有一片不可触碰的圣地，人人都有不愿回忆的往昔，人人都有无法或暂时不想对配偶言及韵事，假如它的存在无关大局，不影响现在的夫妻情感，那就让它躺在全封的记忆里吧。

5. 爱情只能用心珍惜

爱情是用来珍惜的，不是用来考验的，总是想着考验爱情，不去珍惜，不去呵护，将会是失败的结局。

然而，我们常常会看到影视剧以及日常生活中，总有人以“如果你爱我”为条件，让对方为自己做这个做那个，要么视为是对方爱不爱自己的考验，要么视为是理所当然的，因为你爱我，你就必须为我做这个做那个，买这个买那个。要求多了，最终爱情也容易败下阵来，造成无法挽回的后果。

有这样一则寓言：一只铁花瓶和一只陶花瓶并排摆在窗台上。一段时间后，它们相爱了，但铁花瓶始终对陶花瓶是否爱自己表示怀疑。它忍不住开口问道：“你真的爱我吗？……”“真的，我爱你爱到可以为你牺牲一切！”“真的？如果你真爱我，那就跳下去证明你的真心。”陶花瓶悲伤地看着铁花瓶：“好的，我会证明给你看，但请记住我是真的爱你！”它纵身一跳，“啪”的一声摔在地上，铁花瓶终于知道陶花瓶是真的爱自己，可它的爱人再也不会回来了。

有些人对爱情常常怀有恐惧，总担心自己遇到的不是真爱，于是想尽了办法考验对方，希望证明自己是对方的最爱，但这并不是一个好习惯，有时候它甚至会断送你一生的幸福。

楠和枫是一对恋人，枫常对楠说：“看我们的名字，就知道我们是注定要在一起的！我会永远爱你！”楠很幸福地拥抱着枫，觉得自己是世界上最幸福的女人。但楠在内心里对枫很不放心，枫高大帅气，最主要的是工作使他常会接触到一些年轻女孩，楠担心自己会失去枫。

一天，楠的远房表妹来找她，说自己要到未来姐夫的厂里工作，楠觉得这是一个考验枫是否忠贞的好机会。于是她就请求表妹装作不认识她，然后主动追求枫，看他是否动心，表妹答应了她的请求。

一段时间后，表妹跑来找楠，告诉她枫真的很可靠，自己百般追求，都被他拒绝了，楠终于松了口气，正当二人说笑时，门突然被推开了，一脸愤怒的枫就站在门外。枫宣布和楠分手，楠哭得死去活来，她知道自己有点过分，可这都是因为爱他啊！枫则告诉朋友：楠的做法让自己受到了侮辱，这么不信任我，如果将来在一起，肯定很累。

一对爱侣竟然因为一场试炼爱情的游戏而分手，我们能说枫太过于小肚鸡肠吗？不！无论是谁遇到这种情况都会感到不被信任。楠的做法可以理解，却无法让人原谅，她不信任爱人也轻视了爱情。要记住我们没有任何资格试炼爱情，只能真诚地守护它，不相信爱情的人，注定会伤害到自己。

这世间有太多的爱情是因为对方在考验他（她）而破裂的，因为你不相信他（她），所以他（她）也没有理由再去相信你。正如爱的相互性一样，这种关系也是相互的。如果是真爱，就不要有太多的猜疑和考验，否则你会为此付出代价。

爱情是经不起考验的。虚假的爱情自然不用去说，而真爱是无需被考验的。你去考验他（她），首先是对他（她）的不信任，既然不信任，那你为什么又要去喜欢他（她）呢？考验用在爱情这里是一种危险的游戏，有资本却不一定输得起，所以最好不要轻易尝试。

一个男孩曾对他的朋友说：我深爱着一个女孩子，我们经常通电话。我也曾经想过几天不给她打电话，让她对我更加依恋，但我始终没有这样做。想她的时候就给她打个电话，因为我不想委屈自己的心，也不舍得让她为我牵肠挂肚，当然更不舍得考验她。

爱情经不起考验，尤其是在你用爱的名义来惩罚对方的时候，你却并不知道你正在淡化你们的信任，也在撕裂着你们的幸福。爱情的基础就是信任，互怀猜疑的爱情永远不可能长久。不要考验爱情，它只能用心感受。

6. 浪漫太多会让人苦不堪言

生活中，我们都有这样的经验：在菜肴的火候和味道都差不多的时候，加上一点点味精，整个味道和感觉就是锦上添花了。在枯燥的生活面前，浪漫就犹如味精，能给生活增添一些滋味。

但味精毕竟不是菜肴的主料，不能吃得太多。而且，对于家庭用餐来说，如果菜肴都烹制得差不多的时候发现味精用完了，菜肴还是可以上桌的。

所以，味精，是可以锦上添花的东西，但并不是必不可缺的。所以“锦上添花”是味精的最精髓的概括，也是浪漫最精髓的概括。

浪漫的生活让人陶醉，尤其对女人来说，她们本身就颇具浪漫天分，而女人更是爱浪漫的，男人偷偷留在餐桌上一张称赞美味的纸条，手机上男人发来的一句不经意的问候短信，爱人时不时奉上的一束玫瑰，还有对方不计时间、场合的偷吻，甚至在最没钱的时候他还领你去最好的饭店饱餐一顿，然后带着浪漫一贫如洗地回家……

太多的女人爱浪漫，但苛求浪漫却偏偏是女人幸福的天敌。苛求浪漫的女人，为了保持那一份心跳的浪漫感觉，她们不停地向她们的男友或是老公提要求，当要求达不到时，她们就会觉得很痛苦，而即使得到了也可能是不真实的。浪漫的女人们就在这虚假的惊喜中延续着自己浪漫的梦想。而男人，往往在女人的不停要求下疲于应对，甚至苦不堪言。于是，悲剧在不停地上演。

有些女人喜欢读文学作品，她们对浪漫情感的渴求就如同儿童对巧克力的迷恋。苛求浪漫情感的女人容易被感情所支配，一旦爱上一个人，就对感情的要求也很高，倘若婚姻中的爱情与她的理想有了明显的差别，她会很容易产生失望的心理，并在内心产生新的爱情幻想，因此她们常常会遇到一段“新”的爱情。

过度地追求浪漫的女人在浪漫中很难保持清醒，男人们整天在外打拼，心力交瘁，女人却为了那虚无缥缈的浪漫而怪罪男人，结果是越怪罪离浪漫越远，最终窝一肚子气，惨淡收场。

聪明的女人是不会这样的，她们懂得浪漫的真谛，懂得在平凡简单的生活中去追寻浪漫的蛛丝马迹。哪怕只是一个温柔的眼神，一次简单的牵手，一声再自然不过的赞美，都会让她们感到满足。

没有幸福就不会有长久的浪漫，而短暂的浪漫只是字面意义上的幼稚的浪漫。如果一个人只一味在真空中追求浪漫，那么很无情的事实就是——她还没有长大，还没有维系一份感情的能力，也不适合谈感情。

只有学会抓住幸福，才有机会享受浪漫，浪漫是看得见抓得着的，绝不是虚无缥缈的，它就在生活的点点滴滴中，只有用心生活才会有幸福，才会有浪漫光顾。

特别是走进了婚姻的殿堂之后，需要的不是动人的情话，不是假意的浪漫，丈夫给没给你买过玫瑰花不重要，给没给你开过生日 Party 也不重要，重要的是不管他为你买什么，你都要能透过那些物质，看到后面一颗爱你的心，并对那颗心存着感激。玫瑰花带来的浪漫，不过是浮在生活表面的浅浅点缀，蕴藏在它们下面那平实而温馨的“你买菜来我做饭”，才是真实的婚姻生活。

有人认为爱情的本质是浪漫，其实浪漫只是爱情海洋中的一朵浪花，怜惜才是支撑爱情大厦的基石，尤其对于婚后的夫妻来说，没有彼此的相互怜惜，就不可能做到患难与共、风雨同舟。

浪漫如味精，少量加入可使生活的味道更鲜美，但如果放太多，则会让人无法下咽。味精不是家居过日子的必要元素之一，味精有昂贵的，也有廉价的，关键在烹制者所调制的菜式、搭配、食物所享用的环境、享用者的心情。浪漫也一样，它可能是上海外滩在圣诞节的夜空绽放的烟花，也可能是德国的天鹅堡漂亮的天顶的誓言，但也可能是北京寒夜里路灯下牵着的双手。其实浪漫没有大小之分，相同的是那一种感觉。只要感觉到位，又何必去苦苦寻求难以企及的惊喜。

7. 过分关心，会影响孩子的成长

生活中有些父母对子女过分关心，一切包办，不敢让他们独自去面对生活中的困难和挫折。但生活自有它发展的客观规律，在风风雨雨的人生路上，每个孩子都要遇到困难和挫折。如果父母大事小事都越俎代庖，这种保姆式的做法不仅自己很累，更重要的是，孩子失去了磨炼的机会，严重影响孩子的成长。

父母能替代孩子一时，却无法替代一世，早日放手，让孩子用自己的脚走路是正确的选择。孩子生活在一个被赋予一切的时代，因此父母对孩子的爱要高尚、科学、艺术，对孩子真正的爱要藏起一半。优秀的父母给予孩子的最美好的东西就是教会他们生存和生活的能力，而不是满足、娇惯或溺爱、放纵，这样才能给予他们一个健全的人格和自信的人生，才是真正地爱他们。

总的来说，家长要做到以下几点：

(1) 给孩子独立的机会

所谓独立，就是一个个体区别于其他的个体而存在，有自己的思想、观点、看法、为人方式和处世准则。不能独立自主的人是可悲的，这样的人很难在社会上立足，更不要说取得成功了。

要想培养孩子的独立自主，父母可以遵循以下六个步骤。首先，父母应该舍得对孩子放手，给孩子走到外边、走出父母的“掌心”的机会；其次，父母应该让孩子学着自己去生活，让他们在实实在在的生活中找到自我；第三步，应该让孩子学会自主，在有困难的情况下依靠自己的才干和能力妥善解决；第四步，要培养孩子自控的能力，因为控制不了自我的人，总会因一些小事而失去很多；第五步，培养孩子独立思考的能力，思考是孩子人生观、价值观形成的途径，没有思考就找不到人生的方向，也就无法独立；第六步，培养孩子自我安排时间的能力，如果孩子能够科学合理地安排自己的时间，就会为自己的日常活动提出独立的、不依附于父母或其他人的规则或标准，这样的孩子就是一个独立自主的孩子了。

（2）允许孩子有自己的秘密

一个孩子在长大的过程当中，必然会有些秘密。有秘密对于孩子的成长到底有利还是有弊？从教育学的角度来说，拥有秘密对于孩子的成长具有很重要的作用。没有秘密的“水晶人”是永远长不大的，有远见的父母应当允许孩子有自己的秘密。

当然，由于孩子多为未成年人，独立面对某些有危险性的秘密，可能会因经验不足处置不当而发生麻烦或灾难。这是父母最担心的问题。但是成年人不能因噎废食，为了孩子的安全而不顾其能否健康发展，这样做也会有所损失。做父母，重要的不是让孩子做个水晶人，而是要帮助孩子学会自我保护的方法以及求助他人的方法。您可以告诉孩子，当他们意识到不安全时，当他们意识到自己难以面对复杂处境时，应及时向父母求助。

（3）让孩子为自己的行为负责

没有责任感的孩子往往以自我为中心，对别人的反映不闻不问，我行我素。责任感的培养有助于孩子摆脱以自我为中心的思想，养成自治、自理能力。教给孩子责任感，能使孩子明白：自己的言行会对别人产生什么样的影响，进而明白责任的完成与否对自己的将来有什么作用。责任感的培养有助于孩子理解、体谅别人、疼爱别人，能很快觉察别人对自己的态度和评价，从而努力讨别人喜欢，显得很懂事。

要培育孩子的责任心，首先就要教育孩子学会自我负责。在孩子逐渐长大时，家长应及时告诫他们，人生征途要靠自己去跋涉，不管是狂风暴雨，是坎坷是崎岖，都要自己去面对。要让孩子懂得对自己的行为负责，不能游戏人生。对自己行为的后果负责。要善于抓住生活中的点滴小事，无论事情的结果好坏，只要是孩子的独立行为结果，就要鼓励孩子敢作敢当，不要逃避责任，应该勇于承担后果，家长不应替他承担一切，以免淡漠孩子的责任感。在孩子面临升学或生活问题时，要首先鼓励他们自己拿主意，并尊重孩子的选择。让孩子明白父母对他的期望和要求是什么，使孩子逐步完成自己的任务。

其次，要从小为孩子创造机会，让他们在生活中懂得人与人之间需要互相帮助、互相支持。培养孩子关心自己的亲人和家庭事务。为孩子创造实践的机会，可以在一些小事情上进行，如让孩子学会做简单的家务，买一些小的生活用品，让孩子自己写或评一些社会现象等。

再次，让孩子接触社会。“被需要”是人的一种基本心理需求，能够发挥自己的作用，有助于进一步培养孩子的社会责任感。应让孩子明白、光做好自己的事还不够，因为他还是家庭的一员，是集体的一员，当然有责任协助做一些家里的事，集体的事，在力所能及的范围内对家庭、对集体尽责，只有这样将来才能更好地为社会尽责。

（4）尊重孩子自己的选择

一般父母习惯站在自己的角度对孩子的行为做出评价，约束孩子的选择。长此以往，父母会很累，因为渐渐地孩子就会丧失自我决定与负责任的能力。今天社会变迁迅速，孩子将来要面临多种选择和决定，能力的缺乏只会带来恐惧、紧张。若是你尊重孩子对自我世界的决定，那么，他会因而发展出自我约束能力，从而会有一种成就感、自我价值感和责任感，这对孩子的一生来说都是很重要的。

德国诗人歌德曾说：“谁若不能主宰自己，谁就永远是一个奴隶。”可以设想，一个处处依赖父母、依赖别人，把自己的命运寄托在他人身上的人，怎么可能会有大的作为呢？如果你真正爱孩子，最好的方式就是“适当放手”，让孩子自己作决定，即父母给孩子制定一个基本的底线——认真生活不做坏事，然后放手孩子去决定自己的人生，只是在有必要的时候才去指导孩子。

对每个人来说，只有自己才能真切地决定未来的一生如何度过。所以，不要尝试去干涉孩子的选择！在家庭中，亲子关系应是平等、民主的，父母要把孩子作为独立的个人，孩子的事听取孩子本人的意见，父母决不凌驾于孩子之上。

父母即使有很高的文化，见识也广，但并不能因此强迫孩子一定要走自己规划的路，不能把自己的意见强加于孩子。只要是正路而不是邪路，无论孩子做出怎样的选择，父母都应该对孩子的选择充满信心。

第九章 学会拒绝，更要学会微笑

每个人都需要学会拒绝，这样才能根据自己的实际情况，以真实的态度面对对方，同时也让自己少一些包袱。笑，既是一种生理功能，又是一种心灵体操。而幽默，也是一种笑——会心的笑，聪明的笑。泰戈尔说：“世界上的事情最好是一笑了之，不必用眼泪去冲洗。”人生不如意十之八九，用微笑和幽默来舒展紧绷的心，你的人生将妙趣横生、其乐无穷。

1. 敢于说“不”，活得真实明白

学会说“不”，是种自我尊重，尊重了自己之后，别人才懂得如何尊重我们。缺乏拒绝的勇气，不止加重了别人的依赖，也加重了自我的负担，这种人死要面子的人会活得很累。

有时候，接受意味着迁就、退让、妥协，意味着软弱、窝囊、麻木。违背心愿的接受，接受的是包袱，累赘和不开心，甚至是屈辱。

有些人，对别人的无论什么要求都采取同意、顺从的态度，他们不愿让别人失望，担心自己的拒绝会激起请求者的恼怒和怨恨，他们希望通过“百依百顺”、“有求必应”来塑造和维护自己的“好人”与“能人”的形象；甚至觉得“不”是一种排斥和否定，若是与人和平相处，“不”就是一个禁忌。长此以往，他们不仅不说“不”，就算想说时，也不知如何去说。

那些在别人不论提出多不合理的要求时，都很难把“不”说出口的人，通常是由于以下一种或几种原因：

（1）对自己的判断力缺乏自信，不知道什么是应该做的，什么是别人不该期望自己做的。

（2）渴望讨别人喜欢，担心拒绝别人的请求会让人把自己看扁了。

（3）对自己能成功地负起多少责任认识不清。

（4）具有完善的道德标准。他们会为“拒绝帮助”别人而感到罪过。

（5）觉得自己低人一等，因而把别人看成是能控制自己的“权威人士”。

然而，不论出于何种理由，这些不敢把“不”说出口的人，通常承认自己受感情所支配。不管过去的经历如何，他们从未在别人提出要求时有一个准备好的答复。

假如发现自己的拒绝是完全公平合理之时都很难启齿说“不”，那么请用以下这些方法帮助你自己：

（1）在别人可能向你提出不能接受的要求之前做好准备。

（2）把你的答复预先演习一遍，准备三至四套可使用的句子（例如：“对不起，我这几天对此只能说‘不”’；“我正忙得脚底朝天呢。”）对着自己大声练习几遍。

（3）要意识到，你有充分的权利说“不”我们应该行使拒绝的权利。

（4）在说出“不”之后要坚持，假如举棋不定，别人会认为可以说服你改变主意。

（5）在说出“不”之后千万别有负罪感。

当我们羞于说“不”的时候，请恰当地运用上述方法吧。告诉那个总是无端找你帮忙的人，你也有自己的事情要忙，每个人的时间都是很宝贵的；告诉那个窃走你劳动果实的人，自己付出的劳动是要受到尊重的；告诉你的领导，你希望自己的价值与业绩联系在一起，自己多做的工作，应与自己的职位、薪水与股份相匹配，不增加报酬就不该接受更长期的责任，除非有值得的其他补偿……

敢于把“不”说出口，是一种自卫、自尊与沉稳，是一种意志和信心的体现，也是一种豁达与明智。敢于把“不”说出口，才活得真实明白。

让我们都学会说“不”吧！你也许会发现，你以前不敢说“不”是怕为了增添麻烦，现在却恰恰相反，它还给了我们一个更有序的生活。

2. 不能办得到的事就应该拒绝

在日常生活中，免不了要遇到别人请我们帮忙的时候，有些事是我们力所能及愿意去做的事，有些事是我们不愿意做的事，或没有能力做的事。但由于人们都有一种“不好意思拒绝对方”的心理，就半推半就地答应了，结果是自己不甘心也不情愿地去成全一些本来就可有可无的请求。更惨的是，一旦事情没办好，对方多会埋怨，自己费力不讨好，还影响了与对方之间的感情。于是你后悔地问自己，当时我为什么没能坚决一点说“不”呢？

其实，从某种角度来说，拒绝是利人利己的事。正如一位诗人所说：“当你拒绝不了无理要求时，其实你害了别人，也害了自己。”所谓害人是指耽误了别人的事情，或者助长了他的惰性，害己则是说违心地做自己不想做的事情会让自己倍感压力。

所以，当别人委托你做某事，这时请你一定不要不假思索地满口应承。就算感到抹不开面子，至少也要冷静 1 分钟，在大脑中转一个圈子，考虑这件事自己能不能办得到，办得好。把自己的能力与事情的难易程度以及客观条件是否具备结合起来统筹考虑，然后再做决定。

我们说要拒绝别人，并不是一味反对帮助别人，只是说不要对人家的一切要求都毫无条件地答应，毕竟，自己必须得考虑对方提出的要求是否合理，是否影响到别人或自己的利益。

不过，话说回来，这样的要求是极少的。那么，对方提出的合理合法的要求你是否一定都得答应呢？并不见得。因为许多事并不是你想做就能做到的。有时受各种条件、能力的限制，一些事是很可能完不成的。因此当别人提出让你办某事的要求时，你首先得考虑，这事你是否有能力办成，如果办不成，你就得老老实实地说，我不行。这时，如果随便夸下海口或碍于情面不好意思拒绝都是非常有害的。

我们知道，言而有信是做人的基本信条，也是做人的基本原则。明明办不成的事却承诺下来，到时候不仅令人失望，还可能耽误别人的事情。因为如果你办不成，他可能找别人办或另想其他的法子，但你答应了却没有办成，这样做，别人能不怪你吗？

张某是一个热心人，然而人缘却极差，这都是由于他随便应承为别人做事引起的。每一个人刚和他认识时，都觉得他既热情又大方，人品很不错，可是和他相处一段时间后就发现，这个人原来是“白条机”，他做出的承诺极少有兑现的。比如，有一次，他的朋友全家要在“十一”去张家口玩，由于担心到时候人太多订不到机票，又听说张某有朋友在机场工作，就找到张某说：“听说您在机场有朋友，您看能不能帮我买几张票。实在不行我就想办法买高价票。”张某虽然心里没把握，但又觉得不答应显得双方都没面子，于是一拍胸脯：“订什么高价票啊！你跟我说一声不就行了，我同学在机场上班，我让他给你们留几张，不过由于那时候机票紧张，能不能打折我就不知道了！”朋友高兴得不得了，连忙说：“哪儿还指望打折呀！能按正常票价买到，我们就很高兴了！而且又不需要我再去跑，在家等着就行了！那这事儿就麻烦你了，回来以后我请你吃饭！”张某满口答应着走了。“十一”马上就到了，朋友给张某打电话问票的事儿，张某这可有点着急了，因为这个阶段的机票确实很紧张，虽然费了不少周折，但最终还是没能办成。于是他只能含含糊糊地说：“啊，这事儿呀！我忘了告诉你了，我帮你问了，可我那同学说不好留票，还是让你们自己买吧！”朋友一听，差点没气晕过去，马上就是“十一”了，这还上哪订票去？结果朋友一家哪儿也没去，就在家里过了个黄金周。这样的事多了，朋友们也就看透了张某的为人，因此他们再也不相信张某，张某的人缘也就越来越差了。

张某由于总是不好意思拒绝，而且还养成了习惯，最终面子难保，可以说是害人害己。如果你认为别人拜托你的事不好拒绝，或者害怕因拒绝会引起对方不高兴而接受下来，那么，此后你的处境就会更艰难。所以，无论做什么，都要量体裁衣，自己感到难以做到的事，要勇敢地鼓起勇气，说声：“对不起，我实在无能为力，您是否可以另找别人？”或者“实在抱歉，我水平有限，只能让您失望了。我想，如果我硬撑着答应，将来误了事，那才对不起您呢！”否则，将来丢脸的肯定是你。

在这个世界上，我们毕竟不能独来独往。做自己的事情时，有时要涉及别人的利益。因此，我们在说话做事的过程中，必须全盘衡量，把握分寸，协调好各方面的利害关系。

有些事情，不该答应时就不能应承，一旦答应了，就不得不做，而那些事可能就违法、违情、违理，使自己或别人遭受名誉、经济或地位的损害。当有人托你办风险很大的事时，你也决不能贪图一时之利，而不负责任地答应他，纵容他，一定要慎重考虑可能引起的后果。如果有人想整治别人，编造假的事实，求你出面作伪证，或者有人想让你同他一起干违法乱纪的勾当，如果你不想与其同流合污，就应有勇气拒绝这类对自己不利的要求。

另外，有人请你代其完成工作时，如你的同事把自己分内的工作往你身上推，此类情况，都应拒绝。因为，形形色色的人们在社会舞台上都扮演了不同的角色，每一个人都有自己的责任和义务。既然承担了某种社会责任或契约，就应该践约。

的确，拒绝别人的要求是件不容易的事，大家都有体会。而当别人求你，你又不得不拒绝的话，更是叫人头痛的，因为每个人都有自尊心，希望得到别人的重视，同时也不希望别人不愉快，因而，也就难以说出拒绝之话了。

不过，当你经过深思熟虑，知道答应对方的要求将会给你或他带来伤害时，那么，就应该拒绝，而不要为了面子问题，做出相反的决定来，结果对双方都无好处。

3. 不得罪对方的几种拒绝方法

拒绝总是令人不快的。人都有自尊心，一个人有求于别人时，往往都带着惴惴不安的心理，如果一开口就说“不”，很容易伤害对方的自尊心，引起对方强烈的不满，甚至怀恨。所以，拒绝对方，“不”字也不能张口就来，而是要讲究艺术：既拒绝了对方的要求，又不致伤害对方的自尊，也不损害彼此的关系。那么如何才能做到这一点呢？在此，为你提供了一些既能拒绝对方又不致得罪对方的几种基本方法：

（1）礼貌，但要坚决

很多人容易犯的一个毛病就是心太软了，或者太优柔寡断了。他们可能虽然拒绝了别人但是他们的拒绝听上去有些动摇，如果你这样回应别人的话，会有更强的人来向你施压，直到你答应为止，因为他们觉得事情还有商量的余地。因此如果你要拒绝的话，就得让别人清楚地知道你不会再改变主意了，一句简单的“不，我现在实在无能为力”就够了。

（2）抢先一步

如果你觉得将有人会有求于你，你可以在别人向你请求之前告诉他们你很忙。若与那人碰面，你可以先说“我这一个月都排得满满的，所以我们别谈 30 天内的什么新计划”。这相当于把那个将有求于你的人关在了门外，因此事后他们也无法怪罪你拒绝他们的请求。

（3）合适的借口

找一个合理的借口，推了你不想去做的事，即使这个借口带有欺骗的成分，只要不会伤害到对方，也是一个可取的办法。比如你的朋友请你吃饭，在席间要求你帮他做一些事情，你知道自己做不到，可是毕竟又吃了这顿饭，等于欠了对方的人情。“真不好意思，我认识的人已经调职了，恐怕帮不了你。”这样，对方既知道你的拒绝，又不会觉得没面子。

在别人身上找借口也是一个不错的办法。比如，一位家庭主妇被一个推销员敲开了家门，她的态度礼貌而坚定：“我丈夫不让我在家门前买任何东西。”你看，我不买你的商品，不是因为我不愿意掏腰包，而是因为我那个有点古怪的丈夫。这样一来，推销员既不会因为你没买他的东西而怨恨你，同时也感到再说下去也是白费口舌，因为问题不在于你，而在于你那个他并未晤面的丈夫，于是，他只好作罢。

（4）从时间上推托

“天下事左难右难，何妨一拖了之。”例如，你可以说：“我的任务现在排得很满，你能不能两个礼拜以后再来找我？”如果这个人心细的话，他会把再来找你这件事加进自己的备忘录里；要是这人属于大大咧咧型的，可能早把这事给忘了。有的时候如果你连着拖延了两回，那个人就会放弃了，当然老是拖延一件事也不好，这会让别人觉得你人品有问题。一般在两次拖延之后，在别人第三次求你的时候，你就应该给出个明确地答复了。

（5）可行性妥协应对

这种方法是明确表示你希望满足对方的要求，并表示同情，可是实际上是心有余而力不足，请对方谅解，而不直接拒绝。这样也能收到良好的效果。

例如，客户要求电信局安装市内住宅电话，由于供不应求，无法一一满足，但又不能直接拒绝客户的要求。回答时，应表示同情，并热情地说：“满足客户的要求是我们应尽的责任，可是由于目前线路短缺，不能全都解决，我们正在创造条件，请你耐心等待。”

（6）推脱表示“不”

一位客人请求你替他换个房间，你可以说：“对不起，这得值班经理决定，他现在不在。”

你和妻子一块上街，妻子看到一件漂亮的连衣裙，很想买，你可以拍拍衣袋：“糟糕，我忘了带钱包。”

有人想找你谈话，你看看表：“对不起，我还要参加一个会，改天行吗？”

（7）以幽默应对

拒绝对方，你还可以幽默轻松、委婉含蓄地表明自己的立场，那样既可以达到拒绝的目的，又可以使双方摆脱尴尬处境，活跃融洽气氛。

萧伯纳因脊椎骨毛病，需要从脚跟上截一块骨头来补脊椎的缺损。手术做完后医生想多捞点好处费。“意味深长”地说：“萧伯纳先生，这可是我从来没有做过的新手术啊!”萧伯纳笑道：“那好极了，请问你打算付我多少试验费呢?”不仅拒绝了医生的无理要求，并且掌握了主动。

（8）向对方哭穷

如果你的经济还算宽裕，可能就会时不时遇到朋友找你借钱的事情，然而你并不是银行家，很多时候你的手头也很紧张，那这时你该怎么办呢?

如果有人向你说“我急需一笔钱，但又没有钱”，而想跟你借钱时，你其实可以告诉对方，你正和他一样没钱。“你有困难，我也有困难，我们共同努力吧!”这招用在别人想向你借钱时，可以说十分有效。

就是说，聆听对方抱怨的同时，也不甘示弱地向对方抱怨，因为对方想拜托你的根据通常是认为“你的情况不比他严重，所以向你寻求援助比较有可能”。此时，不仅要摧毁对方所坚持的根据，还要站在和对方相同的心理基础上，和对方进行坦诚的对话，来解除对方的不满及不安感，因为如果只是以一两句话来拒绝的话，对方会觉得你有钱而不愿借钱给他，一旦让对方有这种感觉，对你就不利了。

拒绝别人是一门很复杂的学问，也是人际交往的必修课。当你学会不得罪人地拒绝别人，你就能活得更轻松了。

4. 拒绝别人求爱的技巧

每个人都有爱与被爱的权利，如果对方请人转告或是暗示，希望与你建立恋爱关系，而你的心里对此人并不满意，或者你已经有了合适的伴侣，那就当然要拒绝。

但是，拒绝的语言要恰当，要委婉，既要把自己的意思表达清楚，让对方没有心存幻想的余地，又不要太不近人情。尤其是对身边的人，拒绝对方的求爱更应该注意。如若你当时不加考虑生硬地说“不”，或许若干年以后，你会后悔当初辞掉的除了爱情还有你并不应该辞去的友情。

有位漂亮的姑娘突然接到一封情书，一看，是单位里很不出色的小邓写的，“癞蛤蟆想吃天鹅肉”，一气之下她把情书贴到饭堂。你可以想象出后果怎样。曾被羞得无地自容的小邓四年后终于找到称心的伴侣，而漂亮姑娘还是孤零零一个人，原来想追求她的人都被吓跑了。所以提醒一下，假如求爱者与你条件相差较远，更要注意辞爱要委婉，不然对人对己都不利。

如何巧妙的向他（她）说“不”呢？

（1）客气地说“不”

某位姑娘送礼物给你，你如果不喜欢她，不愿随便收下，就可以客气地回绝。既可表示你受宠若惊，不敢领情，又可借机强调它还有其他的用场。

（2）用拖延说“不”

一位男士约你跳舞，你若不愿前往，可以这样回答：“以后吧，有时间我会约你的。”当然，以后你不会当真去约他，除非你对他的态度有所转变。

（3）用反诘说“不”

如果某位男士问你“你喜欢和我交往吗？”你根本就不想和他交往，但又不想伤害他，就可以反诘一句："你认为呢?"这样他自然也就明白了你的心意。

（4）用推脱说"不"

某位男士征求你对他的看法，你可以这么说："我觉得你是一个挺不错的人，不过我不喜欢你的性格，真遗憾。"

（5）用回避说"不"

当对方对你试探，你可以有意回避，借此表明你的态度。下面这些语句都可以帮你把话题引开："今晚月色挺不错的……'这里风光多棒啊。"

（6）用另一种选择说"不"

如果对方以一个爱情故事试探你，你可以回答他说："我喜欢另一个非爱情故事……"

（7）用"抽象法"说"不"

如果对方态度相当认真，要一本正经地跟对方讲道理，问题很难得到解决。而要正面说出拒绝对方的理由，又势必伤害对方的感情。这时不妨将一些具体的问题，故意提高到抽象的一般性问题上去，对方就容易被迷迷糊糊地拒绝了。请看下面这个例子：

"被你求婚，我真高兴。不过，我认为我们不能过于沉醉在感情之中。"

"不，我很冷静。"

"我不是这个意思。我想好好地和你交流一下你我对结婚的看法。"

"很好呀!"

"结婚到底是怎么一回事呢?"

一旦将对方引入抽象的领域，以后就再将这领域不断扩大。"对男女的结合来说，结婚是不是理想的形态?""究竟男人和女人是什么呢?"

（8）用外交辞令说"不"

如果你实在不好表达你的拒绝态度，还可以用外交辞令搪塞，如"无可奉告"，"事实会告诉你的"等。

若以上的都不成，最后你可以说："我已心有所属了。"

某医院的护士小刘长得文静而机灵，大家都很喜欢她。这天下班，同科室刚从医学院分配来的郑医师对她说："小刘，一同去吃饭好吗？我想跟你说一件很重要的事。"

小刘一听，心里便明白了“重要”的含义。于是她笑着说：“好哇！我正好找你帮个忙。”

郑医师一听高兴极了，放松了心情说：“行，只要是帮你的忙，我一定两肋插刀。”

小刘又笑了：“可没那么严重。只不过是男朋友脸上生了几个痘痘，我想问你用什么药比较好？”

像这样的拒绝方法，通常情况下都很有效。

5. 有所为、有所不为

世间的事，并不是我们想有所作为就能有所作为的，想达到目的就能完全达到的。有时，反而会出现“有心栽花花不活，无心插柳柳成荫”的情况。因此，老子主张“无为”。

所谓“无为”，并不是躺在床上，听天由命，无所事事，什么也不干。而是不要凭个人主观意识去干扰事物发展的规律，更不要违背自然发展的规律去刻意追求什么，这样反而会有所作为，最终达到“有为”的目的，或“有为”难以甚至不能达到的目的。

那么，我们怎样判断应该在什么时候有为，在什么时候无为呢？

无为和有为的选择首先取决于实际价值的对比。

一定要拒绝和那些实力远远弱于自己的人较劲儿，因为没有实际意义和价值。比如，你是公司里的总经理，公司里的一个清洁工出言不逊冒犯了你，你又何必跟他较劲儿？和他争来吵去只会让人觉得你可笑，即便因此而辞退了他，你仍是得不偿失。

有这样一则寓言故事：

在一个森林里，一个自不量力的鼹鼠很羡慕森林之王老虎的威风，于是找到了老虎，要向老虎挑战。它对老虎说，如果自己胜了，老虎就将森林之王的位置让给它鼹鼠；如果它输了，它就此远离老虎统治的这片森林。老虎想也没想就断然拒绝了。老虎说：“如果我接受你的挑战，不管结果如何，你都是最后的赢家，而我呢，以后所有的动物都会耻笑我和一只鼹鼠打架。赢了鼹鼠的老虎还算得上森林之王吗？所以，不是我不敢答应你，而是我不屑于选择你这样的鼠辈作为对手！”

可见，面对远远“弱”于自己的人，我们就应该高挂免战牌，免得既浪费时间精力，又给人留下笑柄。也不要和品格卑下、昏聩无能的人发生冲突。

选择对手和选择朋友一样重要，和小丑式的人物一般见识，只会使自己变得鄙俗起来。

美国有一位名叫阿扎洛夫的作家，由于他的努力和勤奋，使他的前半生有着辉煌的成就。然而，在他的后半生，由于他在故乡小城里与一个名叫马利丁的文坛小丑较上了劲，并将其视为竞争对手，从而使他后半生与前半生的辉煌无缘。

马利丁为了抬高自己的身价，实现名利双赢，就以卑鄙的手段不断地在报刊上制造一些低劣的花边新闻，并向阿扎洛夫叫板。凭着阿扎洛夫的地位，他本不该去理会这种“跳梁小丑”式的人物，但是，不幸的是，他被这个小丑激怒了，并丧失理智地与马利丁在小报上展开了长达数年的论战。结果，这个马利丁靠着阿扎洛夫既得到了名又得到了利，而阿扎洛夫则在无端地空耗青春与生命的同时，成了世人耻笑的对象，从此一蹶不振，郁郁而终。

人们在生活中，总是很容易就被一些小人的挑衅激怒，下一次发怒之前请先想一下，你真的要把宝贵的精力浪费在这种人身上吗？是否一定要降低自己的格调与小人做对手？即使赢了他（她）你又能有什么光彩？和小人“交火”只会给自己带来无尽的烦恼，因此请不要碰他们。

无为和有为的选择还取决于双方力量的对比。

当主体力量明显占优势，居高临下，以一当十，采取行动后，可以取得显著的效果，应该有为。而当主体处在劣势的位置上，稍一动作，就可能被对方“吃掉”，或者陷于更加被动的境地，那么便应该坚守“无为”方式。

尽量避免和实力远远比自己强的对手较劲儿。不要轻易相信“弱可以胜强”，实际上“保住自己”才是当务之急，如果你一定要用鸡蛋去碰石头，那么结果只会是自取其辱。

看过《三国演义》的人都知道，周瑜是东吴的大将，他聪明过人，才智超群。然而，他却对蜀相诸葛亮的才能一直耿耿于怀，几次想除掉葛亮，却未能得逞。赤壁之战，周瑜损兵折将，费了不少钱粮打仗，却让诸葛亮从中得了大便宜，气得周瑜“大叫一声，金疮迸裂”。后来，周瑜用美人计，骗刘备去东吴成亲，被诸葛亮将计就计，结果是“赔了夫人又折兵”，气得周瑜又

“大叫一声，金疮迸裂”。最后，周瑜用“假途灭虢”之计，想谋取荆州，被诸葛亮识破，四路兵马围攻周瑜，并写信规劝他，周瑜仰天长叹“既生瑜，何生亮”，连叫数声而亡。

周瑜错就错在没有正确评估双方的实力，为了摆脱对方给自己带来的压力就盲目求战，结果得到了败亡的下场。所以当自己的实力还不够强大时，千万别去惹那些“硬角色”，免得让自己吃亏，还会被人说成是自不量力。

面对人事纷争时，只凭一时冲动行事，那是自命不凡的毛头小子的行为。作为一名成熟的中年人，我们应当参透有所为、有所不为的道理，要记住笑到最后的那个人才是笑得最开心的。

6. 笑是美丽生活的神秘配方

笑是上天赐给人们的一种专利，是美丽生活中的一剂神秘配方，学会微笑，对人的生活会有许多益处。

（1）学会微笑对一个人至少有三个好处：

第一个好处，微笑自然而然地调整了人的身体。

微笑在生理上有放松、通畅的作用，能减轻和消除病痛。有一位老先生，得了病，头痛、背痛、茶饭无味、萎靡不振。他吃了很多药也不管用。这天听说来了一位著名的中医，他就去看病。名医望闻问切一番后，给他开了一张方子，让老先生去按方抓药。老先生来到药铺，递上方子。师傅接过一看，哈哈大笑，说这方子是治妇科病的，名医犯糊涂了吧？老先生赶忙去找医生，医生却出门了，说要一个多月才能回来。老先生只好揣起方子回家。回家路上，他想起糊涂医生开糊涂方，自己竟得了“月经失调”的妇女病，禁不住哈哈乐起来。这以后，每当想起这事，老先生就忍不住要笑。他把这事说给家人和朋友，大家也都忍不住乐。一个月后，老先生去找医生，笑呵呵地告诉医生方子开错了。医生此时笑着说，这是他故意开错的，老先生是肝气郁结，引起精神抑郁及其他病症，而笑，则是他给老先生开的“特效方”。老先生这才恍然大悟——这一个月，老先生光顾笑了，什么药也没吃，身体却好了。

第二个好处，微笑在使生理放松的同时，还能使心理上得到放松。

人们求学时有学业压力，长大以后要做很多工作，所面临的压力必然更大，而笑可以疏解心理压力。在这方面，拿破仑·希尔为我们树立了良好的榜样，他在短短的几年里，写了几十部书，共一千多万字，还拍了电视片，做文化宣传。应该说他做的事比较多，但他并没有感到特别的累，更没有生病，这得益于他的自我放松，用微笑对待人生。

面带微笑的第三个好处，就是用微笑来对待周边世界和周边人物，他会得到更多的机会。美国商界年薪最先超过100万美元的人查尔斯·史考伯说过，他的微笑价值一百万美金。他可能只是轻描淡写而已，因为史考伯的性格，他的魅力，他那使别人喜欢他的才能，几乎全是他卓越成功的整个原因。他的性格中，令人喜欢的一项因素是他那动人的微笑。

（2）一个人的微笑，比高贵的穿着更重要。

真诚的笑容透出的是宽容，是善意，是善念，是自信和力量。微笑给这个生硬的世界带来了温柔，也给人的心灵带来了阳光和感动。

（3）微笑是一种令人愉悦的表情。

每当别人面对你的这种表情，他便会感到你的自信、友好，同时这种自信和友好也会感染他，使他油然而生出自信和友好来，从而使他对你亲切起来。

（4）微笑能帮助我们化干戈为玉帛。

《创富学》创始人希尔曾讲述过一段他自己的亲身经历：

“有一天，我的车停在十字路口的红灯前，突然‘砰’的一声，原来是后面那辆车的驾驶员的脚滑开刹车器，他的车撞了我车后的保险杠。我从后视镜看到他下车，也跟着下车，准备痛骂他一顿。

“但是很幸运，我还来不及发作，他就走过来对我笑，并以最诚挚的语调对我说：‘朋友，我实在不是有意的。’他的笑容和真诚的说明把我融化了。我只有低声说：‘没关系，这种事经常发生。’转眼间，我的敌意变成了友善。”

密歇根大学的心理学家詹姆士·麦克奈尔教授谈到他对笑的看法时说，有笑容的人在管理、教导、推销上较会有功效，更可以培养快乐的下一代。笑容比皱眉更能传达你的心意。这就是在教学上要以鼓励代替处罚的原因所在了。

纽约一个大百货公司的人事经理说，他宁愿雇佣一名有可爱笑容而没有念完中学的女孩，也不愿雇佣一个摆着扑克面孔的哲学博士。

总之，你的笑容就是你好意的信使，你的笑容能照亮所有看到它的人。

对那些整天都皱眉头、愁容满面、视若无睹的人来说，你的笑容就像穿过乌云的太阳；尤其对那些受到上司、客户、老师、父母或子女的压力的人，一个笑容能帮助她们树立这样一种信心，那就是：一切都是有希望的，世界是有欢乐的。

7. 学会微笑，从痛苦中得到解脱

俗话说得好，相由心生，境由心转。如果整天沉溺在自己痛苦悲伤的心情中，你什么时候也发现不了快乐。相反，若你可以在笑对生活，自然而然的，你就能随处取得点点滴滴的快乐。

有人说，笑是水，犹太人是鱼。下面这个故事就能够说明。

有一对犹太老夫妻，他们很穷，有时还挨饿。最后他们实在无计可施，老头对妻子说：“老伴，咱们给上帝写封信吧！”于是他们写了信，求上帝帮忙。还签了名，写了地址，封好。“我们怎样才能把这封信寄到上帝那里呢？”老伴不放心地问。

“上帝无所不在。”老头答道，“我们的信无论用什么方法寄，他都一定能收到。”于是他走出门去，把信一扔，被风顺势吹远了。

这时，碰巧有一位富人经过，他好奇地捡起信，他被信里老夫妇的虔诚和天真给打动了，非常同情他们，他决定帮助他们。过了一会，他按照信上的地址，敲开了老夫妻的门。“约瑟先生住在这里吗？”他问道。

“我就是，”老头答道。富人对他说：“几分钟之前上帝收到你的信，我是他在法国的代理人，他叫我给你送来 100 法郎。”

“你瞧怎么样？”老头高兴地大声说，“上帝收到我们的信了！”

老夫妇收下了钱，对上帝的代言人千恩万谢。但当那位先生走后，老头满腹狐疑。妻子问他怎么了，老头若有所思地说：“那个代理人看上去一点也不诚实，他可能同我们要了滑头。很可能上帝给了他 200 法郎给我们，可能他留了一半做佣金。”

这就是犹太人在数千年的痛苦中积累起来的幽默。他们清楚，要改变他们的处境是多么不容易的一件事，但他们却用靠笑声来淹没痛苦。

美国喜剧演员比尔·寇斯比曾说：“你可以把所有的痛苦都用笑声来淹没。只要你能在任何事物上面发现它们的幽默之处，那么所有的困难你都能克服了。”

犹太人有一个“飞马腾空”的故事。

古时候，有一个人被判了死刑，这个人向国王请求饶恕他一命，他说：“只要给我一年的时间，我就能使您最心爱的马飞上天空。如果您的马不能在天空飞翔的话，我愿意被处死刑，绝不会有半点怨言。”

国王答应了他。

在他回到牢房之后，另一位囚犯对他说：“你不要信口开河，马怎么能飞上天空呢?”

这个人笑着说：“在这一年内，也许国王会死，也许我会死，也说不定那匹马出了意外送了命，谁知道会发生什么呢? 所以只要有一年的时间，也许马真的能飞上天空呢!”

纵观犹太人颠沛流离的历史，到处都弥漫着这种乐观的精神，他们面对的痛苦是什么事情也不能相比的，同样相对我们来说，还有什么痛苦值得我们悲伤。所以我们要用笑声淹没痛苦。

人生是微笑的观光，而不是痛苦的旅程。无论遭遇什么困难，只要你学会微笑，你就能从痛苦中得到解脱。也只有乐观向上的人，才能理解和享受生活；只有经历痛苦并用笑声代替痛苦的人，才能真正地了解生命、热爱生活、快乐生活。

8. 幽默是缓解紧张的轻松剂

幽默不只是偶尔开个玩笑而已，它是基本的求生工具，也是我们生活中非常需要的放松工具。生活中我们都需要多点笑，少点紧张，不要把自己的不如意事，甚至是痛苦事，看得那么严重。

幽默是一种缓解紧张状况的轻松剂，知道运用它的人可以将事情变得简单一些、快乐一些。

在现实生活中，很多人习惯于让一些微不足道的小事造成不愉快的心境，心绪烦躁，往往又不自觉地去反思，去自责，于是心理失去平衡或闷闷不乐，或郁郁寡欢，或牢骚满腹，或大发雷霆。以这种焦躁情绪待人处世，生活氛围会将被弄得更糟，从而产生一种恶性的情绪循环。

幽默是悲哀、沮丧的克星。幽默改变我们灰暗、消沉的心境，帮助我们找回自信、激情和兴致，使我们精神爽朗、心情舒畅。

幽默的力量在于调节，它能在领悟人生内涵之后，创造新的气氛，以带来可贵的心理平衡。当我们把幽默变成力量应用在包围着我们生活四周的紧张、困扰和焦虑时，我们能帮助自己，也能帮助别人。当我们在日常生活中与这一切周旋时，不妨让幽默来替我们承担负荷，因为对有些问题我们可以加以改善，有些却只能接受。无论是改善还是接受，首先要解决的是我们的心情问题。

同样，幽默也能使人在经济拮据、捉襟见肘的时候不感到疑惧。

有一位保险公司职员，他积攒了几年的钱，好不容易买了一辆小汽车。有一次，他教太太开车，车下坡时，刹车突然失灵了。

“我停不下来！”他太太大叫，“我该怎么办？”

“祷告吧！亲爱的。”保险公司职员也大叫，“性命要紧，不过你最好找便宜的东西去撞!”

车撞在路旁的一个铸铁垃圾箱上，车头撞坏了。然而他们爬出车子时，并没有为损失了一大笔财产而沮丧，反而为刚才的一段对话大笑起来。目睹的行人以为他们疯了，要么就是百万富翁在以离奇的方式寻找刺激。有人走过来问：“你们想把车子撞坏吗?”保险公司职员说：“我太太看见了一只狼，她想把它压死。”

幽默最神奇功效还在于，无论在任何场合，甚至在面对各种尴尬、愤怒、冲突、严肃、冷淡的场面时，都有它意想不到的功效。

有位将军患了谢顶之疾。在一次宴会上，一位年轻的士兵不慎将酒全泼到了将军头上，全场顿时鸦雀无声，士兵也悚然而立，不知所措。倒是这位将军打破了僵局，他拍着士兵的肩膀说：

“兄弟，你认为这种治疗会有作用吗?”

会场顿时爆发出了笑声，人们紧绷的心弦松弛下来了，将军也因他的大度和幽默而显得更加可亲可敬。

面对令人气愤、烦恼的事情，这位先生用了一句曲折、幽默的话化解，既指出了这位士兵粗心大意的事实，同时也解除了两人的尴尬，潇洒摆脱了不愉快的事情给自己带来的烦恼。

9. 自嘲是一种智慧和情趣

生活中，有不少人喜欢开别人的玩笑，或者嘲弄别人，有了一点点金钱就自以为了不起，有了一点点位子就忘乎所以，飘飘然去做一些不该做的事，还自我感觉良好，殊不知背后被多少人当成笑柄。

嘲弄他人是缺德，但自嘲却是一种美德。一个善于自嘲的人，往往就是一个富有智慧和情趣的人，也是一个豁达的人。

当威尔逊被选为新泽西州州长之后，有一次，要赴纽约南社参加一个午宴，主席介绍说他是“美国未来的大总统”，这是对他的一种不恰当的颂扬。这时他该上场了，只听威尔逊讲了几句开场白后，便接着说：“我觉得在某方面——我希望只在这方面——很类似某个我所讲的故事里的人物一样。”威尔逊停顿了一下，看到听众都专注地听着，于是接着说道：

“话说有一群喜欢钓鱼的朋友在加拿大聚会，其中有一位名叫约翰逊的，由于这一群人喝酒喝得太多了，结果他与其余的朋友都搭错了火车。他的家人只好打电话给往南开的列车车长：请把那叫约翰逊的小矮子送到往北开的火车上去，他喝醉了。很快他们就接到列车长的回电说：‘请再详细说明，车里有十三个喝醉酒的人，他们既不知道自己的姓名，也不知道目的地在哪儿，而且，他们都很矮。’我（威尔逊）现在只知道我的姓名，但是我不能和你们的主席一样，还知道我的目的地在哪儿。”听众听完，哈哈大笑起来。

威尔逊对那位主席不恰当的颂扬没有直接纠正，而是讲了个风趣的故事自嘲了一番，巧妙地解决了主席造成的难堪局面。

生活中也有这样的例子，有一个外号叫“宝哥”的人，非常爱“耍宝”，是朋友中的开心果，喜欢调侃人，但没有人会生他的气，因为他总是把最糟糕的那个角色留给自己，让大家觉得他很谦和，甚至有一种被“明贬暗褒”的感觉呢！

自嘲表面看来虽然自己有点吃亏，但实际上却轻易地建立谦和的形象来，周围的朋友会觉得你轻松、自在，是个“开得起玩笑”的人，因而乐于靠近你。

自嘲，是一面镜子，对着它照的时候，看到的不是优点，而是你的缺点。对着镜子里也许你并不满意的自己笑一笑，从容地自嘲一番，烦恼也就随风而去。

美国著名演说家罗伯特，头秃得很厉害，在他头顶上很难找到几根头发。在他过生日哪天，有许多朋友来给他庆贺生日，妻子悄悄地劝他戴顶帽子。罗伯特却大声说：“我的夫人劝我今天戴顶帽子，可是你们不知道光着秃头有多好，我是第一个知道下雨的人！”这句嘲笑自己的话，一下子使聚会的气氛变得轻松起来。

人的一生，谁都难免会有不足，谁身上都难免会有缺陷，谁都难免会遇上尴尬的处境。有的人喜欢遮遮掩掩，其实越是遮遮掩掩，心理越是失衡，越是辩解，却会越辩越丑，越描越黑，最佳的办法是学会自嘲。

大家都知道美国总统林肯其貌不扬，可他不但不忌讳这一点，相反，他常常诙谐地拿自己的长相开玩笑。在竞选总统时，他的对手攻击他两面三刀，搞阴谋诡计。林肯听了指着自己的脸说：“让公众来评判吧，如果我还有另一张脸的话，我会用现在这一张吗？”

还有一次，一个反对林肯的议员，走到林肯跟前挖苦地问：“听说总统您是一位成功的自我设计者？”

“不错，先生。”林肯点点头说，“不过我不明白，一个成功的自我设计者，怎么会把自己设计成这副模样？”

自嘲是一种豁达的人生态度，在日常生活中，懂得自嘲的人，能让单调呆板的生活增添色彩。他们不但能给人增添快乐，为自己减少烦恼，更赢得尊敬和由衷的友谊。

第十章

改变现实，才能摆脱生活的困境

人生总是充满了变数，有时许多残酷的事实我们无法逃避、无所选择。如果我们不能学会面对它，而让痛苦主宰了心灵，那我们的生活就会永远失去阳光。怨天尤人只能让心情更糟，甚至增加厄运的威力，使你的命运更加灰暗；勇敢坚强地接受既成的事实带来的不幸和困境，并且能平静而理智地对待它、利用它，我们才可以战胜种种厄运，成为生活中的强者。

1. 接受和适应不可改变的事

人生之路充满了许多未知的因素，这些因素大致可以分为两类：一类是可变的，我们可以通过自身的努力，或改变一定的条件而使之转化；另一类是无法改变的。无论我们付出何种努力，也无法改变这一不可避免的事实。因此，当我们面对后者时，就得接受事实。

哲学家威廉·哈达威曾说："要乐于承认事情就是这样的，能够接受发生的事实，就是能克服随之而来的任何不幸！"住在佛罗里达州的伊丽莎白·康莉也深深体会到了这一点，她在给朋友的一封信上这样写道：

"就在庆祝北非战役胜利的同时，国防部给我送来了一封加急电报，我最亲近的人，我的侄儿永远地离开了我。

"我实在是太悲伤了，一直以来，我一帆风顺，有一份令人羡慕的工作，亲手带大的侄儿，是那么年轻，我坚信他代表着未来，会有美好的明天。可这封电报把我的生活和理想打得粉碎。

"我觉得已没有活下去的价值了，开始自暴自弃，离开我的工作，离开我的朋友，冷淡而仇恨，为什么我最爱的侄儿会死？为什么这么个孩子没有开始他的生活？为什么他应该死在战场上？我异常悲伤，整天生活在眼泪和自责之中。"

"我开始清理桌子，无意中发现了一封我早已忘记了的信，是几年前我母亲去世时，他写来安慰我的，信上说：'我们都会想念她的，尤其是您，但我知道你是个坚强的人，你会撑下去的，你也是这样对我说的：不论你在哪里，无论我们分得多远，我永远都会记住你教我要微笑，要像个男子汉，承受一切所发生的事。'"

“我的心中顿时豁然开朗，耳边好像有个声音在大声跟我说：‘你为什么不照你教给我的办法做呢，撑下去，无论发生什么事，把你自己的悲伤深藏在心底，继续过下去。’”

“于是，我再回去工作，不再对人冷淡无礼，我只是告诫自己，事情到了这个地步，我是没有能力去改变它的，不过我能够像他所希望的那样继续活下去，这是对他最大的安慰了。我把全部的精力都投入到工作中，写信给前方的士兵，晚上参加夜校培训，结交新朋友。”

“我的生活顿时发生了种种意想不到的变化，我不再为永远过去的那些事伤悲，我只是好好珍惜我现在过着的每一天，我每天的生活里都充满了快乐。”

伊丽莎白·康莉太太学会了我们迟早都要学到的一课，就是我们必须去接受和适应某些事实，这也许是你人生旅途中最重要的一件事。

当初，发明汽车轮胎的人想要制造一种轮胎，能在路况很差的地方行驶，抗拒坎坷和颠簸，但结果是这种轮胎不久就被切割成了条块。

经过不懈的探索试验，他们做出了另一种更好的轮胎。它既能承受巨大的压力，又能抗拒一切的碎石块和其他障碍物。他们称赞它“能接受一切”。生活中，我们也应与好的轮胎一样，只有能接受一切，并且勇敢前进，才能通过人生的另一种途径走得更远。

2. 理智地对待不幸和困境

厄运的到来是我们所无法预知的，面对它的巨大压力，怨天尤人只会让我们的心情更糟。所以我们必须选择一种对我们有好处的活法，换一种心情，换一种途径，才能不为厄运的深渊所淹没。

在漫长的岁月中，我们都会碰到一些令人不愉快的事情，它们既然已经存在了，我们就应该加以接受，并且适应它。哲学家威廉·哈达威说道："要乐于承认事情就是这样的，能够接受发生的事实，就是能克服随之而来的任何不幸！"

戴尔·卡耐基小时候和几个朋友在家乡北密苏里州的一座老屋玩，当他从窗栏上跳下来的时候，戒指钩住了一根钉子，他的一个手指被拉掉了。

当时，卡耐基曾尖叫过，恐惧过，可等到恢复后，他再也没有为此而忧虑过。他勇敢而平静地接受了这个现实，而且以后也几乎从来没有去想过，他的左手只有四个手指。

卡耐基忘记这件事，只是奋斗，他过得几乎比世上所有的健康人都好。

当然，重要的不是忘记，而是去适应。

在戴尔·卡耐基成功学的演讲里，还有这样一个故事：

底特律已故的爱德华·埃文斯先生从小出生在一个贫苦的家庭，起初只能靠卖报来维持生计，后来在一家杂货店当营业员，家里好几口人都靠着他的微薄工资来度日。后来又谋得一个助理图书馆管理员的职位，依然是很少的薪水，但他必须干下去，毕竟做生意实在是太冒险了，在长达 8 年之后，他借了 50 美元开始了他自己的事业，结果一帆风顺地发展成了颇具规模的事业，年收入两万美元以上。

然而，可怕的厄运在突然间降临了。他替朋友担保了一张面额很大的支票，而朋友却破产了。祸不单行，那家存着他全部积蓄的大银行也破产了。他不但血本无归，而且还欠了一万多元的债，在如此沉重的双重打击下，埃文斯终于倒下了。吃不下东西，睡不好觉，而且生起了莫名其妙的怪病，整天就处于一种极度的担忧之中，大脑一片空白。有一天，埃文斯在走路的时候，突然昏倒在路边，以后就再也不能走路了。

家里人让他躺在床上，接着他全身开始腐烂，伤口一直往骨头里面渗了进去，甚至连躺在床上也觉得难受。医生只是淡淡地告诉他：只有两个星期的生命。

得到这样的“判决”，埃文斯索性把全部都放弃了，他静静地写好遗嘱，躺在床上等死。人也彻底放松下来，闭目休息。

命运在这个时候又向埃文斯开起了玩笑。一切似乎都好起来了，他睡得像个小孩子那样踏实，一切困难也似乎正在悄悄地结束，自己也不再进行无谓的忧虑了，胃口也开始好起来了，最终，他废弃了那个遗嘱。

几星期后，埃文斯已能支着拐杖走路，六个星期后，他又能回去工作了。只不过是以前一年赚两万元，现在是一周赚 30 元，但他已经感到万分高兴了。

他的新工作是推销在船运送汽车时，在轮子后面放上的挡板，他早已忘却了忧虑，不再为过去的事而悔恨，也不再害怕将来，把他所有的时间，所有的精力，所有的热诚都用来推销挡板。

日子又红火起来了，一切进展顺利。不过几年而已，他已是埃文斯工业公司的董事长。如果你坐飞机去格陵兰，很可能降在埃文斯机场，这是专门为纪念他而建立的飞机场。

怨天尤人只能让心情更糟，甚至增加厄运的威力，使你的命运更加灰暗；勇敢坚强地接受既成的事实带来的不幸和困境，并且能平静而理智地对待它、利用它，我们才可以战胜种种厄运，成为生活中的强者。

3. 打好上天发给你的差牌

俗话说，事在人为。扭转人生的第一步，就在于抛开一切负面消极的想法，积极地面对现在的处境，并用自己的努力改变它。只要现在就改变我们的认知和做法，所有的不如意就会一扫而空。

一个小男孩晚上与家人一起玩牌，连续几次抓的牌都很差，结果全输了，于是，他开始抱怨自己手气不佳，运气不好。

这时，男孩的母亲突然停止了玩牌，她严肃地对小男孩说："无论你手中的牌怎样，你都必须接受它，并尽最大努力玩好自己的牌！"

小男孩望着母亲那严肃认真的面孔，愣了愣神，只听母亲接着说道："人生也是如此，上帝为每个人发牌，你无法选择牌的好坏，但你可以用好的心态去接受现实，并竭尽全力，让手中的牌发挥出最大的威力，获得最好的结果。"

从此以后，小男孩一直牢记着母亲的这番教诲，他不再抱怨自己的命运，而是以良好的心态去迎接人生的每一次挑战。就这样，他从得克萨斯州的农村默默无闻地走了出来，一步步成为陆军中校、盟军统帅、美国总统。这个男孩，就是美国第 34 任总统——艾森豪威尔。

1942 年，他出任欧洲战区美军总司令，此时他手中握的仍然是一把"差牌"：当时的苏德战场正打得火热，而美英却各有盘算——美方抛出"大锤计划"，想强渡英吉利海峡，尽早开辟第二战场直接打击德国；而英方却坚持要搞"火炬行动"，进攻法属北非。最终，英国人占了上风，"火炬行动"代替"大锤计划"，但仍由他担任总指挥，英国的亚力山大将军担任副总指挥。

这个"总指挥"很不好当。当时盟军队伍中，英国有第 8 和第 1 两个集团军在突尼斯，而美国仅有第 2 军在那里，并在卡塞林山口遭到隆美尔德军的重创。担任副总指挥的亚历山大将军不仅比佩戴“临时中将”的艾森豪威尔军衔高，而且刚打过大胜仗，根本不把艾森豪威尔放在眼里。当英军抵达突尼斯边境和马拉斯一线包围了德军后，握有地面部队的指挥权的亚历山大急于独自占有胜果，下达了发动最后攻势的命令，全然不给美军任务。

此时的艾森豪威尔施展出了打好差牌的本领：为维护英美同盟，他强忍怒火，亲自到前线说服亚历山大，为美第 2 军争得了一块防区。尽管那块防区不利于发动进攻，还要用骡子来运输给养，但艾森豪威尔仍没有抱怨，而是以积极、乐观的态度说服下属布雷德利全力以赴，迎接每一次挑战。

最终，他指挥英美盟军于 4 月 19 日—5 月 13 日发起突尼斯战役，全歼驻北非德意军队。曾在卡塞林山口战役遭挫的美军部队终于报了一箭之仇，此役俘敌 27 万余人。突尼斯战役的最后胜利使得艾森豪威尔不仅颜面得以挽回，而且奠定了他作为盟军司令官的地位，使其成为盟军的最高统帅。

1952 年艾森豪威尔退出军界，参加总统竞选。1953 年任美国第 34 届总统，1956 年获得连任。

其实，人生就好比打牌，不可能每次运气都那么好，把把摸到好牌。但即使是摸到一副坏牌，也要努力把它打好，哪怕只有 1% 的希望，也要尽 100% 的努力。只有这样，才能为自己赢得机会。

所以，哪怕拿到再坏的牌，也要用平常心对待，不抱怨，不气馁，而是要尽力将它打好，因为每一次出牌，都与结果息息相关。

4. 凡事往好处想

谁是幸运的，谁又是不幸的？人们往往在看到别人拥有了自己想要的辉煌时便认为别人是幸运的，而没有认识到自己所具有的正是别人想要的时就觉得自己是不幸的。其实，幸与不幸并没有绝对的界线，就看你思想的天平倾向哪边了。

同一件事，乐观的人可以因为乐观而轻松、快乐，悲观的人却心事重重，苦闷失望。叔本华说："事物的本身并不影响人，人们只受对事物看法的影响。"我们暂时无力改变事物本身，至少可以改变自己内心的想法和看待事物的态度，积极的心态可以带来积极的心情，从而导致积极的行动，带来积极的结果!

有这样一则寓言：

在上帝举办的一次动物演唱会上，猫头鹰因它那难听的嗓音受到全体动物无情的耻笑。虽然上帝没有怪罪它，但它所到之处都是冷嘲热讽，人类也都把它当作不祥之物。

猫头鹰羞愧得无地自容，它害怕白天见人，于是改到夜里活动。无数个漆黑的夜晚，它哭泣着哀叹命运的不公。

匆忙赶路的赫尔墨斯听到了它那伤心欲绝的哭声，便停下来问它。猫头鹰听到这关切的问候，便痛快淋漓地向他哭诉了自己的不幸遭遇。

赫尔墨斯微笑着告诉它："虽然你的歌声不好听，但你有敏锐的目光，尖利的爪子，你可以抓老鼠，做好多有益的事情，干吗老想那些不愉快的事情呢!"

猫头鹰听了说："谢谢你的鼓励，让我试试吧!"

最终它成了捕猎高手，得到了无尽的快乐。

这世界上，对很多事物的看法，没有绝对的对错之分，只有乐观与悲观、积极与消极之分。

苏东坡在被贬谪到海南岛的时候，岛上的孤寂落寞，与当初的飞黄腾达相比，简直判若两个世界。但苏东坡却认为，宇宙之间，在孤岛上生活的，也不只是他一人；大地也是海洋中的孤岛！就像一盆水中的小蚂蚁，当它爬上一片树叶，这也是它的孤岛。所以，苏东坡觉得，只要能选择快乐，就会快乐。

苏东坡在岛上，每吃到当地的海产，他就庆幸自己能到海南岛。甚至他想，如果朝中有大臣早他而来，他怎么能独自享受如此的美食呢？

所以，凡事往好处想，就会觉得自己很幸运。世上没有绝对不幸的人，只有不肯快乐的心。只要凡事肯向好处想，自然能够快乐起来。

5. 别让消极的思想左右心情

佛教讲“境随心转”，的确道出了人生的大智慧。但这种大智慧并不高深莫测，是我们每个人都可以随时在生活中捕捉到的，因为在面对同一件事实的时候，有什么样的心情，完全取决于我们自己。每个人都是自己心情的主人，也是自己所面临环境的主人。

某家有一对双胞胎，外表酷似，禀性却迥然不同。

一个是绝对极端的乐观主义者，而另一个则是不可救药的悲观主义者。

一次，他们的父亲在他们生日的时候，在悲观的儿子的房里堆满了各种新奇的玩具及电子游戏机，而乐观的儿子的房里则堆满了马粪。晚上，他们的父亲走过悲观儿子的房间，发现他正坐在一大堆新玩具中间伤心地哭泣。

“儿子呀，你为什么哭呢？”父亲问道。

“因为我的朋友们都会妒忌我，我还要读那么多的使用说明才能够玩，另外，这些玩具总是不停地要换电池，而且最后全都会坏掉的！”

走进乐观儿子的房阀，父亲发现他正在马粪堆里快活地手舞足蹈。

“咦，你高兴什么呀？”父亲问道。

这位乐观的儿子答道，“我能不高兴吗？附近肯定有一匹可爱的小马！”

生活中，我们经常会为一些事而烦恼，其实只需换一个角度去想，便可获得一份轻松愉快的心情。

曾经看过一个故事，大意是这样的：

有一个人刚到单位时住到了一个拥挤的集体宿舍，别人都抱怨条件差，而他却整天乐呵呵的。当别人问他原因时，他说：“这么多人住在一起，一点都不寂寞，不是一件愉快的事吗？”后来朋友们相继都结婚了，宿舍里只剩下他自己，可他还是整天乐呵呵的。当别人问他时，他又说：“一个人住，可以安安静静地看书，而不必担心有谁来打扰你，不是一件愉快的事吗?”后来他结婚了，单位分房子，别人都抢着要二楼、三楼，而他由于种种原因被分到了一楼，可他依然整天乐呵呵的。别人问他时，他说：“住一楼出进方便，不是一件愉快的事吗?”又过了一段时间，住在楼顶的一位老同志得了脑血栓，上下很不方便，他主动把一楼给让出来，自己搬到了顶楼。这时他依旧是整天乐呵呵的，别人再次问他原因时，他说：“住在顶楼，每天有充足的光照，可以随时看到周围的风景，上下楼还可以锻炼身体，我为什么不快乐呢?”

可见，心情与发生了什么事情或我们所拥有的条件并没有多大关系，主要决定于我们对待生活的心态。

有什么样的心态，就决定我们会有什么样的生活状态。心里纠结的郁闷、挂念与无数爱恨情仇，是造成苦恼的主要原因，也是让自己停留在原地无法成长绊脚石。也因为这样，往往容易使得我们的思考，盘绕在许多旁枝末节的纷扰当中，难以打开心扉接受快乐的阳光。在悲观的人眼里，原来可能的事也能变成不可能；在乐观的人眼里，原来不可能的事也能变成可能。乐观的人，能把平凡的日子变得富有情趣，能把沉重的生活变得轻松活泼，能把苦难的光阴变得甜美珍贵，能把繁琐的事项变得简单可行……这时候，快乐已经来临！

正如英国人狄斯累利所说：“境遇不造人，是人造境遇。”

不错，假如我们想的都是快乐的事情，我们就能快乐；假如我们想的都是悲哀的事情，我们就会悲哀；假如我们想到一些可怕的情况，我们就会害怕；假如我们想的是不好的念头，恐怕就很难保持内心的宁静平和了；假如我们想的全是失败，我们就会屡遭败绩。

由于境由心造，人们很容易将思维编入既存的框架里，或满足或失意或进取等等。失意的人就会产生“命中注定”或“无法更改”的思维定式，逐渐失去踏出围绕我们的框架的勇气，然后将自己对人生的梦想和远大的抱负一个个抛弃掉。而没有追逐梦想、实现野心的热情，人生也将会缺乏激情。

人类最大的敌人就是自己。我们之所以郁郁寡欢，常常是因为自己在跟自己过不去，常常让一些消极的思想左右我们的心情，让我们生活在痛苦之中。做自己心情的主人吧，让积极的思想主宰心情，你就会真正快乐起来！

6. 用积极的念头代替快乐的心情

我们大部分的行为，都是以感情为出发点，这是人性真实的一面。也正因为如此，人们总是在意想不到的时候产生不愉快的想法。但只要理性地看待事物，学会怎样用积极的念头代替烦恼，就可以拥有快乐的心情。

佛教讲“无常”，凡事可以变好，凡事也可以变坏。悲观的人永远都是想到自己只剩下一万元而担忧，乐观的人却永远为自己还剩下一万元而庆幸。面对金黄的晚霞映红半边天的情景，有人叹息：“夕阳无限好，只是近黄昏。”也有人想到的却是：“莫道桑榆晚，晚霞尚满天。”面对半杯饮料，有人遗憾地说：“可惜只有半杯了。”有人庆幸地说：“尚好，还有半杯可饮。”角度不同，对问题的看法各有所异，心情也会大不一样。

一位国王喜爱打猎。有一次在追捕猎物时，不幸弄断了一节食指。国王剧痛之余，立刻召见智慧大臣，征询他对意外断指的看法。智慧大臣轻松自在地对国王说，这是一件好事，并请国王往积极面去想。

国王闻言大怒，以为智慧大臣在幸灾乐祸，即命侍卫将他关到监狱。

待断指伤口愈合之后，国王又兴冲冲地忙着四处打猎，不料祸不单行，被丛林中的野人埋伏活捉。

依照野人的惯例，必须将活捉的这队人马的首领献祭给他们的神。正当祭奠仪式刚刚开始，巫师发现国王断了一截食指，而按他们部族的律例，献祭不完整的祭品给天神，是会受天谴的。野人连忙将国王解卜祭坛，驱逐他离开，用国王随行的大臣献祭。

国王狼狈地回到朝中，庆幸大难不死。忽而想起智慧大臣所说：断指是一件好事，便立刻将他从牢中放出，并当面向他道歉。

智慧大臣还是保持他的积极态度，笑着原谅国王，并说这一切都是好事。

国王不服气地质问："说我断指是好事，如今我能接受；但难道因我误会你，而将你关在牢中受苦也是好事？"

智慧大臣笑着回答："臣在牢中，当然是好事。陛下不妨想想，今天我若不是在牢中，陪陛下出猎的大臣会是谁呢？"

是呀！如果智慧大臣不在牢中，恐怕已经成为野人的祭品了。

我们生活中的一切不都如此吗？每个人都会遇到或小或大的事情，面对这些事情，是庆幸还是忧愁完全取决于你自己。如果能时时理智地用积极的念头代替烦恼，我们就能拥有更多的快乐了。

7. 保持“希望”的人生是有力的

没有什么比希望更能改变我们的处境。当我们处于厄运的时候，当我们败下阵来的时候，当我们面临一场巨大灾难的时候，都应该积极地选择希望而不是消极地选择绝望。希望会使我们忘记眼下的失败和痛苦，给自己的人生重新插上飞翔的翅膀。

希望能给人以难以置信的力量。曾经有这么一个故事：

一位弹奏三弦琴的盲人，渴望能够在他有生之年看看这个世界，但是遍访名医，都说没有办法。有一天，这位民间艺人碰见一个道士，这位道士对他说：“我给你一个保证治好眼睛的药方，不过，你得弹断一千根弦，才可以打开这张纸条。在这之前，是不能生效的。”

于是这位琴师带了一位也是双目失明的小徒弟游走四方，尽心尽意地以弹唱为生。

一年又一年过去了，在他弹断了第一千根弦的时候，这位民间艺人急不可待地将那张藏在怀里的药方拿了出来，请明眼的人代他看看上面写着的是什么药材，好治他的眼睛。

明眼人接过纸条来一看，说：“这是一张白纸嘛，并没有写一个字。”

那位琴师听了，潸然泪下，突然明白了道士那“一千根弦”背后的意义。就为着这一个“希望”，支持他尽情地弹下去，而匆匆53年就如此活了下来。

这位老了的盲眼艺人，没有把这事情的真相告诉他的徒儿，他将这张白纸慎重地交给了他那也是渴望能够看见光明的弟子，对他说：“我这里有一张保证治好你眼睛的药方，不过，你得弹断一千根弦才能打开这张纸。现在你可以去收徒弟了，去吧，去游走四方，尽情地弹唱，直到那一千根琴弦断光，就有了答案。”

昨天是痛苦的梦，而明天却是充满希望的憧憬。在困境中如果你心中充满着绝望，那么你就会躺下来；而如果你心中充满了希望，那么你就会顺利地走过险途。

希望是催促人们向前的最大动力，也是生命存在的最主要激发素。只要抱有希望，生命便不会枯竭。

有一位医生，素以医术高明著称。在事业达于巅峰时，他发现自己得了咽喉癌——那正是他最了解的一种病，也是他多年致力研究的方向。

和任何人一样，这位大夫经历了震惊、恐惧、不甘心，以及别人没有的愤怒。

积丰富之经验，他很快就知道自己的生命期限：六个月到一年。

经过一番深思，冷静地自我探索后，他决定接受这个残酷的事实，但是，他要在有生之年，在有限的时间里，好好地、快乐地、认真地体验生命，放下以往担在肩上的许多压力，以一种全新的眼光。去看这个世界，用爱心去关怀周围的每一个人、每一件事，以期使自己的生命能更充盈、更丰富、更有意义。

持着这样一分新认知后，他整个心情都有了转变，他变得谦和、宽容，懂得珍惜，对身边的一花一草，都怀着一份温柔；对身边的朋友、家人，甚至对陌生人，也都笑颜相对；早上外出运动，他亲切地和别人招呼问好；在医院看病，他比以前更亲切，更关心病人。

在日常生活中，他开始注意家里的盆栽，每天浇水、剪枝，看那些植物欣欣向荣地成长，带给他很大的启示与希望。

他忽然发现，生命原可以这样丰富，而生活竟是以如此小的代价便获得如此多的快乐。

日子一天天过去，他怀着平静的心，期待着每一个全新的希望。

半年过去了，一年也过去了，如今，他已经平安地度过第六个年头。没有人知道他还能活多久，包括他自己，然而，他已经不害怕、不担忧。

有人问他是什么神奇的动力在支撑他，这位大夫坚定地说：“是希望！我习惯于每天给自己一个希望，希望看到一片新叶冒出嫩芽，希望我的病人今天好一点，希望我的笑容能温暖每个人，希望早上运动时见到那些朋友……

就是这些希望，促使我每天都觉得自己很重要，必须打起精神来过这一天……”

这位医生不但医术高明，做人的境界也很高。

保持“希望”的人生是有力的，失掉“希望”的人生是无力的；希望是人生的力量，在心里一直抱着“美梦”的人是幸福的。也可以说抱着“希望”活下去，是只有人才被赋予的特权。只有人，才能由其自身产生出面向未来的希望之光，才能创造自己的人生。

8. 悲伤和痛苦需要合理的宣泄

人们总在充满悲伤和痛苦的时候希望得到别人的帮助和分担，但没有合适的分担人选时，同样需要宣泄，需要表达，需要释放。

心情不好的时候，一定不要憋在心里。宣泄是一种将内心的压力排泄出去，使身心免受打击和破坏的重要途径。通过宣泄内心的郁闷、愤怒和悲痛，可以减轻或消除心理压力，避免引起精神崩溃，恢复心理平衡。

任何时候都“喜怒不形于色”，不仅会加重不良情绪的困扰，还会导致某些疾病。

美国科学家的研究结果表明，那些不愿意宣泄或喜欢抑制的人容易缩短自己的寿命。研究结果还显示，那些活得长的研究对象基本上都属于会宣泄的类型。

内科医生提醒人们，当自己遇到烦恼、悲伤事情的时候，在不危害社会和他人利益的情况下，发泄一通，如在空旷的草坪上大喊一声，写信、写日记和上网聊天等，就可以得到自我排解，取得心理平衡，有益身心健康。如果出现一些身体不适应症，应有针对性地到医院选择就医，切不可拖延时间，耽误病情。

在危地马拉，有一种叫落沙婆的小鸟，要叫七天七夜才下一只蛋。由于鸟类没有接生婆，所以难产的落沙婆只有彻夜不停地痛苦啼叫。可恰恰是因为这痛苦的七天，使蛋壳变得坚硬，小落沙婆孵出来之后也更硬实，这便是一个母亲经历七天痛苦所换来的一个孩子健康的明天，而那彻夜不停的哀啼，是落沙婆在用另外的方式释放着肉身的痛苦。

每个人，既然生活在这个尘世喧嚣的世界上，便不可避免地有欢歌也有烦恼。面对那太多的烦闷该怎么办？成天闷闷不乐、神情郁躁不是解决的办法，伺机报复、睚眦必报也不是明智之举。你不妨试着自我发泄，把不好的心情宣泄完了，就会心平脑静，烦消躁逝。但是，宣泄必须有一个“度”，不能失去理智，不能伤及别人，更不能玩世不恭。

可见，问题不是该不该宣泄，而是该怎样宣泄。正确的宣泄可采取以下几种方式：

（1）学会倾诉。当遇到不愉快的事时，不要自己生闷气，把不良心境压抑在内心，而应当学会倾诉，把自己积郁的消极情绪倾诉出来。

（2）高歌释放。音乐对排解心理压力具有特殊的作用，医学上的音乐疗法主要就是通过听不同的乐曲把人们从不同的病理情绪中解脱出来。除了听以外，自己唱也能起同样的作用。尤其高声歌唱，是排除紧张、激动情绪的有效手段。

（3）以静制动。当我们心情不好，产生不良情绪时，内心都十分激动、烦躁、坐立不安，此时，可默默地侍花弄草，观赏鸟语花香，或挥毫书画，垂钓河边，这种看似与排除不良情绪无关的行为恰是一种以静制动的独特的宣泄方式，它是以清静雅致的态度平息心头怒气，从而排除沉重的压抑。这种方式往往是知识型男人的选择。

（4）不妨痛哭。“男人哭吧哭吧不是罪”！哭是人类的一种本能，是人的不愉快情绪的直接外在流露。从医学角度讲，短时间内的痛哭是释放不良情绪的很好方法，是心理保健的有效措施。因为人在情感激动时流出的泪会产生高浓度的蛋白质，它可以减轻乃至消除人的压抑情绪。有关专家对此进行研究，其结果表明健康男女哭得要比有病者哭得多。不过应在内心受到委屈和不幸达到极大程度时才哭，如果遇事就哭，时时哭哭啼啼，事事悲悲泣泣，就不好了。

（5）对模拟对象发泄。一位运动员受到教练训斥后很沮丧，不久引发了胃病，药物治疗也不见效。心理学家建议他在训练中把球当教练员的脸狠狠地打，采用此法后他的胃病果然好多了。这种不损害他人，又有利于排解不良情绪的自我宣泄法，可以借鉴。

现实生活中宣泄的方法还有很多，人与人因个体差异和所处环境、条件各异，采用宣泄的方式也不同，从小小的一声叹气，到大声疾呼、怒吼以及打球、散步、聊天等都可以起到宣泄作用。但不管怎样，任何宣泄都应该是合理的。简单的打打砸砸，迁怒于人，找替罪羊（老人、爱人、孩子、同事、下属）等都是不可取的。

第十一章

用心工作，不能把工作当成无休止的竞赛

工作是必需的，但是，不能让自己给工作当牛作马。如果总是把工作当成一场永无休止的竞赛，只有跑道却没有出口或找不到出口，早晚有一天你的精神和身体会同时抗议甚至崩溃，这绝不是危言耸听。因此，该让脚步慢下来的时候一定不要犹豫。

1. 工作是为了生活，但不是生活的全部

现代社会，生活节奏不断加快，人们晚睡早起，从早到晚，忙个不停，为每一枚新增的铜板、每一寸空洞的名声而欢喜，或者为它们的失去而悲伤，不断地焦虑又不停地追逐。

人生最重要的是要活得开心幸福。明白这一点，对于那些每个整日为工作而奔波劳碌的人大有必要。有的人对于自己从事的工作倾注了无限的精力和时间，因此，无暇亲近他们可爱的亲人，以至于疏远了彼此生命中最为宝贵的感情。他们并非不需要温馨，只是想先把眼下的工作完成，所以他们总是暗示自己："不要紧，这只是暂时的，等我忙完以后，一切都会恢复正常的，我会轻松平静下来，我将愉悦地陪伴我的爱人和孩子，现在再坚持一下就行了……"

但事实上他们的这种愿望少有实现——旧的问题解决了，又会出现新的问题。他们多年养成的习惯，让他们不断地接受任务，并完成它，而不是"无所事事"。因此，总会有电话等着他们去接，总有某项新工程由他们来策划，总有许多日常工作需要他们来完成。他们的工作就像不断搭乘的一个航班，永远没有终点，只有不断的起飞、降落、换机、起飞……

工作是为了生活，但不是生活的全部。洛克菲勒曾讲过这样一个寓言，他说："一个人手中有五个球，这五个球分别代表家庭、友情、爱情、健康和工作。前四个球都是玻璃做的，只有代表工作的那个球是橡胶做。那四个玻璃球不论摔碎那一个，都将无法恢复，而只有代表工作的这只橡胶球会按下去又弹起来，再按下去，又会再弹起来。"

这一则简单而生动的寓言告诉我们，工作只是生存的手段却不是生存的

全部。为了基本的生存，我们需要工作，但生活中除了工作，还有许许多多事情要我们去做，我们不能除了工作就是工作。想要让自己永远像个不知疲惫的机器人，干脆直接喝汽油算了。再说，即使是一部机器，如果始终工作下去，而不加任何保养，没有任何调理，这部机器总有一天会停止工作，甚至将无法再次启动。一个人，有的只是血肉 躯，不是钢筋铁骨。消耗生命是件太容易不过的事。壮烈“牺牲”在繁多的工作下，真的是一件极其不值得的事。

不要认为没有了你一切都停滞下来，更不要认为缺了谁地球就会停止转动，现实告诉我们，没有谁地球都转，就个体而言，对整个社会产生的影响是微乎其微的，大概只有极其个别的重量级人物除外，很显然我们很难成为这样重量级人物。从这个意义上说，对待工作要有一颗平常心，尽心尽力就足够了，不必苛求成绩与成果。对待工作要善于原谅自己，要宽待自己，不要与工作太较真，保持良好的心态和健康的身体才是继续工作下去的基础。否则，不论你有多大的能力，多高的水平，没了健康，没了生命，一切都是空谈。

2. 工作狂是一种病态心理

在很多人的观念中，工作狂并不算是坏事，起码说明一个人工作认真、热爱工作，而且为了工作无私地奉献出很多的时间和精力应该是很值得肯定的。

以前，在日本、中国等许多国家的词典中，“工作狂”均被列为褒义词，或至少不算是贬义词。不少人（其中多数是企业老板、单位领导）还觉得，“工作狂”的“忘我工作”为本企业或本单位带来了巨大的效益，而且为同事们树立了模范的榜样，所以多数“工作狂”往往被评为“先进典型”，成了“骨干”或“红人”。

但美国心理学家斯宾塞教授后来研究指出，“工作狂”属于心理变态，在各单位的低、中级管理人员中尤为常见。

“工作狂”与对工作有热情者有本质区别：前者往往并不热爱自己的工作，一般很难从工作中得到快乐，而只是拼命地工作以求某种“心理解脱”。此外，他们在工作中还常常强迫自己做到“完美”，一旦出现问题或差错便羞愧难当、焦虑万分，却又将他人的援助拒之门外。而后者则十分热爱自己的工作，从工作中能获得巨大乐趣，出现失误时既不会怨天尤人，也不会懊恼不已，相反却会聪明地修正目标或改正错误，同时也注意与同事和上司协调、配合，因而人际关系相对融洽。考核显示，尽管前者的工作量要比后者大得多，但工作效率和工作质量都明显不如后者。

“工作狂”在英文中被称作 workaholic。这个词从 alcoholic 中来，说白了就是一个有酒瘾的人。美国有一个教会工作者，叫维恩奥茨，据说是一个工作狂，忙起来的时候连家人都找不到。从事教会这个工作，当然是需要一点献身精神和痴迷劲的，但忙成这个样子，上帝也不会感动。他在临终前写出一本叫《一个工作狂的忏悔录》的书，第一次使用这个词，后来成为一个固定搭配——侍奉上帝这么多年，最后却要为此事忏悔，人生实在灰暗。

大多数情况下，工作狂的人生也确实没有什么亮色可言。每天从早忙到晚，这种状况对于工作狂本人来说应该算是一个开心事，但蝇营狗苟地究竟在忙些什么，外人无论如何是难以理解的，所以时尚的心理学家们就将其归结为病症之一种。

欧洲社会心理学协会主席弗朗西斯科阿方索费尔南德斯的总结是：20 世纪以来，物质极大丰富之后，人类产生一种“沉迷文化”，表征之一就是依赖症，就是上瘾。以费尔南德斯的分析，依赖症大致有七种：赌博、食品、购物、性、电视节目、工作和互联网。

此七宗罪的共同特点是：患者完全丧失自由，对某种物体或行为产生依赖，从而使之失去对由某种冲动产生的行为控制，并在人和物体或行为之间建立一种异乎寻常的、劳力伤神的关系。表现在工作上，费尔南德斯认为就是把过多时间投入到工作，在其中寻求完美成功和权力，追求的目标越来越高，且通常难以达到。

在传统观念的影响下，说“工作狂是一种病态心理”也许让人难以接受，但不管你是否觉得不眠不休的工作算不算病态，至少你应当承认，“工作狂”在透支健康的同时，也成了一架漠视情感的机器。

3. 适当的加班可充实生活

有一种人，桌子上摆满了文件，总是显得手忙脚乱，一副日理万机的样子。这种人虽然没达到工作狂的程度，但工作也十分认真，对自己的本职也充满了热忱，从来不多休息。他们不论星期天还是休假日，都不惜将自己全部的精力放在工作上。他们以为这样做就能给老板一个好印象，认为要想往上爬就要付出这样的代价，这样才能得到大家的好评和老板的重用。关心集体、关心工作、把工作看作是第一位的，这还不够吗？哪个老板会不喜欢下属天天加班？

可不幸的是，这种人往往很难如愿。这是为什么呢？

许多精明的老板从下属的忙碌中能看出许多问题，他们中的相当一部分人是因为自己的能力有限，就希望通过忙碌来引起老板的注意，他们生怕自己的重要性被忽视，便加倍地忙碌，其目的在于把自己表现为一个能干的人。但精明的老板总能透过他们的工作内容，看出他们的本领，而无须探询他们忙得团团转的理由。因为，困难的工作，不一定会使人显得很忙。而终日忙得晕头转向的人不一定是个能干的人。

日本有部心理学著作认为：有的人总是企图表白自己的废寝忘食，其实他内心隐藏着本质上的怠惰。老板往往认为这是一个对工作缺乏关心和兴趣的人，他也许是害怕遭到别人的非难和惩罚，以至陷入战战兢兢的状态里，倘若受不了连续的紧张，为了消除内心的紧张和不安，迫使他只好采取一种期待赞赏的行动，这样一来，他便成了一个时常加班的人了。

有的人忙碌都近乎一种病态了。他们事事认真，每天脑子里的弦都绷得紧紧的。一旦上级对自己并不赏识，他们中的许多人便会产生怨恨心理，抱怨上级有眼无珠，看不见自己付出的辛劳、付出的时间等等，并往往因此露出怠惰的情绪。

某机关老黄，几十年如一日废寝忘食地工作，他家离办公室有一公里路，经常能听到他家孩子叫他吃饭的声音。大热天，别人都到楼下乘凉去了，只有他家的灯光是亮着的，他总是在那里写着永无止境的报告、材料、发言稿。而且字斟句酌，认真地对待每一个数字。

上级总是拍着他的肩膀说：“好好干，有前途。”

可是他干了几十年，一点变化也没有。一个科长当了 18 年，而且还有当下去的可能。而他的许多下级却纷纷升上去了。为此，他很苦恼，更想不通。

像老黄这样的老实人不在少数，一天到晚忙着“加班”，对周围的人都不去熟悉和了解，当然别人也就不了解他更想不起来推举、提拔他了。

每天把自己埋在工作里的人，和一个只知读书，不懂应用的书呆子也没什么区别，就算领导相信他的工作能力，也会怀疑他的办事能力，又怎么放心地委以大任呢？

虽然有时不能合理安排自己生活的人，常常能成为一个好的能干的职工，但这种人作主管是不太合适的，这种人不太适合做管理人、调度人的工作。他对自己的需要和愿望都不能很好地理解，就更不能及时满足大家的各种欲求，不能充分调动大家的积极性。因此，他们往往得不到正常的升迁。

偶然一次的加班，能够体现你的工作热忱，提升你的工作业绩，也能给你的老板留下一个良好的印象，但是经常性的加班则不会给你带来任何的好处，工作的包围只会让你变得越来越麻木，周围的同事也会对你的“努力”渐渐地多得习以为常，相对也就忽视了你的工作成绩；另外，将大部分的时间都花在工作上，又怎能保证生活的天秤不失平衡？

正常人的生活总要分为工作、家庭和余暇三部分。每个人都要根据自己的情况，合理分配这三方面的时间，借此获得身心的平衡和稳定。一旦全力以赴地投入到某一方面而又没有得到满足时，这三方面的平衡便会立即崩溃。

除了会对工作造成一定的影响外，经常加班还会给家庭生活增添不少麻烦，由于无暇顾及家人的情感及生活，家人之间的沟通和交流就会明显地减少，甚至婚姻生活也会亮起“红灯”。

有一对中年夫妇，两个人都是高校教师，他们治学严谨，工作认真，但由于名额限制至今未评上高级职称。他们的生活刻板而又忙碌，每天面对的只是没完没了的研究与课题，甚至经常会夜以继日地工作，每日上班下班，秋去冬来，春生夏长，在他们的眼中似乎没有什么变化，一切都太程序化、公式化。在田野里耕作的人们还知道季节变换，该做其他事了，而他们的生活完全是机械复制。

直到有一次学校组织旅游，丈夫为了完成手上的科研任务，没有和妻子共同出行，妻子随旅行团去了海南。在海南，她遇到了曾追求过自己的老同学，现在已是千万富翁的黄某。黄某是此地有名的儒商，懂经营懂管理，但一直洁身自好，没有染上暴发户的种种恶习。由于忙于事业，没有时间考虑个人问题，至今单身，常常回忆起大学时代的美好时光，可时光不再来。现在与昔日梦中情人相遇，其激动与兴奋溢于言表，于是与旅行团负责人商定，单独与她旅游，几日后按期返回。两人游遍了岛上风景名胜，嬉戏海滩，漫步黄昏，天涯海角的倾心长谈。但是她仍然固守城池，不愿放弃十多年来生活安稳的家。她回到了高校，回到了丈夫身边，但她无法回到昔日忙碌而乏味的生活。丈夫的早出晚归，让她有苦也找不到倾诉的对象，在这种漫长的等待中她已经渐渐失去了耐心，而每天只知道加班工作的丈夫却丝毫也没有发现妻子的变化，直到有一天妻子留下一封长信，孤身去了海南，丈夫才如梦初醒。如果能给自己的家人多一点时间和温暖，家庭就会永远充满着温馨与欢乐，而那些只知道加班的人却往往忽视了生活的激情，在忙碌的工作中丢掉了许多宝贵的东西。

加班本不是一件坏事，适当的加班，还有利于增加你的能力，充实你的生活，给别人一个好印象，但如果将你的重心全部放在加班与工作上，茫茫然顾不上其他，却是得不偿失。

4. 不要把工作带回家

或许这是一个永远被追逐的时代，只有加倍努力才能在被追逐中跑得更快，以至于很多人忘了一个简单的道理：工作是工作，生活是生活。假如你错把谋生的工具和生活搅在一起，无疑会让自己陷入不能自拔的压力之中，把自己弄得一团乱。

“工作”与“生活”是两回事，应该用两种不同的态度来看待。工作上，不管你是老板、律师、教授还是司机，你所扮演的角色只是“职务”，回到生活中，你要演的才是“自己”。因此，每个人都要学会将工作与生活区分开来，倘若混淆界限，让工作占去大部分的生活时间，绝对弊大于利。工作是永远都做不完的，难道你真要把自己累死在工作上？

同样的道理，家庭一般都不是一个人的世界。本来是非工作时间，你非得把成堆的工作带回家，在家里埋头工作，把家人晾在一边，如何尽到为夫为妻为父为母为子女的义务？

赵先生经常把工作拿回家做。每天一回到家，他便开始为尚未完成的工作发愁，如果孩子问他一些问题或者缠着让他讲故事，他就特别不耐烦，甚至忍不住要发脾气。晚餐之后，他总是板着面孔独自坐在书房里完成一些案头的文字工作，此时的他已经疲惫不堪，工作效率自然很低，但他无法停下手中的活儿，就算脑子一片空白，他也不愿意离开电脑，去陪陪家人。久而久之，妻子对他熟视无睹，早已懒得同他唠叨了，孩子见了他也躲得远远的。他开始害怕回家，因为家里的一切都无法使他得到放松和休息。渐渐地，他开始意识到，工作和工作习惯已经把自己几乎压垮。对着深夜里依旧闪烁的显示屏，他发出一声长叹：是该回归生活了！

对于一个人来说，事业与家庭是人生的两大支柱。然而，这两个支柱之间却往往存在着矛盾。要正确处理家庭和事业的矛盾，有一条基本的原则，那就是：不要把工作带回家。

工作对我们来说无疑是重要的，但家庭的和睦对我们来说更重要。工作中会有烦恼和麻烦，但家庭中最不能缺少的是温暖。尽管工作中的烦恼可以适时地向家人倾诉，但切不可把烦恼转移到家人身上。否则，很可能导致事业与家庭两烦恼！

人生幸福的大部分内容是家的温暖，有一个幸福的家，人生才可以圆满而无憾。但有些人年轻时并不看重家庭。那时他们个个怀有凌云壮志，如人们所期望的那样成名成家，如果那时有人觉得下班后和爱人手牵着手去买菜是人生的大乐趣，人们必会笑他平庸甚至庸俗。

但是，当岁月的风霜使自己饱受沧桑，当世事的艰难使自己的眼神不再清澈，当人生的坎坷使自己的心灵千疮百孔，当闯世界疲惫归来却依旧是空空的行囊，很多人才终于明白了一个再简单不过的道理：事业辉煌仅靠努力远远不够，它需要天时地利人和以及命运的垂青，只有极少数人才能登上巅峰；而能做一份自己喜爱的工作的人也不是很多；绝大多数人，不过是为了谋生做着一份自己并不喜欢的工作；人们能拥有的仅仅是身边的这个家。生活给人们最大的平等和恩赐是，每个人都拥有一个家；而人们能得到的人生幸福，实际上绝大部分来自自己拥有的家。

在茫茫人海，能免除自己孤独的是家；在喧哗的尘世，能让自己片刻安宁的是家；在纷扰的争斗中，能给自己疗伤的是家人。没有家的人是可怜的，下班归来，看着一对男女手挽着手，他的心会一阵阵发疼；他会觉得过年是过关，独自坐在窗前，看着天慢慢变黑，听着四处的鞭炮声，心里会凄凉而酸楚；星期天，他常常会翻遍电话本，想找个人诉说一下心头的苦楚，可是翻了几遍却找不到可聊的朋友——毕竟，心底里很多东西，大多是不能向一般朋友倾诉的。

有了一个幸福的家，工作的烦恼就可以忍受，因为自己的忍气吞声和辛苦劳累都有了价值；有了一个幸福的家，凄风苦雨自己都不再害怕，因为只要奔回家，只要打开家门，就有了温暖和宁静……

现在，来自各方面的压力都在不同程度地动摇着都市人们的婚姻生活。

配偶的某些工作状况的变化，如在工作中的职责变化，比如升迁、降级、失业，多会在心理上给另一方造成深刻影响，加重另一方的压力。而且大多数时候来说，另一方处境更不容易，因为他只能在一旁干着急。如果协调不好，夫妻之间终会有对抗的一天，另一半也许会埋怨自己没有把家放在首位。因此，一个人上班干工作，下班还在家里做工作，那实在有些过分。

随着现今社会竞争的日益加剧，有些人为了给自己生活一个保障，会把时间花在进修或工作上，所以跟家人相处的时间就大大减少了。在这种情况下，每个家庭成员更要极力争取与家人相处的时间。要知道，有没有金钱并不能衡量你是不是成功，你要在能力范围内去做，不能因为别人有别墅住你也要。家庭里的温暖，不是由别墅造就的，而是由家庭成员的感情去共同营造的。

不把工作带回家，意味着你不把烦恼带回家，这样可以使自己的家庭生活和谐快乐，可以在家庭的温暖中使自己得到充分的休息，以更昂扬的姿态投入明天的工作，从而更加有力地推动事业发展。

家是你温馨的港湾，自己应该用心呵护它。当工作了一天，打开家门的时候，为了事业，为了家庭，为了自己，也为了亲人，请把烦恼关在门外！

5. 把假日还给家人

假日，本应该是用来放松的美好时光，但是，随着现代生活节奏的加快，压力的增大，我们与家人相处的时间越来越少，与家人共享家庭温暖的时光也屈指可数，导致“假”不像“假”了。也许你有太多的事充斥着本来就不富裕的假日空间，但这样对待你的节假日，很容易产生一种后果，就是家庭面临的即使没有“分崩离析”，也可能像个冷冰冰的旅馆，没有多少温情可言。所以，要记得，把假日还给家人，然后充分体会这种幸福！

一个周末，一位总经理为了争取到一个项目的承包权，去参加一个饭局。酒足饭饱之后，又去唱歌。

在 KTV 包厢里，这位总经理的手机突然响了，他打开了手机，里面传来一个小女孩奶声奶气的声音：“爸爸，你怎么还不回家？我想你，妈妈也想你……我已经好几个周末都没你陪着去动物园看动物了”。

这位总经理一怔，知道对方打错电话了，他没有这么奶声奶气的女儿，他的儿子正在国外的大学里读书。他刚想说，你打错电话了，我不是你爸爸。但愣一下，没有说，不由自主地随声应道：“你……你是……”

“我是宝宝啊，爸爸，我是宝宝。”

“乖……好，爸爸马上就回家……告诉妈妈，爸爸马上就回家……”

随后，这位总经理一言不发地坐在那里，客户也不明白发生了什么事情，须臾，他向客户抱歉地告辞：“对不起，我家有点儿事，我先走一步，失陪了，不好意思，实在不好意思。”

事后，他说：“就在和小女孩对话的那一刻，一种对孩子、对妻子的愧疚感蓦地袭上心头，我一时也不想耽搁，必须马上回家。说真的，我都不知道自己有多久没在家里过周末了，工作上的应酬占据了我所有的假日……”

无论何时，家都是你最温暖的依靠，应酬也好，工作也罢，千万不要把休假的日子全用在上面。它们所给你的，除了疲惫只剩下空虚了。并不是说，你要为了家庭而放弃所有的工作和朋友间的往来。只是说，不要忽视你的家人，别等失去他们了才后悔。

如果要享受假日所带来的美好感觉，让我们一起来着手准备吧！

（1）定好时间并列出清单，这样就知道自己要做什么，何时去做，怎么去做，才不会到时因来不及而手忙脚乱。

（2）共同参与。不要使某一个家人太疲惫。很多准备工作都可以共同承担的，分配任务并要求家庭成员提供帮助不仅能提高效率，还能在一定程度上增添节日的气氛。如果让某一个人承担所有的一切，有可能产生不满情绪。

（3）表露自己的情感。把自己的情感向家人倾诉或者是把它们记录下来。

（4）避免超支。制定预算并严格按照预算执行。有些人还喜欢把节假日的支出单独列出。这确实是项规划家庭开支的好办法。

如果你还在为假日的忙碌和了无生趣烦恼着，就试着解放自己吧。和家人在一起共度美好时光，假日即使再短暂，工作即使再繁忙，那又怎样？在家的人才是幸福的，把假日还给你的亲人，对你来说，应该算不上什么难事。

6. 不要做无谓的忙碌

“你很忙吗?”人们对于这个问题的回答惊人的一致：忙。而且通常是有气无力的回答。我们身处一个异常忙碌的社会，不管是一个小主管，还是所谓知识工作者或专业人士，每个人都非常忙碌。

中华民族是一个勤劳优秀的民族，我们习惯于活在“天道酬勤”的信仰里。但随着社会的发展，人类的变迁，在新的时代背景下，比起兢兢业业的黄牛般的勤奋儿，精明利落的高效者更易取得杰出的成就，并且生活的有滋有味。

有才能的人有时最为无效，因为他们没有认识到才能本身并不能自动转化成生产力。他们也不知道，一个人的才能，只有通过有条理、系统的工作，才能物化为看得见的成果，产生效益。相反，在我们工作的职场上，也会有一些极其神奇的人士，当别人忙得不可开交、团团转，甚至连喝水的工夫都没有的时候，这些高效的勤勉人士却神仙一样地超然物外。他们按部就班，好像天大的事也不能乱了他们的方寸。可是除了羡慕和惊异，没有人可以责备他们，即便是他们的作风有些懒散，他们却总能够率先到达目的地，然后去享受悠闲。

人们应该调整思维，尽可能用简便的方式达到目标。如果你在与别人做同一件事情的时候，可以躺在树荫下的吊床里，喝着柠檬汽水，打着手机，轻松自如地完成了工作；而其他人则要急匆匆地赶公交车，拿着塞得满满的公文包，走在繁忙的街头，在接待室里挨着时间等待……二者相比，前者当然应该得到更多的喝彩。

智力、想象力和知识，都是我们重要的资源，但是，资源本身是有一定局限性的，只有通过你卓有成效的管理和协调，才能将这些资源转化为推动组织发展的直接生产力。

那些能取得杰出成就的人通常是什么样子的呢？是一天到晚风尘仆仆、忙忙碌碌、唉声叹气、脾气暴躁吗？相信很多人都会这样认为，因为在现实生活中我们见惯了这样的情形。

实际上，这背后有三种忙碌：一种是把工作当成了生活的全部；一种是尚未学会管理自己的时间，这些人常常会感觉被近乎疯狂的时间表逼疯；第三种则是假装出来的忙碌，因为人们几乎已经开始把忙与成功、闲和失败联系到了一起。

很多时候我们没有把“忙”的真正定义弄清楚。忙是什么呢？忙应该是在特定的时间段中朝着特定的目标进行连续不断的努力的生存状态。忙碌可以使我们的生活充实，让我们回忆起来觉得自己对得起时间对得起自己，但是如果你只是为了不闲着去忙，只是为了向人表明自己“很重要”而去忙，那么无知的谎言往往就会欺骗你的心灵。

记得李宗盛曾在一首歌中这样唱：“忙、忙、忙，忙得没有了方向，忙得没有了主张……”其实，瞎忙的人就像一个被抽打着而转动的陀螺，陷入不清楚自己在干些什么的状态。

就像不是所有的努力都能收到预期的回报一样，不是所有的忙碌都值得推崇。

有时候，我们拼命努力而所得的结果，正是与自己的本意相反的。

几年前一个初春，在美国缅因州发生了一件意外的悲剧。一伙人在那里泛独木舟的时候，碰到了一个小水坝，于是这些人就把舟拖上岸，绕到水坝下游。可是第二队里有一个喝了酒的年轻人，却决定以橡皮筏冲下水坝，不料皮筏翻了，他掉进冰冷的水中。当时，由于大家离他很远，无法救他，只能惊恐地看着他为抗拒坝下的回流，没命地向下游划动。他挣扎了好几分钟，然后被冻死。他的躯体随即被吸进漩涡中，几秒过后，在下游十米远的地方浮出来。在他生命的最后一刻尝试去做而徒劳无功的目标，水流却在他死亡之后几秒之内为他完成了。

有讽刺意味的是，杀死他的正是他的奋力对抗。他不知道惟一的对策是“反直觉的”。如果他顺着回流潜下，他或许还可以保住性命。

这个故事告诉我们什么样的道理呢？就是不要做无谓的牺牲和忙碌，有时候，忙碌带来的结果很可能有违你的本意。

7. 做聪明的懒人

在一个群体中，从“工作”的角度，人可以分做四类：一类是聪明而懒惰的人。这种人可以做“元帅”，发挥才智，运筹帷幄，将兵将将，指引方向；一类是机智而勤快的人。这种人可以做“先锋”，冲锋陷阵，攻城拔寨，战无不胜，攻无不克；一类是笨拙而懒惰的人。这种人可以做“工兵”，程序操作，兢兢业业，时有懈怠，需要鞭策；一类是愚蠢而勤快的人。这种人什么也做不成，自以为是，自诩高明，喜欢表演，能力一般，逢事便做，一做就错。

如果你想成为杰出人士，那么你的目标就应该是元帅，是将军。所以，你应该是一个“聪明而懒惰的人”，学会聪明地工作，而不是更“勤快”甚至更辛苦地工作。

第二次世界大战时，有人问一位将军：“什么人适合当头儿?”将军回答说：“聪明而懒惰的人。”

德国作家海因里希·伯尔所著的《懒惰哲学趣话》中讲了这么个故事：一个懒惰而聪明的渔夫，省略了奋斗，也无须勤奋，就可以直接在太阳下打盹儿，还可以眺览美丽的大海，享受白领阶层休假的愉悦，这连那个悻悻离去的哈佛 MBA 都不由生出一丝羡慕。如果要给“懒人哲学”寻找一个最传神的视觉表达符号的话，这位全身松弛、慵懒地享受西海岸阳光的渔夫似乎是最佳人选。在拼搏、勤奋、奋斗、努力占据主流大众社会心理的大气候下，在从火车到人才培养都大大提速的时代，敢于为“懒惰”呐喊，为“懒人”正名，确实需要一些勇气和睿智。

其后，美国作家厄尼·J. 泽林斯基也加盟了这一行列，其《懒人非常成功》开宗明义第一章就大段引用了海因里希·伯尔《懒惰哲学趣话》对那个渔夫的描述，足可见二者的承传关系。读罢全书可知，泽林斯基对海因里希·伯尔有继承，也有发展：继承的是渔夫敢于并善于省略“奋斗过程”的“懒惰”精神，发展的是已经将其列入“成功学”的必读书之列。

有一点需要声明，“懒人哲学”所推崇的懒并不是主张人们四体不勤、五谷不分。细读懒人系列文章，你就会发现其独特的创意，以逆反式的“懒惰”作为切入点，来吸引读者的眼球。懒人哲学想要推崇的，与“勤奋哲学”追求的完全一致：一个懒惰的杰出者无非是懂得如何更聪明而不是更辛苦地工作，懂得用适度的勤奋获取最大化的成功。在今天这样忙乱纷扰的世界上，不妨试着做个非常成功的“懒人”，放慢脚步，减少无谓的精力浪费，摒弃低效，获得最大化的成功。

聪明的懒人形象大体是：

（1）更高的效率

我们所说的“懒人”，不是指那些无所事事、浑浑噩噩混日子的懒汉，而是指“有效率的懒惰”，指懂得用适度的勤奋获取最大成功的聪明人。他实际追求更高的效率。重复的勤奋，与创造性的懒惰，哪个效率更高，不言自明；有效率却短暂的思维时间，与无效率的却长时间的忙碌工作，哪个价值更大，也无须争论。

懒人成功的核心秘诀就是高效率的工作，在 4 个小时完成别人 14 个小时才能完成的务。天才与庸才的最大区别，就在于前者知道什么时候需要勤奋工作，什么时候可以放松忙碌是低效和缺乏成就感之人的最后避难所，身体机械移动的虚假忙碌，最终导致身心俱疲效率低下。

（2）更善于思考

空白，空间，闲暇，是思维的必要条件，很难想象终日忙碌会有时间去思考。与更高效率相联系，我们提出这样几条建议：首先，要少一些工作多一些思考，思考什么才是值得自己追求和适合自己的目标，思考某项措施对于自己来说究竟意味着什么，思考实现目标的最佳方案；其次，要选择性地把某些权力授予别人，从而调动有利因素；第三，要具备创造性思维的能力。一个人的思维越具有创造性，就越不用完全依靠努力工作来取得成功，创造性是懒人成功的基本要素，第四，要善于分配和利用时间，遵循“80/20 法则”（即一切工作的效率的前80%来源于工作者时间和精力的前20%），寻找最有效的工作方法。

(3) 更高的成功感觉度

何为成功？成功，是否一定要以牺牲自身生活的快乐与幸福为代价？其实，许多被公认的“成功人士”，他们个人生活得并不快乐，长时间辛苦工作，很少享受家庭生活，精神和身体两方面都遭受痛苦。所以，首先必须转换所谓的“成功”理念，跳出“成功”的误区。现在社会所定义的“成功”，均以“名望和财富”为标准，而这种成功往往需要人们在身心健康、家庭、社会生活以及个人自由方面付出远远高于你想要付出的代价。这样当你登上自以为成功的巅峰时回过头一看，别人轻易就能够享受到的那种丰富、轻松、快乐和富有创造活力的生活，自己却几乎一无所有。这究竟是成功还是失败呢？成功的定义应当因人而异，但总的来看，成功应该由所有能让奋斗者快乐的东西组成，这些东西可以包括有意义的工作、身体和精神上的健康、友谊、安全感、心灵平和以及大量的闲暇时间。

作为一个想成为职场成功人士的有志者，要实现成为一个组织的“元帅”和“将军”的梦想，你是不是也要考虑做个聪明的“懒人”呢？

第十二章
细品生活，人生才变得更鲜活

人不是赛场上的马，不能戴着眼罩拼命往前跑。生活如茶，细品才有滋味。倘若生活只有劳碌奔波，也就失去了它本来的价值和意义。学会放慢脚步，欣赏四周的风景，品味生活中的点滴乐趣，你会发现，自己的人生从此变得更鲜活，更可眷恋。

1. 匆忙的生活让人感觉乏味

现代人看起来实在太忙了，许多人在这忙碌的世界上过活，手脚不停，一刻不得空闲，生命一直往前赶；他们没有时间停一停，看一看，结果，使这原本丰富美丽的世界变得空无一物，只剩下一生的奔波、劳累。在这种情况下，很多人找不到生活的乐趣，至于古人所说的那些幽雅的情致，就更是离他们越来越远了。

赵先生是位生意人，赚了几千万元。他在事业上虽然十分成功，但却一直未学会如何享受生活。他是位讲究速度的生意人，并且把他职业上的紧张气氛从办公室里带回了家里。

赵先生刚刚下班回到家里踏入餐厅中。餐厅中的家具十分华丽，但他根本没去注意它们。他在餐桌前坐下来，但十分烦躁不安，于是他又站了起来，心不在焉地在房间里走来走去，差点被椅子绊倒。

赵先生的妻子这时候走了进来，在餐桌前坐下；他打声招呼，一面用手敲桌面，直到一名保姆把晚餐端上来为止。他握着的两只叉子就像两把铲子，不断把眼前的晚餐一一铲进嘴中，很快地把东西吞下。

吃完晚餐后，赵先生立刻起身走进起居室去。起居室装饰得十分美丽，有一张长而漂亮的沙发，华丽的真皮椅子，地板铺着高级地毯，墙上挂着名画。他把自己投进一张椅子中，几乎在同一时刻拿起一份报纸，他匆忙地翻了几页，急急瞄了一瞄大字标题，然后，把报纸丢到地上，拿起二根雪茄，引燃后吸了两口，便把它摁到烟灰缸去。

赵先生不知道自己该怎么做什么。他突然跳了起来，走到电视机前，打开电视机，等到影像出现时，又很不耐烦地把它关掉。他大步走到客厅的衣架前，抓起他的帽子和外衣，走到屋外，然后又回来了。然后，他叫保姆准备安眠药。

赵先生这样子已有好几年了。他没有经济上的问题，他的家是室内装潢师的梦想，他拥有两部汽车，事事都有保姆服侍他……但他却找不到生活的乐趣。不仅如此，他甚至忘掉了自己是谁。他为了争取成功与地位，已经付出他的全部时间，然而可悲的是，除了赚钱，他找不到生活的意义。

太匆忙就体味不到生活的滋味。脚步匆匆的人常常从紧张的生活中发出一声声叹息，他们却不曾发现仅仅离他们几步之遥就有着一个崭新的全然不同的世界。

人生犹如登山，有些人把期待的快乐都寄托在登顶的瞬间。登山的过程中，真可谓心无旁骛，一路向前，快速前行，别说欣赏沿途旖旎的风光，就是停下来喘口气儿，都觉得是在浪费时间。到达山顶时，没有能够享受到期待的快乐，却又看到了更高的山头，又开始了新的奔跑。最后终于明白，人生的道路上，根本就没有期待的山顶！快乐也不是永远都在奔跑的前方。

其实，无论是在繁华街道的一隅，还是在窄小胡同延伸的终点，或是在茂密树林虚掩着的林间小道的拐角处，总会有一两处悠闲的所在，它们静静地在那里等候，黄昏时以一两盏闪烁的灯光呼唤着人们前去小憩。当你在茶馆的角落中呼吸着那飘有龙井清香的空气时，当你在小桥流水旁的小亭上点燃一支香烟，一天的疲惫和满腹的烦闷即将随风飘去时，你的心中仿佛响起了一首牧歌，此时生活的美好将呈现在你的心灵深处。

2. 人生的旅途不要忽略了沿途的美景

很多人常常以为，幸福快乐就是在一张白纸上写下若干个大大小小的目标，他们往往会为了尽快到达前方的目的地，便不断地催促自己加快前进的脚步，强制自己在限定的时间里达成。因为他们从来都认定只有这样的生活才算得上合乎规律、积极进取。

事实上，人生就是一次长途的旅行，我们每个人每天都走在属于自己人生的道路上，无论你选择的是哪一种方式，都要记得不要忽略了沿途美丽的风景，让自己错过了许多享受人生的机会。

从前，有一个人和他的父亲一起耕作一小块地。一年几次，他们会把蔬菜装满那老旧的牛车，运到附近的城市卖。除姓氏相同，又在同一块田地上工作外，父子二人相似的地方并不多。老人家认为凡事不必着急，年轻人则个性急躁，野心勃勃。

一天清晨，他们套上了牛车，载满一车货，开始了漫长的旅程。儿子心想他们若走快些，日夜兼程，第二天清早便可到达市场，于是他用棍子不停催赶牛车，要牲口快些。

“放轻松点，儿子，”老人说，“这样你会活得久一些。”

“可是我们早点到达不是更好吗?”儿子反驳道。

父亲不回答，只把帽子拉下来遮住双眼，在座位上睡着了。年轻人甚为不悦，愈发催促牛车走快些。但牛却固执地不愿加快速度，他们走了四里路，来到一间小屋前面，父亲醒来，微笑着说：“这是你叔叔的家，我们进去打声招呼。”

“可是我们已经慢了一小时了啊。”着急的儿子说。

“那么再慢几分钟也没关系，我弟弟跟我住得这么近，却很少有机会见面。”父亲慢慢地回答。

儿子生气地等待着，直到两位老人慢慢地聊足了一小时，才再次启程，这次轮到老人驾驭牛车。走到一个岔路口，父亲把牛车赶到右边的路上。

“左边的路近些。”儿子说。

“我晓得，”老人回答，“但这边的路景色好多了。”

“你不在乎时间?”年轻人不耐烦地说。

“噢，我当然在乎，所以我喜欢看美丽的风景，尽情享受每一刻。”

蜿蜒的道路穿过美丽的牧草地、野花，经过一条发出淙淙声的河流——这一切年轻人都没有看到，他心里翻腾不已，心不在焉，焦急至极，他甚至没注意到当天的日落有多美。

黄昏时分，他们来到一个宽广、多彩的大花园，老人吸进芳香的气味，聆听小河的流水声，把牛车停下来，“我们在此过夜好了。”他叹一口气说。

“这是我最后一次跟你做伴，”儿子生气地说，“你对日落、闻花香比赚钱更有兴趣!”

“对了，这是你许久以来所说的最正确的话。”父亲微笑说。

几分钟后，他开始打鼾——儿子则瞪着天上的星星，长夜漫漫，儿子好久都睡不着。天不亮，儿子便摇醒父亲，他们马上动身大约走了一里，遇到另一位农夫——一位素未谋面的陌生人——力图把他的牛从沟里拉上来。

“我们去帮他一把。”老人低声说。

“你想失去更多的时间?”儿子勃然大怒。

“放轻松些，孩子，有一天你也可能掉进沟里。我们要帮助有所需要的人。不要忘记。”

儿子生气地扭头看着一边。

当牛车再次回到路上时，几乎已是早晨八点钟了，突然，天上闪出一道强光，接下来似乎是打雷的声音。群山后面的天空变成一片黑暗。

“看来城里在下大雨。”老人说。

“我们若是赶快些，现在大概已把货卖完了。”儿子大发牢骚。

“放轻松些……这样你会活得更久，你会更能享受人生。”仁慈的老人劝告道。

到了下午，他们才走到俯视城市的山上。站在那里，看了好长一段时间，二人不发一言。终于，年轻人把手搭在老人肩膀上说："爸，我明白你的意思了。"

他把牛车掉头，离开了那从前叫做广岛的地方。

不顾一切地赶往目的地，有时未必是一件好事。如果他们父子清早就到达那座城市，恐怕早被投下的原子弹化为灰烬了。

当然，生活中这么巧的事或许不多，但生命毕竟是为了体验，而不是为了证明；它是一个过程，而不是终点。我们为何不放慢自己的脚步，好好品味这一过程呢?

上帝交给保尔一个任务，让他牵着一只蜗牛去散步。可是蜗牛爬得实在是太慢了，无论保尔怎么吓唬、哄骗、责备，它都仍然慢悠悠地爬着。性急的保尔干脆抓起蜗牛，自己几步便走完了全程，回去向上帝交差。

上帝看了保尔一眼，让他回去重来，保尔只好重新带着蜗牛回去散步。这一次，他勉强耐住性子，让蜗牛慢慢地爬，自己则以一种近乎静止的速度跟在后面。过了一会儿，保尔突然闻到了花香，这时他才发现原来他们散步的地方是个花园。接着，他听见了鸟叫虫鸣，声音动听得像一曲轻音乐，微风拂过面颊，感觉十分舒适。后来，保尔还看见了美丽的夕阳，灿烂的晚霞，以及满天的星光!

保尔这才体会到，上帝不是让他牵着蜗牛散步，而是让蜗牛带着他散步。

终点未必就有期待的快乐。我们期待的快乐，其实就在看似微不足道的每一个步履里。

3. 慢慢地享受人生的乐趣

在欧洲阿尔卑斯山中，在一条风景很美的大道上，挂着一句标语，写着："慢慢走，请注意欣赏！"

现代人看起来太忙了，许多人在这忙碌的世界上生活，手脚不停，就好像在阿尔卑斯山上旅行，乘汽车匆匆忙忙地过去，没有时间回一回头，或者停一停步子，享受人生的乐趣，结果，生命从身边疾驶而过，原本丰富美丽的世界，在我们眼中空无所有，只剩下了匆忙和紧张，忙碌和忧愁。

有这样一个故事：

从前有个年轻的农夫，他要与情人约会。小伙子性急，来得太早，又不会等待。他无心观赏那明媚的阳光、迷人的春色和娇艳的花姿，却急躁不安，一头倒在大树下长吁短叹。

忽然他面前出现了一个老和尚，"我知道，你为什么闷闷不乐，"老和尚说，"拿着这纽扣，把它缝在衣服上。你要遇着不得不等待的时候，只消将这纽扣向右一转，你就能跳过时间，要多远有多远。"

这倒合小伙子的胃口。他握着纽扣，试着一转：啊，情人已出现在眼前，还朝他笑送秋波呢！真棒哎，他心里想，要是现在就举行婚礼，那就更棒了。他又转了一下：隆重的婚礼，丰盛的酒席，他和情人并肩而坐，周围管乐齐鸣，悠扬醉人。他抬起头，盯着妻子的眸子，又想：现在要只有我们俩该多好！他悄悄转了一下纽扣：立时夜阑人静……

他心中的愿望层出不穷：我们应有座房子。他转动着纽扣：夏天和房子一下子飞到他眼前，房子宽敞明亮，迎接主人。我们还缺几个孩子，他又迫不及待，使劲转了一下纽扣：日月如梭，顿时已儿女成群。他站在窗前，眺望葡萄园，真遗憾，它尚未果实累累。偷转纽扣，飞越时间。脑子里愿望不断，他又总急不可待，将纽扣一转再转。

生命就这样从他身边疾驶而过，还没来得及思索其后果，他已老态龙钟，衰卧病榻。至此，他再也没有要为之而转动纽扣的事了。回首往日，他不胜追悔自己的性急失算，他多么想将时间往回转一点啊！

他握着纽扣，浑身颤抖，试着向左一转，扣子猛地一动，他从梦中醒来，睁开眼，见自己还在那生机勃勃的树下等着可爱的情人，然而现在他一切的焦躁不安已烟消云散。他平心静气地看着蔚蓝的天空，听着悦耳的鸟语，逗着草丛里的甲虫，其乐无穷。

在生命的旅途中，走得太快，就会失去生活本来的意义。慢慢地探寻才能够真诚的享受到人生的乐趣。所以，我们应该学会在过程中享受，而不要迫不及待地企盼结果。

4. 专心过好现在，活出生命的真谛

现在人的生活方式可以用“疯狂”两个字来形容。无论是工作、教育孩子、参与社会活动等等，都让我们忙个不停。问题在于我们每个人一天只有二十四个小时，我们能做的事就只有有限的那么多。除了这些之外，现代更有许多推波助澜的工具，例如科技与更高层次的发明。电脑、高科技产品的发明使我们的世界“缩小”了，时间却不够用了。我们做任何事都比以前快多了，也使我们都变得没有耐性，任何事都要速成。有一些人，不过在快餐店中等了三分钟就大呼小叫，或是电脑开机的过程慢了一两秒就等不及了。当我们在等红绿灯或飞机晚点时急得团团转，完全忘了我们现今所搭乘的交通工具已经非常舒适又快捷了。

一味地赶个不停，会让自己无法在所做的每件事情中获得快乐与满足，因为我们的重心不在此刻，而是在下一刻，所以难免总是有点力不从心的感觉。

把重心放在此刻而不是将来，会带给我们生活丰富的感受，是平时急匆匆时所感受不到的。

其实，大部分人都在获得成功：找到了较好的工作、职位在上升、有一个幸福的家，这些都是生命中的好事。认为此刻还不是享受快乐的时候，要等成功了，挣了很多很多的钱，有了很高很高的地位，出了很大很大的名……这样以后，再尽情地享受快乐与幸福。后来，钱真的赚得更多，房子也换得更大，职位也连跳了好几级，可是，他们却并没有在这样的变化中感到快乐，而且并不满足。“唉！我应该再多赚一点！爬得更高一点，想办法过得更舒适！”

事实上，这往往正是使生活失去乐趣的重要原因。没有珍惜此时此刻，

就算得到再多，他们也不会觉得快乐，不仅现在不够，以后永远也不会嫌够。他们忘了真正的满足不是在“将来”，而是在此时此刻，那些想追求的美好事物，不必费心等到以后，现在便已拥有。

有这么一对夫妻，他们从结婚开始就为了以后的生活操心，当同龄人都生了孩子，安享天伦之乐时，他们却觉得不能要孩子，因为他们觉得让孩子出生在一个经济条件较差的家庭中，是对孩子的不负责任，于是他们拼命挣钱、攒钱，等有了房，有了车，再想要孩子时，却发现女方已经累出了一身的病，不但无法生育，而且从此她要和医院结下不解之缘，这就意味着他们不得不将先前拼命攒下的钱用来买她的健康，不仅过去是在为医院打工送钱，而且以后还要承受身体上的痛苦。

忽视“此时此刻”几乎可以说是我们生活中的一种通病，为了将来，我们不断地牺牲现在，这种态度不仅让快乐永远地从身边溜走了，而且当将来来临时，也成为了“此时此刻”，为了另一个将来，必定又要利用这个已经来临的“将来”。在我们心目中的幸福仅仅只是明天的事情，因而与我们无缘。

与其总是将快乐的希望寄托于将来，还不如专心地过好现在，活出生命的真谛。当晚上安然入眠时，那就是给今天最好的掌声和礼赞。不能拥有现在的话，就会连未来也都失去了。人的生命有时真的是非常脆弱，经不起一点点的意外，前一天我们或许还在享受荣华富贵，第二天就可能发生意外，一切皆空了；所以应该放慢脚步享受此时此刻的美好时光，过好每一天。

幸福和快乐，是一种积累，是由无数个此时此刻堆积而成的。正如《圣经》中所说，以色列民族在出埃及的最后征途中，天上降下的天饼，只可以当日吃尽，藏了一夜，到了明天，就要变坏而不能下口。幸福快乐的事物，也只有当日才能享有。

面对短暂的生命，并不一定等到生活完美无瑕，也无须等到一切都平稳，想做什么，现在就可以开始做。任何人也无法改变历史、掌握未来，能掌握的只有“现在”。那么，请不要忘记享受现在的惬意与舒心，因为生命只在一瞬间。

还在为下一刻而劳劳碌碌的人，请暂缓你们匆忙的脚步吧，手捧一杯清茶，坐看云卷云舒，你会发现快乐是一件再简单不过的事，毕竟我们活的是此时此刻！

5. 简单生活就能找到快乐

诗人爱默生说过：“没有一件事比伟大更为简单；事实上，简单就是快乐。”梭罗也说：“我们的生命不应虚掷于琐碎之事。而应该尽量简单，尽量快乐。”

在口头上，绝大多数人都希望自己的生活能够达到“简单并快乐着”的最佳状态，但是他们真能做到吗？毫无疑问，这是一个大大的问号。因为大家都会被生活赶得马不停蹄。他们被追逐物质财富——好房、名车、高收入、高开销等的欲望折磨得疲惫不堪。

一项统计显示，在美国社会中，一对夫妻一天当中只有 12 分钟时间进行交流和沟通；一周之内父母只有 40 分钟与子女相处；约有一半的人处于睡眠不足的状态。大家好像每天都在为一些大事疯狂地忙碌，然后疲惫不堪，没有时间顾及其他。大家都在劳动，都在创造。

但是，生活真的变好了吗？美国心理学家戴维·迈尔斯和埃德·迪纳已经证明，物质财富是一种很差的衡量快乐的标准。人们并没有随着社会财富的增加而变得更加快乐。在大多数国家，收入和快乐的相关性是可以忽略不计的；只有在最贫穷的国家里，收入才是适宜的标准。

我们常把拥有物质的多少、外表形象的好坏看得过于重要，用金钱、精力和时间换取一种有目共睹的优越生活，却没有察觉自己的内心在一天天枯萎。

事实上，只有真实的自我才能让人真正地容光焕发，当你只为快乐的自己而活，而不在乎外在的虚荣，快乐幸福感才会润泽你干枯的心灵，就如同雨露滋润干涸的土地。

快乐来源于“简单生活”。物质财富只是外在的荣光，真正的快乐来自于发现真实独特的自我，保持心灵的宁静。我们需求的越少，得到的快乐越多。

爱琳·詹姆丝是美国倡导简单生活的专家。作为一个投资人、一个作家和一个地产投资顾问，在这个领域努力奋斗了十几年后，有一天，她坐在自己的写字桌旁，呆呆地望着写满密密麻麻事宜的日程安排表。突然，她认识到自己对这张令人发疯的日程表再也无法忍受下去了。自己的生活已经变得太复杂了，用这么多乱七八糟的东西来塞满自己清醒的每一分钟简直就是一种疯狂愚蠢的尝试。就在这一刻，她做出了决定：她要开始简单的生活。

她开始着手列出一个清单，把需要从她的生活中删除的事情都列出来。然后，她采取了一系列“大胆的”行动。首先，她取消了所有预约电话。其次，她停止了预定的杂志，并把堆积在桌子上的所有没有读过的杂志都清除掉。她注销了一些信用卡，以减少每个月收到的账单函件。通过改变日常生活和工作习惯，使得她们的房间和草坪变得更加整洁。她的整个简化清单包括 80 多项内容。爱琳·詹姆丝说：

“我们的生活已经变得太复杂了。在我们这个世界的历史进程中，从来没有像我们今天这个时代拥有如此多的东西的现象。……我们总是担心如果我们不去做，就会失去什么东西。我最后总算明白过来，是的，也许我的确会失去什么东西，但是这没什么不好，我还好好地活着。还不仅仅是活着，而是活得更潇洒了，因为我再也用不着总是试图去做所有的事情。看看那些对人类的艺术领域、音乐领域、科学领域做出过卓越贡献的人。毕加索、莫扎特、爱因斯坦这些人都生活在极为简单的生活之中。他们全神贯注于自己的主要领域，挖掘内在的创造源泉，获得了丰富精彩的人生。”

简单，是平息外部无休无止的喧嚣，回归内在自我的唯一途径。也许你没有海滨前华丽的别墅，而只是租了一套干净漂亮的小院，这样你就能节省一大笔钱来做自己喜欢的事，比如旅行或者是买上早就梦想已久的摄影机。你也再用不着在上司面前唯唯诺诺，你自己就是自己的主人，提升并不是唯一能证明自己的方式，很多人从事半日制工作或者是自由职业，这样他们就有更多的时间由自己支配。而且如果你不是那么忙，能推去那些不必要的应酬，你将可以和家人、朋友交谈，分享一个美妙的晚上。

无论是中产阶级，还是收入微薄的退休工人，都可以生活得尽量悠闲、舒适，在过“简单生活”这一点上人人平等。

生命中最美好的事很多都是最简单的，虽然不见得都是免费的，但也大多数是免费的事。用不着怀疑，找到一种单纯的快乐能让你的生活更愉快、更平静。

其实静下心来想想，每个人都会找到一些单纯的快乐。例如，在灯下捧一本喜欢的书，一个人静听自己喜欢的音乐，到附近的公园走走，坐公交车给身旁的人让个座，这些简单的事都能带给我们快乐。我们享受的快乐越多，越能有达观的胸襟，活得越有滋有味！

从疯狂的忙碌中解脱，每个人至少能找到一两件单纯的快乐。无论是和老朋友聊天，或散步、兜风，甚至逛商店，对你都有非凡的意义，你的生活品质也会因此提高。

6. 旅游是一种快乐的生活

对忙碌的人来说，旅行可能真的是一种奢侈的享受，但是你花点时间去游山玩水是值得的，尤其当你的事业和心情陷入低谷时。

旅游可以开阔眼界，增长见识，促进身心健康。它是一个神奇的魔棒，能让不同阶层的人成为朋友，让亿万富翁和田间的农民侃侃而谈，让河里的一块卵石被捡到它的游客小心翼翼地收藏起来，享受当宠物的感觉。在旅途中，你没有了尊崇或是卑贱的身份，有的只是强健的身体和丰富的知识、睿智的大脑，你只是一名行者，一名愿意领略自然、接受自然、挑战自然的普通人罢了。但无论如何，你的快乐心情和所有人都是一样的。

旅游是一种行走的快乐，它让你告别了枯燥乏味的生活，在全新的环境，全新的状态中放松自己，感受快乐。随着闲暇时间在生活中占有的比例越来越大，人们都把外出旅行作为一项重要内容安排到生活计划中。旅游在家庭的娱乐生活中是一个“大项目”，而且又具有如此重大的意义，所以，要想保证旅游的高质量，高效率以及经济合理的消费，就应当制定一个切实可行的计划。

在制定旅游计划时，要重点关注以下事项：

（1）选择出行的时间

旅游季节以春秋为好。春天万物复苏，到处呈现一派生机勃勃的自然景象；秋天则是收获的季节，大自然的累累硕果，给人一种成熟满足的感觉，故有“金色的秋天”的美誉。对于出行的具体日子，应针对自己和家人的假期来安排。但公共假期旅行，人流量很大，如果自己的时间比较自由，不妨避开旅游高峰。

（2）明确此行目的

比如，要游览名胜古迹，可选择六大古都、历史名城；欣赏民族特色，可到少数民族聚居的风景区去旅行；领略大好河山的风光美景，符合条件的地方就更多了，真使人有些举棋不定的感觉。每次外出游览，不能可面面俱到，只能有侧重点，其余的景点可从长计议。

（3）根据时间决定路程的远近

时间短暂，就近观光，时间充足，则可以安排的景点多一些。

（4）费用预算

应考虑经济条件，有多少钱办多少事。旅游项目安排得较多，时间也充足，但物质准备不足就会使人感到扫兴。

（5）选择最佳路线

许多旅游景点和名胜古迹都交通便利，有多种交通工具和多条路线到达。这就需要选择最佳路线。可事先把可行方案排列出来，进行对比，然后从中确定路程最短、经过景点最多、花钱最省的路线。只求兼顾，不应两全其美。因为不可能有同时具备这几种“最佳”的方案，应根据自身的需要和实际情况来确定。有条件的话，不用参加旅游团，选择自由行，这样玩起来更畅快。

（6）携带必需的物品

外出携带的物品应以实用为原则，尽量不要负担过重，那样既造成旅途劳累，又容易丢失。要考虑沿途气候、温差、距离以及生活习惯来准备所带物品的种类和数量。一般来说，事先准备一个背包，内装换洗的衣服、鞋袜，以及地图、手电、水杯、水果刀、肥皂、牙刷等日用杂品。此外，还应准备一些预防晕车、晕船的药品和医治头痛感冒、消化不良的药品，有关证件如工作证、身份证、结婚证等等应携带齐全。即使费用较大的旅游也不应带过多的现金，既不方便，也容易丢失，可携带银行借记卡或信用卡等。

（7）理性购买纪念品

外出旅游，自然应该购买一些纪念品，这是必要的，但要注意以下几点：要买那些有明显纪念意义并便于携带、保管的物品，要到大商场或者有执照的个体零售点去购买，要买带有商品标签的物品。不少游客面对琳琅满目的商品兴趣大发，或经不住导游的煽动，这也买，那也买，使得旅游几乎变成了采购。这样，不仅会增加携带方面的困难，导致旅途劳累，而且还不经济。因为旅游点的商品价格往往高出一般市场价格一至两成，甚至更多。每到一地，先不要急于购物，要经过了解后再决定买些什么。旅游观光应以玩乐为主，购物应为顺便之举，去的地方多，开始时更应有所把握，以免因计划不周使以后的旅程出现被动局面。

（8）不要过度疲劳和兴奋

旅游虽是一项放松身心，使人精神愉快的活动，但是也可能因劳累等原因，引起一些健康问题。因此，旅途中要注意劳逸结合，量力而行，不要逞强好胜，使自己筋疲力尽。

（9）做好疾病预防

旅途中不注意饮食卫生，吃了不清洁的食物，会引起急性肠胃炎。其症状为：发冷、发烧、呕吐、腹泻，严重者则会脱水和电解质紊乱。得了急性肠胃炎应立即停止进食，饮些糖盐水。腹痛者注射一支阿托品，复方新诺明、黄连素片和止痛片均有疗效，也可用热水袋敷于腹部。如果病情严重出现脱水，应就近医治。

许多传染病都可通过接种疫苗得到预防。旅行出发前可接种相应的疫苗。此外，旅行的准备工作应包括一些预防传染病的药品，以备必要时用。比如，板蓝根冲剂、磺胺类药物，以防流感；抗病痛口服液金刚烷胺可预防流行性脑膜炎、红眼病、病毒性支气管炎、麻疹等病。出发前最好能对所去地点有针对性地了解一下有关传染病的情况，做到有效预防。在旅途中发现传染病患者后，应避免直接接触，尤其是对呼吸道传染病患者更应特别注意。

（10）防止受伤

旅游时，要注意防止扭伤，保护好皮肤，不要碰伤、擦伤。因为皮肤受伤后，很容易感染动物性传染病，比如狂犬病、布氏杆菌病、蜱清出血热、炭疽病、钩端螺旋体病等。这些传染病中以狂犬病危害最大，被狗咬伤后，应立即去医院采取相应措施。

（11）旅游后的休整

旅游回来，最好给自己留出一至两天的修整期，消除疲劳，恢复体力，这样再投入工作时才会精力充沛。

7. 不会欣赏就无法体味生活的快乐

生活犹如一座蕴含着丰富瑰宝的大山。不同的是，这座大山里的瑰宝，需要用一颗纯真的心去发掘，去感知。人，只有放慢脚步用心去品味生活，才会发现生活美的轨迹，才可能于生活的平淡处发现光彩，从细微处获得生活的真知，从生活的深层次蕴含中，获取可以补益人生的真、善、美。

一个人如果不会欣赏，就无法体味生活的快乐。一句闪光的格言，一件普通的事，一个平凡的角落，都需要你去欣赏，那样你才会发现生活的美。欣赏一滴露珠，你会发现整个世界都是透亮的；欣赏一轮明月，你会觉得身边的一切都是皎洁的；欣赏一株小草，你就得到满眼的绿；欣赏一朵小花，整个季节都变得灿烂。用欣赏的眼光去看待周围的人、事、物，你会发现一切变得那么美妙，就算是噪音也能变成音乐。

有一个虔诚的信徒，在湖边的木屋中禁食祈祷，外面几只呱呱大叫的牛蛙吵得很凶。他想办法充耳不闻，无奈都不得要领，只好推开窗户，大吼一声："闭嘴！没看到我正在祈祷吗?"

说也奇怪，他吼了一声后，牛蛙立刻就不叫了。然而，另一个意念却自他心底浮起："说不定，牛蛙的叫声跟我吟唱祷告的声音一样，也能讨上帝的喜悦。"

他决定顺服这个意念，探头伸出窗外，大声喝道："大伙继续唱啊！"牛蛙整齐的合唱立时弥漫四周。他再侧耳细听，竟然不嫌吵了。他发现：一旦去欣赏而不是存心抗拒，牛蛙的叫声还真能使寂静的夜晚增色不少。

的确，用欣赏的眼光看待周围的人和事，我们的世界将变得更加美好。欣赏大自然的美景，可以陶冶我们的情操；欣赏人世间的真情与美德，可以净化我们的心灵；欣赏自己，可以让我们以坚定的信念去面对生命中的风风雨雨；欣赏别人，可以让自己更完善。

一位大学毕业生去一家业内著名的广告公司求职，很顺利地通过了第一轮测试，成了十位入围者之一。第二轮的测试是，每位入围者按要求设计一件作品，然后依次当众展示，让另外九人评价（打分、写评语）。这位大学生在评价时，对其中三人的作品非常叹服，便怀着复杂的心情打了高分并且给予了高度评价。令他意外的是自己入选了。更意外的是，令他叹服的那三人只有一人入选。

这是为什么？后来，该公司总裁的一席话让他幡然醒悟。总裁说：入围的十人均是佼佼者，业务素质都较高。这固然是重要的方面，但公司更为关注的是，入围者在相互评价中能否欣赏别人。因为庸才看不见别人的才华情有可原，人才看不见人才就是狭隘了。落聘的几位虽然也是本专业的人才，遗憾的是他们缺乏彼此欣赏的眼光。这种人不会取得多大的进步和成就，也不会生活的很快乐。

的确，我们只有以欣赏的眼光看待别人，才能直面得失，取长补短，才能团结协作，共同进步；也只有以欣赏的眼光看待周围的一切，才会觉得世界是如此的美好，人生是如此的美满、幸福！

8. 停下匆匆的脚步，就能发现生活的乐趣

朋友很久没聚，见面经常要问；“最近怎么样?”

“嗯，怎么说呢? 一般。”

多让人提不起劲的词! 但就是这样一个词，却仍然在街头巷尾到处飞——天气一般；生活一般；爱得一般；工作一般。好像一切都一般。

事实上，几乎所有的人都在过着所谓一般的生活，每天都在重复着吃饭、穿衣、睡觉、工作、做家务。可能你也早已厌烦了这种一般的生活，为生活的平淡如水、日复一日而心生不快呢。

其实，每一天都是特殊的一天，看似一般的生活每天都有着它的不一般，只要你停下匆匆的脚步用心体会，就能发现生活的许多乐趣。

早晨从梦中醒来，看到明媚的阳光照进窗户，足足地伸个懒腰，自然心情舒畅!

坐在餐桌前，慢慢品味润滑的粥从口流到胃，想着还能如此悠闲地享受时光，自然身心舒坦!

上班坐公交，尽管很拥挤，但大家都能各自礼让，又能欣赏到小窗外一闪而过的风景，倒也心胸开阔!

到单位看到同事的笑脸和听到一声声亲切的问候，自然也是令人愉快的!

看着自己刚刚处理完的一堆堆公务，端一杯清茶消消乏，想想自己是如此的能干，怎不让人高兴!

辛苦了一天，回家躺在舒适的床上，不用担心生计，不用考虑失业，想想明天又将是个艳阳天，怎会不感到惬意呢!

看到花儿开放，听着鸟儿鸣叫，瞥见树木生长，在园中曲折的小道上散

步，自然是一件很令人享受的事！

一点点体会孩子的成长，瞧他可爱的模样，听他稚嫩的话语，怎能没有一股暖流在心间流动？

就算是百无聊赖地在路上踢石子，忆起童年的种种，胸中也会荡起层层涟漪。

今天天晴，太阳热烈地照着；或者天阴，毛毛雨诗一般多情地下着；也可能在郊外的途中突遇暴雨，没穿雨衣，那么索性把鞋袜也脱掉拎在手中，挽起裤腿，深一脚浅一脚走在泥路上，看黄黄的稀泥浆从脚趾缝里溢出，感受着大自然的亲切。这怎能不让你忆起童年的愉快？

午后你手搭凉篷走在烈日下，忽然发现那幢旧楼的墙缝里长出一棵小榆树苗，根须拼命向有墙土和积水的地方伸去，顽强而勇敢地向上长着。这难道不能让你体会到生命的顽强与美好？

在车间劳累一天的妻子回到家里，很快脱下油腻的工作服，换上线条明快的连衣裙，又罩上围裙，厨房里响起“劈里啪啦”的炒菜声。忙得不亦乐乎的妻子偷闲拿着锅铲跑出来，给蹲在地板上边刷那件女工作服边背着英语单词的丈夫一个吻。这怎么不能让你体会到夫妻间的互相扶持与体贴？

生活中到处都有小小的喜悦，只要你愿意，你每天都会发现一般生活的不一般。这许许多多点点滴滴都值得我们细细去品味，去咀嚼。

第十三章 管好时间，更好地享受生活

要应付这个快节奏的时代，并安稳悠闲地过自己想要的生活，必须合理地管理自己的时间。时间管理并不是为了做更多的事、更加忙碌，而是为了更有效地运用时间，让自己能够掌控步调，确保有足够的时间享受生活，使自己的人生既充实又舒畅。

1. 事有先后，用有缓急

古人云："事有先后，用有缓急。"办公做事也是如此，分清事情的轻重缓急，不但做起事来井井有条，完成后的效果也是不同凡响。次序处理好了，不但能够节约时间、提高效率，也能给自己减少许多麻烦。

工作中常会遇到千头万绪、问题繁多的情况，这时就需要我们把问题的轻重缓急分清，然后找到其中最迫切需要解决的问题，并集中力量解决它。

在一次上时间管理课时，教授在桌子上放了一个能装水的罐子。然后又从桌子下面拿出一些正好可以从罐口放进罐子里的鹅卵石。当教授把石块放完后问他的学生："你们说这罐子是不是满的?"

"是!"所有的学生异口同声地回答。

"真的吗?"教授笑着问。然后又从桌底下拿出一袋碎石子，把碎石子从罐口倒下去，摇一摇又加了一些，直至装不进了为止。他再问学生："你们说，这罐子现在是不是满的?"

这次他的学生不敢回答得太快。最后班上有位学生小声回答道："也许没满。"

"很好!"教授说完后，又从桌下拿出一袋沙子，慢慢地倒进罐子里。倒完后再问班上的学生："现在你们再告诉我，这个罐子是满的呢？还是没满?"

"没有满。"全班同学这下学乖了，大家很有信心地回答。

"好极了!"教授再一次称赞这些"孺子可教"的学生们。称赞完后，教授从桌底下拿出一大瓶水，把水倒在看起来已经被鹅卵石、小碎石、沙子填满了的罐子中。当这些事都做完之后，教授正色问他班上的同学："我们从上面这些事情中得到了哪些重要的启示?"

班上一阵沉默，一位自以为聪明的学生回答说：“无论我们的工作多忙、行程排得多满，如果要挤一下还是可以多做些事的。”

教授听到这样的回答点了点头，微笑着说：“答得不错，但并不是我要告诉你们的重要信息。”

说到这里教授故意停住，用眼睛扫了全班同学一遍后说：“我想告诉各位的最重要的信息是，如果你不先将大的‘鹅卵石’放进罐子里去，也许你以后永远都没有机会再把它们放进去了。”

工作中有长远目标、短期目标、即时目标。这些目标有时候会到处乱撞，照顾了这一点又忘记了那一点；无论怎样权衡利弊，始终不能尽善尽美。这时一定要善于发现并解决最迫切的问题。只有先解决这些问题，才能解决其他问题。

凡事都有轻重缓急，重要性最高的事情应该优先处理，不应将其和重要性最低的事情混为一谈。对于那些零零散散的事务，我们可以先把它们按照“急重轻缓”的顺序，整理好再着手处理。

怎样分清轻重缓急?

意大利经济学家柏瑞图提出了一个著名的“重要的少数与琐碎的多数”或20/80定律。即在日常工作中，一定有20%的事情足以决定你80%的成就，所以应该先辨别什么是最可能见成效的20%的事情。一旦辨别清楚了，用80%的时间做好这些最重要的事情，再用剩下的20%的时间做其他事情。这就叫好钢用在刀刃上。虽然每个人在每段人生情况不同，不必机械地套用这些百分比，但把这个定律的精神融会贯通、有意识地用到工作及生活当中，就可以帮助自己识别及做好至关重要的大事。

处理事务分清轻重缓急，并非任何时候只能做最重要的一件事而完全忽略所有其他的事，而是要分析哪些是属于当时最重要的一件或两件事并坚决把他们做好。其他的事也可以根据自己的需要、能力、及兴趣去做一些。但一定要设计出优先顺序，而且不宜经常和随便更改，这是时间管理的精髓，也是掌控自己步调的秘诀之一。

2. 集中精力把一件事做好

精力过于分散，哪怕最简单最熟悉的事情都做不好。这不仅导致做事没有成效，还会使人整天忙忙碌碌。如果能够专注地做一件事，不仅能把事情做得又快又好，还能让自己拥有更多的休闲时间。

人的精力是有限的，一心不得二用，人几乎不能同时做两件事。要保证高效率，必须在某段时间内专注于一件事，集中精力把一件事做好，然后再做别的事情。

可是我们每天都有那么多事务要处理，哪能专心致志呢？你可能觉得这样的要求让你很为难，甚至是强人所难。实际上只要你的头脑冷静下来，坚持一次只做一件事，你就会发现内在的控制力和能力。

现在，请你放下手头的工作，仔细想想，你是否有时会觉得你的头一在旋转而无法集中你的注意力，无法正确地思考问题，感到无法自控，困惑不安？你是否会对某些事感到害怕或很担心？如果你需要清晰的思路来帮助你取得你所期望的结果，你可选择使自己的头脑冷静下来，集中自己的注意力，每天都清晰地思考问题。

大多数人在做一件事时，大脑里都会想着另一件事，而不会完全地集中于此时此刻所发生的事上，头脑中每时每刻都拥有各种各样的意识流。此刻你的头脑里正在进行着什么样的意识呢？你把多少注意力集中于这本书上？你的思维是否已游离至别处？

如果导致这种结果的原因是精神上的压力和紧张，请立刻作出一个深思熟虑的选择。精神上的压力使你很难把你的注意力集中于手头的任务，无法清晰地思考，出色地工作、尤其是当你处于紧张状态中时。

此时，你必须清除头脑中分散注意力、产生压力的想法，使自己完全沉浸于此时此刻，以便专心于所必须做的事，做一些有质量的决定。这可以较大程度地提高自身的效率，尤其是在有压力的情况下。

如果你的思维不可控制地会转移到那些令人分散注意力或使人苦恼的事上（过去已发生，现在有可能会发生或将来会发生的事），那就说明你并没有把你的注意力集中于你手头上的工作，你的大脑在想一些其他的事。这些令人分散注意力、产生压力的想法（害怕、担心、消极的想法）会使你难以集中注意力，从而产生错位的观念，作出错误的决定，无法做好工作。

这儿有一些具体的行动能帮助大家变得冷静、沉着、泰然自若、乐观、高效和健康，尤其是在面临压力的情况下。

要时常清除大脑中产生压力的想法，制止分散注意力的交谈，并且使你重新得到对自身大脑的控制。一旦你感到集中精力有困难，不能清晰地思考时；或是墨守成规，困扰不安时；或是无法排除头脑中的忧虑或担心时，或是当你想从一项任务中得到解脱而进入另一项任务时；或是为专攻一件小事而做大量的无用功而且至今尚未完成最重要的部分时，你只要把注意力集中了手头上的事，就能放松自己，你的思维就会专心下来，清晰起来。

这样做的结果，会使你对自己，对其他所有的事感觉更舒服，在处理事情的时候更有效，心情更好。它能帮助你在每次做事时以一种集中注意力的方式来完成。于是你的效率就会更高。

如果你每天一开始就能使自己心情平静，注意力集中，并在整天内都能保持冷静、沉着、有自控力，那就更好。你会很高兴拥有身心的放松和清晰的头脑。这样你就能集中注意力，清晰地、富有创造力地思考问题，从而变得更有效率，更富有成果，也更健康。

3. 将打扰的时间缩短

关于时间管理，一个很棘手的问题就是我们总是难以避免别人成为你的时间主人。什么意思呢？就是说我们总是被打断，这种打断不是来自于事情，而是来自于他人。每个人都有这样的苦恼。

我们要关心别人，但这并不等于可以随随便便地卷入别人的工作和生活。每个人都有自己的计划，如果你的时间与别人的时间客串，帮别人做他自己可以做的事情，你的时间就会白白浪费。

可是生活和工作中的打扰无处不在，电话、来访、邮件等等，甚至有不少人对打扰提出了抱怨，关起门来并示意“请勿打扰”的牌子。可是即便是这样，还是无法避免。

那么究竟怎样做才是我们的可取之道呢？——我们的策略是将被打扰的时间缩短，将其负面影响减至最少。

下面我们以被电话打扰为例，简要说明一下如何缩短被打扰的时间。针对电话的打扰，我们可以采取下面几种措施：

（1）事先约定与准备

通过约定可以避免你在需要安静工作的时候被不断打扰、或是占线、或是接不到电话，更主要是避免电话中需要某些资料却无法提供，从而造成时间的浪费。

（2）保持简短而明确的开场白

平时我们在打电话为了联络感情，在开场白中经常会有一些寒暄，比如“你最近很忙啊，在哪里发财啊”、“您身体还好吧、吃饭还行吧？”等。在办公室场合就应该少有寒暄，尽量从工作角度出发，使用简短而明确的开场白。

假如你正在将电话打给某人，不妨开门见山：“你好，我是×××，我给你打电话是因为……”或“你好，我是×××，有这样一件事需要……”等等；如果是某人打电话给你，你可以说“接到你的电话真高兴，有什么事需要帮忙吗？”或“好久没有收到你的消息了，请问有什么事需要帮忙吗？”等等。

（3）控制通话时间、保持通话主题

在打电话的时候，要注意做好适当的记录，以免挂上电话后忘记某些信息，又不得不重新联系一次。所以，必须注意控制好打电话的时间并保持通话的主题。有许多人喜欢拿起电话就开始喋喋不休，而且经常是缺乏主题。在这种情况下，你不妨直言：“你现在需要我们解决的问题是什么呢？”、“你的重点是什么？”

虽然一次电话省下的时间可能只有两分钟，但按照你每天接10个电话来算，每个月你就可以省下10个小时，足够你带孩子去一趟动物园或游乐场了！

（4）过滤电话

你一定经常遇到一些不想接的电话，这个时候你就需要“过滤电话”了。首先解释你现在不能接电话的原因，如马上要出门了、要去开会了、正在与主管或其他同事商议工作等等，但是在拒绝的时候一定要注意有礼貌，并约定回电或是对方再次来电的时间，在保证自己时间的前提下，同时不要给对象留下不良印象。

但是在我们被公司里的其他人所打断时，应该如何处理呢？

（1）来自上司的打断

来自上司的打扰最难控制，尤其是当你正在全心全意地处理一项紧急而重要的事情时。不过，如果你也是一名上司，你还是应该首先想想，你是不是也会对下属这样呢？

以下是如何处理类似问题的一个实际例子和技巧：

有一位主管，每当他应召去见上司时，他手上总是带着一件仍待完成的工作：编写一份报告、检查报告草案、或者阅读必要的资料等，一来可以利用在一旁等待上司打电话或是其他事务处理的时间；二来可以提醒上司自己的工作也是很忙的，希望可以尽快结束对话或事情的安排；三来还可以让上司对他的工作态度留下深刻的印象。

（2）来自下属的打断

如果你是一个主管，不妨想想以下有关解决下属打扰你的各项问题：

你是不是尽可能地把集体例会列为每日或者每周工作的一部分？

你是不是每天都会保留一段固定的时间，供下属向你提出问题，同时在一旦发觉某些工作日程发生改变时，会告诉对方何时见面较合适？

你是不是曾经鼓励下属以便条或邮件方式提出问题，而不必亲自上门打扰你的工作？

你是不是立即向下属回话，使他们不至于认为他们必须经常打扰你，才能立刻获得回应？

（3）来自同事的打扰

在上司打扰的时候，你只能无奈地加以接受；而下属在打扰你的时候，你可以将他的打扰方式加以定型化。可是，要处理同事或同级人员的打扰，恐怕必须多花一点心思才行。以下是你应该牢记的一些要点：

双方应事先达成共识。你应该力求对他们的要求保持热心、同情以及随时愿意加以协助的态度，可是，你更应该让他们知道这么做往往会影响到你的工作。

不要随意打扰对方。你可以从容地、预先地与同事联系你的要求、时间等，只有如此，你才有可能获得相同的回报。

想想为什么你的中断情形无法受控：你不喜欢得罪他人？你喜欢参与每一件事？别人经常来询问你的意见，使你觉得自己很重要？你不善于结束他人的来访？你让别人习惯于经常咨询你的意见？你就是喜欢不断地和他人交谈？

如果你让这些现象一直持续下去，你最后终究会越来越忙，直至疲惫不堪。

练习一下，看看你接没接烫手的山芋：

你做没做他人的他自己能做的事情？

你做没做他人的你做不好的事情？

你做没做他人的不欢迎你做的事情？

你做没做他人的影响你重大目标实现的事情？

检查一下，如果你有类似行为，请马上放弃。

4. 保证效率和懒惰的统一

多年前，中学老师告诉我们“站着不如坐着，坐着不如躺着”，这不是因为人懒，而是“能量最低定律”在“作祟”。知道“能量最低的状态最稳定”后，我们“懒”得理直气壮。

你看，因为懒得走路，人们创造了汽车；因为懒得去拜访别人，人们发明了电话；因为懒得起身按键更换频道，人们制造了遥控器；因为懒得写字，所以有了复印机；因为懒得做饭，所以有了电饭煲、微波炉……每项发明似乎都成就了人类的“懒”，现代文明是聪明的懒人创造的。

所以，“懒”要懒得有智能。世界上有两种懒：一种懒，必须要聪明、勤奋才能获得，才能欣赏，才有意思；另一种懒，与勤奋无关，本身也无味。时间管理的高手，通常都是前者。

研究表明，如果人们在一天中经常得到能够缓解压力的休息，那么他们的工作效率将会高得多。事实上，他们通过休息来加快速度和改进自己的工作。同时，通过转移他们的注意力，他们从旧框框中解脱了出来，解放了他们的创造力。

重新控制思维的一种方法是停止工作，让大脑得到休息。一旦你感到大脑有点僵化，不能很好地思考问题或不能集中注意力时，停止你手中的工作，让大脑得到片刻休息。站起来，走一会儿，喝杯水，跟别人交谈几句，坐在一张舒适的椅子里，看一些有趣的读物，呼吸一些新鲜空气，或者躲到一个安静的地方，参加一项与你的工作是不相同的活动，让你的大脑完全沉浸在轻松有趣的活动之中。这么做能打断精神压力慢慢地积聚起来的危险过程，缓和大脑的紧张程度，恢复你的大脑能力。

如果你经常坐在办公桌旁，只要靠在椅背上，闭上眼睛，慢慢地做几下深呼吸，或找空当活动，在办公桌电话机旁有多种简单的健身运动可做，在午后做几分钟，既能缓解压力、放松肌肉、精神焕发、恢复体力，又会使你的头脑冷静、清醒、恢复活力，从而能做好下一项工作。

如何保证效率和懒惰的统一呢？方法很多，我们这节要告诉你的是每天保证给自己一小时的休息时间。

（1）早晨，强迫自己躺在床上消磨几分钟。“前不久，我发现一个窍门，它可以让我每天节省20～50分钟时间。”一个大忙人说，“就是等我彻底睡醒后再起床，如果不逗留一会儿起床，那你将得不到良好休息。”

（2）利用最有效的时间解决棘手的工作或者从事创造性思考。在低效率时间范围内，集中精力翻阅报纸、清洗衣物或者整理房间。配合精力状况合理分配工作，你能在有限的时间内事半功倍。

（3）把任务委托给其他人。有时候，任务是能完成的，但是你不喜欢做。你不愿意或许与你的个性或专长有关。如果你把任务委托给一个更适合做、更乐意做的人，你和他都成了赢家。

5. 要学会制定计划

时间管理专家认为，应该在一天中最有效的时间之前订一个计划，仅仅20分钟就能节省一个小时的工作时间。

牢记一些必须做的事情，不要让你的大脑承受过多的琐事，大脑轻松时，记下一些事情，能做出更多的有创造性的事。

但在很多人的心里都有这样一个误区，以为工作计划只是大领导们应该做的是，自己所做的一些不起眼，而又琐碎的事根本不值得去做一份计划。

不要以为自己的工作不重要就不去做计划，计划能让我们掌控时间的能力明显提高，虽然有时提高是微乎其微的，有时可能几天的计划都是一模一样，但是许多优秀的时间管理人士的成功经验告诉我们，认真地做一份计划不但会让我们的工作做得更好，还能使我们赢得更多的休闲时间。

（1）白纸黑字写下你的计划

上床以前写下第二天的工作，根本用不着考验你的记忆力。记下所有的工作后，你可以睡得安稳一些；否则的话，可能整晚你的脑子里都想着："别忘了！别忘了！别忘了！"

记下工作后，你的脑子才有时间去解决问题，而不只是记住问题。只要你能利用潜意识解决问题，你就会发现它的作用相当惊人。一旦你写了一些东西下来。脑子就会将这些东西转移至幕后，然后在"不知不觉"中开始解决问题。记下工作就表示你许下了承诺。如果一件事不值得记下来，大概也不值得做。

（2）计划表应简单明了

别依赖乱七八糟的纸片记录、桌上的即时贴，或是贴在冰箱上的字条。

这样会使你的大脑更加混乱。

不论形式如何，都必须能随时更新内容，并且要放在随手可及的地方；必要时可以利用额外的提醒媒介。

如果你将计划表与约会记录放在一起，最好能在你的办公室或电脑中存好一份备份，以防其中一份遗失或失窃。办公室的那一份应该每天更新，这虽然只是举手之劳，却很有帮助。

（三）定期检查计划表

拿破仑·希尔认为，一定要定期检查计划表。我们早上起床后的第一件事就应该查看计划表。如果你确定要做的事都列在计划表上，而且每天固定检查计划表，你就绝不会因为“忘记”而没有完成任务。

福布斯二世一直在他的书桌上放着一张记录重要事项的纸，这是他个人管理系统的中心。他说：“每当我觉得进退两难时，我就会看看这张纸，确定使我动弹不得的事是否真的值得让我为难。”通常福格斯的纸上大约有 20 件事，包括电话、信件，以及他必须口述的一小段专栏文章。他说：“如果你没有一个固定的记事本记录你想做的事，事情永远都无法完成。”

这也是在管理其他事情时，非常有用的技巧。每当你分配工作给别人时，你应该确定他们会将你所交代的事情记在计划表上。在之后的会议中，也要请他们带计划表来开会，并以此作为进度报告的根据。如此一来，你就可以确信你指派的工作不会被遗漏。

（4）在计划项目旁注意日期与时间

拿破仑·希尔认为，时间日记并不总是灵丹妙药，只有真正下决心完成计划表上的事，时间日记才能起到大的作用。而下定决心的最好办法就是制订完成计划表上每项工作的时间。

大多数人的工作日记只是用来记录会议和约会，但如果你只将访客和会议记录下来，一旦你的工作日记上没有任何记录时，似乎你一整天都有空接待访客。

重要的工作和访客、会议一样，都应该全部记录下来，只有在备忘录上将工作时间安排好后，才能真正完成这些工作。

（五）制作长期计划表

许多善用时间的人士都会规划长期计划表。在一次全国性业务员会议中，有记者问一位首席业务员，他最重要的销售策略是什么，他说："我的每月日程表"——他必须事先知道一个月后有哪些重要的客户需要拜访而预做准备，还有些人甚至会预估他们长期计划表上每一个计划需要花多少时间完成，然后再利用这些周计划、月计划，甚至年计划表来制作每日计划表。

6. 充分利用时间有方法

充分利用时间，实质上就是提高效率，同样的事情用更少的时间完成。这需要我们办每件事时都要考虑节约时间的问题。那么，应该如何充分利用时间呢？

（1）以较小的时间单位办事。这样有利于充分安排和利用每一点点时间，一时节约的时间和精力或许不多，但长期积累，可节约大量的时间。美国人办事常以小时、分钟为单位来计算，而我们办事常以一天、一周为单位来计算。可见，我们的时间观念远远比不上美国人，因而急需改进。

犹太人把时间视作金钱，常以1分钟得到多少钱的概念来工作。犹太老板请员工做事，工薪是以小时计算的。犹太人见客人，十分注意恪守时间，绝不拖延。客人来访，必须要预约时间，否则要吃闭门羹。犹太人对于突然来客是十分讨厌的，如果是做生意，可能会导玫失败。

（2）给自己限定时间。人的心理很微妙，一旦知道时间很充足，注意力就会下降，效率也会跟着降低；一旦知道必须在什么时间里完成某事，就会自觉努力，使得效率大大提高。人的潜力是很大的，多限制时间可大大提高办事效率。

（3）采用先进的工具和技术节约时间。这样一时节约的时间或许不多，但长期积累则很多。尽管使用先进的工具和技术可能要花不小的代价，但与长期积累所节约的时间相比，往往是值得的。

（4）通过合作节约时间。对于一件事，可分割成几个较小的部分，自己只做其中一部分，其他部分让别人去做。这样可为自己节约很多时间。与人协作时，最好找效率不低于自己的人作伙伴；对比自己更重要的人，要配合他的时间。

有些事情自己无法亲自去做，可请他人协助。个人的力量是有限的，要充分利用时间，就要尽量利用别人的力量，让别人的时间成为自己的时间。

（5）一心多用。常言道："一心不可二用。"那为什么还要主张一心多用呢？这是针对不同的事情而言的。比如，吃饭的时候既可以看新闻，还可以听音乐；看电视的时候还可以和朋友聊天；在刷牙、洗脸、刮胡予、穿着打扮时，可让自己放松放松。

（6）被干扰的时候做些简单的事情。不速之客来了，可边应酬边办事。对于无关紧要的会议，应想办法推掉，以免浪费时间。不得已参加这些会议时，可以简单思考一下某个办事计划。

（7）常做记录。随身带一本小册子，有好的想法就记下来。比如，随时记录改进工作、做好某事的好办法，学习的心得体会等。好的想法不记下来，很容易忘记，即使勉强能回忆起来，也很费时间和精力。一旦形成随时记录灵感和心得的习惯，你会发现自己的灵感和心得很多，对于能力的提高非常有益。

（8）批量处理。不要让你的工作日不时被那些缠在一起的小任务所打断。把相同的任务归为一组，并且一次将他们解决。例如，不要一一整天都去回复邮件，将他们打包，并且每天花一次时间（或两次）来处理所有的邮件。再比如，一次完成所有的文书工作，批量处理所有的电话等，这种对工作的分组可以节省很多时间。

（9）学会说不。在第一篇中我们也谈到过这个问题，这里就时间来看，如果你想要你的日程表更简，学会说不也相当关键。我们每天都会接到许多的请求，并且所有这些请求都需要占用我们的时间。如果我们对这些请求总是同意，我们就放弃了我们的时间，并选择为其他人做一些事情。但是如果这些请求并不符合我们的优先排序，那么我们通常就会心有余而力不足了。所以学会说不。拒绝的具体方法请参照第一篇的相关内容。

（10）让东西保持原位。让每一件东西都有自己的位置也可以节省时间。你的办公室或家里也许很整洁，但是你也许也可能不知道每一样东西应该放在哪。让东西有属于自己的位置，当你不使用它们的时候把他们放回原位，可能会花费几秒钟的时间，但却节省了事后清理、寻找的时间（想想看你有多少次丢失东西并花费长时间努力搜寻的经历?)，并且让事物更整洁有序。

（11）避免争论。无谓的争论，不仅影响心情和人际关系，而且还会浪费大量时间，到头来还往注解决不了什么问题。说得越多，做得越少，明智的人在别人喋喋不休或面红耳赤时常常已走出了很远的距离。

（12）学会搁置。不要固执于解决不了的问题，可以把问题记下来，让潜意识和时间去解决它们。这就有点像踢足球，左路打不开，就试试右路，总之，尽量不要“钻牛角尖”。

第十四章 放慢脚步，欲速则不达

生活中，总有些人太急于求成，太见花求果。其实，做事跟开车的道理一样，当你速度过快的时候，风险就会提高。许多事情不是靠快来完成的，有时甚至还可能是欲速而不达。在适当时候放慢脚步，看起来有点笨拙，但却可以让自己得到更多。

1. 欲速则不达

如今我们正处在一个讲效益、讲速度的时代，社会的发展和变化可以说是日新月异一日千里，现在要来说慢，是否有点不合时宜呢？

其实，快与慢是一对辨证因素，快与慢相辅相成，相比较而存在，没有慢就没有快，快也有所短，慢也有所长。

有时候，快就是慢，慢就是快！

有一位老司机，开了二十多年车，从来没有发生过交通事故。很多人都想知道老司机的开车秘诀，老司机只说了四个字："慢就是快。"

大家都挺失望。因为开慢车这条道理，大家耳熟能详，不就是速度慢点、小心点吗？这谁都知道。觉得老司机肯定还有什么独到的经验没有透露。

老司机说："既然朋友们这样认为，那我就给大家讲个我年轻时候的故事吧。"

他学会开车的时候，城里没有什么车。车子开到乡下，有时候更是半天也碰不上一辆车。他所在车队里的司机大都是年轻人，有一个司机是淳安人，也就是现在千岛湖景区一带的人。有一次，他和那个司机送货到淳安，那司机说自己熟悉路况，开在前面。他车子开得很快，老司机也跟得很紧。但意料不到的事情发生了，在一个拐弯处，他的车磕到了一块石头，车轮卡住了。就在此时，他听到"轰隆"一声巨响。他下车去看，只见拐弯处只剩下半幅路面，前面那辆车已经摔下了很深的悬崖。那个司机死得很惨，原因就在于他车子开得太快，没有发现拐弯处的路面发生了塌方，车子径直冲出了路面。如果老司机的车没有被石头卡住，他的车也会掉下去。

发生这件事后，他就再也不敢开快车了。

老司机说，安全驾驶其实没有什么秘诀，就是一个“慢”字。这个慢，不是亲人唠叨在你耳朵里的慢，而是根深为你本能的一种慢。问题是许多人都不知道“慢”，手握方向盘后，“慢”字在脑海中就不存在了。车子上了道路，总是越开越快，其实按照中国的道路条件，你开慢车还是玩命飙车，到达目的地不过相差几十分钟。但这样浅显的道理，许多人根本悟不到，也做不到。

当汽车以合理的速度行驶的时候，它会完全在我们的控制之中，是平稳和安全的。但是当速度提高以后，虽然看上去短时间内效率提高了，但是它出事故的几率也会随之提高。

又比如经营，当企业的业务发展速度过快的时候，管理如果跟不上，就可能会出现管理失控，企业就会出问题。

所以从长时期来看，高速度往往不一定能带来高效率，结果很可能是“欲速则不达”。实践证明，真正的高效率是长期保持一种稳定的合理速度和节奏。

节奏是音乐的灵魂，没有节奏的音乐是一堆杂乱的音符；节奏是诗的灵魂，没有节奏的诗是一洼肮脏的积水。做事情能够处理好速度与安全的关系，才能避免失败。

2. 不要凡事都要展露锋芒

很多人在职场中往往都急于显露一下自己的才能和实力，盼望尽快得到上级的认可和刮目相看。因而表现得锋芒毕露，凡事都要抢个“先手”。但是，过早地表露自己想爬上去的“野心”，可能会形成某些潜在的被动。

（1）无形中将自己放在一个较高的起点和定位上

由于你处处显露自己的才干和见识，人们就会产生一种心理定势，认为你总能比别人强。一旦你有遗漏和失误，别人轻则说你还欠火候，重则落井下石，幸灾乐祸地说这是自高自大的最好报应。

（2）会过早地遭到淘汰

升迁之争存在的一个普遍规律便是淘汰制，通过不断地淘汰来实现金字塔式的职位升迁。过早地进入这个程序，就意味着有可能过早地遭到淘汰。况且有时的淘汰有可能是一种机遇和运气，有时会是人际关系失衡后一种权宜的矫正，或者，更甚至是一种不公平不光彩的人为私欲的暗箱操作和利益交换。过早地卷入，可能会成为无辜的牺牲品。

中国有句俗话：“枪打出头鸟”，说的也就是这个道理。因为，在这种情况下，人们往往总是希望自己的对立面越少越好，自己的竞争对手越少越好。所以，谁要是先出头，会首先遭到攻击，这是无疑的。职场上的竞争过程，多是淘汰制，而这种淘汰又往往是以某种不太公平的方式进行的，它不像在体育比赛中那样有一定的分组。而且，即使有一定的名额分配，那也还有一个机遇的问题。如果能够越晚点进行这个程序，往往成功的可能性也就越大。

（3）根基不稳，虽长势很旺，但经不住风撼霜摧

倘若你没有厚积薄发的底牌，却一股脑儿地将十八般武艺悉数亮将出来，

便是应了中国那句忌语：“好话不可说尽、力气不可用尽、才华不可露尽。”一旦成强弩之末，连鲁缟都穿不过，那肯定会被嗤之以鼻，逐出场外。到那时岂不心血白费、努力落空？因而最终的成功者，往往是“后发”之人。

A 和 B 两位小姐同时到一个公司上班，刚开始，A 做事很积极，任何事情都抢着干，什么事都力求表现自己。而 B 正好相反，她做事不太积极，只做好别人交代和要求的事情，从不抢出头。两个月后，上司对她们做了一次调查和评估。结果出来后，A 很是惊奇，因为同事对 B 的评价都很好，认为她是一个诚实可靠、值得信赖的人。而对于 A，大家则认为她有一定的才能，但是性格浮躁，不太值得信赖。但从这以后，B 却慢慢地开始表现自己了，她会适当地改变一下计划的细节，让工作的效率有所提升，同事聚会上，她也表现得很活跃。而此时的 A，因为受到先前的打击，而变得情绪低落，工作上也不再积极表现自我了。同事们自然会感觉 A 在退步，而 B 则在进步，很有发展前途。

两个资历、水平很相似的人，因为步子快慢的差异，而有了不同的遭遇。B 就是个很懂得“放慢脚步”的人。她的成功也说明了放慢脚步有时也是后发制人的一种策略。

后发制人的放慢脚步，优势在于没有给人们一开始就形成起点高的心理定势，而后每有进步与发展，都让人历历在目，反觉得此人有发展潜力。人们并没有过早地把他作为升迁竞争的对手，即使他后来进入角逐，人们也会宽容地认为他是勤能补拙、笨鸟归林，而不会早早地怀有先声夺人、你撕我扯的嫉恨。

因此，我们要适当放慢脚步，不要过分冲动地把自己想获升迁的急切心情溢于言表，也不要过早地卷入这种竞争之中，否则将给自己的发展带来不利。

3. 心急吃不了热豆腐

现实生活中，一些人总是太过于急躁，人一急躁则必然心浮，心浮就无法深入到事物的内部中去仔细研究和探讨事物发展的规律，无法认清事情的本质。心浮气躁，办事不稳，差错自然会多。

心急吃不了热豆腐。过于急躁，往往是欲速而不达，最后把事情弄得一团糟。

小丽是一个公司的业务员，最近十分苦恼，因为总是得罪人。而得罪人的原因是她做事过于心急，稍微有些不合意就急躁起来，弄得她现在独来独往，心里很不是滋味。

小丽业绩不错，有时同事们向他学习销售技巧，她倒也不隐瞒，把自己的心得体会与同事们分享，但如果给人讲一两遍对方还不明白，她就烦了："怎么还不明白呢？不就是这样，这样吗？"结果惹得同事很不好受，再也不问她了。她也挺后悔，知道自己不该这样，但一着急就控制不住了。

她做事也如此。骑车有时急匆匆的，下车就走，好几次都忘了上锁，已经丢了两辆车。跟同事讨论问题出不了结果，又发怒了："算了，我不跟你吵，急死人了！"跟朋友一起出门，如果朋友有点事耽误了，她就不耐烦等："快点，这么磨蹭，麻烦死了。"就这样，朋友们一个个都离她而去，尽管她很热心，但谁也不愿请她帮忙。

做人做事绝不能着急、由着自己的性子来。但有些人却不明白，一遇到事情，就恨不得立即弄个水落石出，一针扎出血来。其实这不仅办不成事，还会把事情弄得一团糟。智者在做事时，一般是善于观察、巧于布阵、精于摸底，然后在时机成熟时，才收网，把想抓的鱼拉上来。《孙子兵法》中讲求稳之计，即在此道。

生活中我们都有这样的体会，人如果一着急，就会手忙脚乱，眼花缭乱，明明在眼皮底下的东西都会看不见。比如，急着出门时，手中拿着钥匙，却到处找钥匙；急着给人写纸条，笔就拿在手上，却睁大眼睛到处找笔；有时候要急着去赴约，却到处找不到心爱的领带。也有的时候，要找的东西翻箱倒柜找遍了都没找到，过了几天却在最显现的地方发现了。这都是由急切慌乱而造成的。心急吃不了热豆腐，急切慌乱不但解决不了问题，还会拖延时间，于事无补。

急躁的人往往都会心神不宁，面对急剧变化的社会，不知所措，心头无底，慌得很。因此一种急功近利的想法就会在心里产生。由于焦躁不安，心神不宁，情绪取代理智，使得行动具有盲目性，行动之前缺乏思考，只要能达到目的，违法乱纪的事情都会去做。这种心理也是导致违纪犯罪事件增多的一个原因。轻浮、急躁，对什么事都深入不下去，只知其一，不究其二，往往会给工作、事业带来损失。

《论语·子路》曰："无欲速，无见小利。欲速则不达，见小利则大事不成。"所以，我们做事情一定不可急躁，要按照事物原有的规律去做，这样才能取得理想的效果。

4. 踏实走好每一步

大的收获不是一天造成的，人生宏大的目标应该以积累小目标为基础。一个人真正的成熟是要学会等待的。如果没有耐心不努力，就不会有收获。

从前有一人，患了严重的病。医术高明的医生诊视后说："你必须经常吃野鸡肉，才可以把病治好。"可是这个病人买了一只野鸡，吃完以后，就不再吃了。后来，医生见他便问他说："你的病好了没有？"病人回答说："您先前叫我吃野鸡肉，我已照办吃了一只，可吃完以后，还没什么效果，就不愿再吃了。"医生又对他说："为什么不再吃呢？你现在只吃了一只野鸡，怎么能指望把病治好呢？"

这个病人妄想吃一只野鸡就把病医好实在是太过急躁了，他自己没有耐心服药，却埋怨医生医术不高，实在荒唐。事物的变化发展都需要一个循序渐进的过程，不可能一蹴而就，心浮气躁不听人言，永远难以成事。懂得等待的人具有深沉的耐力，行事不会仓促。这样的人往往会受到命运的垂青。

一位著名的推销大师，应人们的邀请去作一场演说。

会场上座无虚席，人们在热切地、焦急地等待着推销大师出场。大幕徐徐拉开，舞台的正中央吊着一个巨大的铁球。这位推销大师在热烈的掌声中，走了出来，站在铁球的一边。

人们好奇地望着他，不知道他要干什么。两位工作人员抬着一个大铁锤，放在他面前。推销大师邀请了两位身体强壮的年轻听众来到台上，要他们用大铁锤去敲那个吊着的铁球，直到把它荡起来。

年轻人抡起大锤奋力向那吊着的大铁球砸去，一声震耳的响声后，吊球动也没动。他用大铁锤接二连三地砸向大铁球，很快他就气喘吁吁，可是大铁球还没有动。

会场变得寂静无声，这时候，推销大师从上衣口袋里掏出一个小锤，然后开始认真地面对着那个巨大的铁球敲打。他用小锤对着铁球敲了一下，然后停顿一下，然后再敲一下。

人们奇怪地看着他单调地敲击着铁球，知道他一定还有下文。

他就那样持续地敲着铁球。

10 分钟过去了，20 分钟过去了，半小时过去了，人们终于沉不住气了，会场开始骚动，人们用各种声音和动作发泄着自己的不满。推销大师仍然一小锤一停地敲着，仿佛根本没有看见人们的反应。

又是 10 分钟过后，坐在前排的人突然叫道："球动了！"

霎时间，会场又变得鸦雀无声，人们聚精会神地看着那个铁球。那个球以很小的幅度摆动了起来，不仔细看很难察觉。大师仍旧一小锤一小锤地敲着，人们默默地听着那小锤敲打吊球的声响。

吊球在大师一小锤一小锤地敲打中越荡越高，它拉动着那个铁架子"哐哐"作响，它的巨大威力强烈地震撼着在场的每一个人。身体强壮的年轻人用大锤也没有打动的铁球，在大师小锤的敲打中却剧烈地摆荡起来。终于，场上爆发出一阵阵热烈的掌声。

推销大师终于开口讲话了，他只说了一句话："在人生的道路上，有时候，慢就是快，如果你没有耐心等待成功的到来，那么你只好用一生的时间去面对失败。"

踏实走好每一步才是前进之道。因为心浮气躁，急于求成的人是没有前途的，他们有的只是时时失败、处处碰壁。险峰之巅的美妙风景永远属于脚踏实地、一步一个脚印追寻自己梦想的人。

5. 不要处处都争第一

你也许觉得奇怪，不要争第一，这不是叫我们失去进取之心吗？在竞争如此激烈的现代社会，应该人人去争第一才是呀！

不错！但问题是第一只有一个，而且争第一时还得看争的代价，争得不好，恐怕连第二都做不了。

俗语云：树大招风，枪打出头鸟。当天塌下来的时候，总是先砸高个子。当老大固然风光，但也容易成为众矢之的。在我们日常生活中也常常会遇到这样的情况。许多因为有特殊才能或特别贡献而“为天下先”的人，往往容易成为受打击的对象。正所谓“木秀于林，风必摧之。”所以，那些凡事爱表现，争出头的人，便往往会受到人们的攻击、嘲讽、指责。更有甚者，由于嫉妒心作祟还可能施计陷害，让你生活在一种无形的压力之下，时时处处都有障碍，让你做人做不好，做事做不成。

而且，总争第一者，为了维护“第一”这个名，不得不比别人付出更多。这种疲于奔命的滋味并不好受。

长跑中有一个非常重要的技术就是“跟跑”。所谓的“跟跑”就是紧随在“领跑者”的身后，这样做的好处是利用“领跑者”所产生的空气涡流真空，减少空气阻力，待冲刺时有更充分的体力去赢得最终的胜利。

有一位工商界的老板，他从事电脑业。这位老板给自己的企业定位就另有一论——采取“第二战略”。因为他认为，当“第一”会成为众人的“眼中钉”，都想超过你，甚至弄垮你！一不小心，不但第一当不成，甚至连想当第二都不可能了。

俗话说：“当官要当副的，吃饭要吃素的，穿鞋要穿布的。”当第二实在比当第一要占便宜得多。大到军国大事，比如，男人造反，打第一枪的明明是陈胜、李密、韩林儿，做天子的却成了刘邦、李渊、朱元璋；小到老百姓居家过日子，比如，干活最多的是长子长女，轮到好吃好喝的却是老二优先。

东汉末年，当别人推举曹操当皇帝时，他曾经说过一句名言：我不当皇帝，我当周公！在法国，当别人推选洛克菲勒当总统时，他也说了一句名言，我不当总统，总统听我的。这种以退为进的思维，几乎成了几千年来政治构架的基本模式：心里想着前台，身子却在后台。

“一流人才指挥，二流人才表演。”那些只看到风光而看不见风险，一心只想当第一，称王称霸的，不管是个人还是国家，确实没有几个有好下场的。

在社会中，天外有天，高人处处都是，要想处处都争第一，这样无形中会给自己太大的压力，容易导致心理失衡，生活也失去乐趣，这样争得第一的人生又有何意义呢？

6. 不争往往是最高境界

几千年前，中国的大智者老子说："夫唯不争，故天下莫能与之争。"这句话的意思是，正因为不与人相争，所以遍天下没人能与他相争。有的人并不急着往前冲，却能以一幅谦让忠厚的面目出现，又让人不能不把好处给他，而他实际得到的远比那些争先恐后的人要多得多。

三国时的曹操，很注重接班人的选择。长子曹丕虽为太子，但次子曹植更有才华，文名满天下，很受曹操器重，于是曹操产生了换太子的念头。

曹丕得知消息后十分恐慌，忙向他的贴身大臣贾诩讨教。贾诩一方面做曹操的工作，一方面对曹丕面授机宜。贾诩对曹丕说："愿您有德性和度量，像个寒士一样做事，兢兢业业不要违背做儿子的理数，这样就可以了。"曹丕深以为然。

一次曹操亲征，曹植又在高声朗诵自己作的歌功颂德的文章来讨父亲欢心，并显示自己的才能。而曹丕却伏地而泣，跪拜不起，一句话也说不出。曹操问他什么原因，曹丕便哽咽着说："父王年事已高，还要挂帅亲征，作为儿子心里又担忧又难过，所以说不出话来。"

一言既出，满朝肃然，都为太子如此仁孝而感动。相反，大家倒觉得曹植只晓得为自己扬名，未免华而不实，有悖人子孝道，作为一国之君恐怕难以胜任。毕竟写文章不能代替道德和治国才能吧。曹操死后，曹丕顺理成章地登上了魏国皇帝的宝座。

其实刚开始时，曹丕是极不甘心自己的太子之位被弟弟夺走的，他想拼死一争，却又明知自己的才华远在曹植之下，胜数极微，一时竟束手无策。但他毕竟是个聪明人，经贾诩的点化，脑瓜顿时开窍：争是不争，不争是争。与其争不赢，不如不争，我只需老老实实恪守太子的本分，让对方一个人尽情去表演吧，公道自在人心！最后，这场兄弟夺嫡之争，以不争者胜而告终。

无独有偶，清朝康熙晚年的胤禛也是这样得到接班人的位子的。

康熙晚年，最令他头疼的就是皇储的问题。康熙生前，最嫉恨皇子结党，胤礽的太子集团不可一世，索额图成为太子党的头号人物，经常背着康熙议论国政，密谋朝中大事，使康熙感到自己的安全也成了问题，于是，先杀了索额图，跟着就把胤礽的太子位给废了。

太子被废之后，野心勃勃的皇子们，就看到了一线希望，他们广结党羽，觊觎储君之位。很快，围绕着八皇子形成的夺镝集团，很快就形成了，他们内外经营，目标紧盯着太子位。康熙看到储位之争越来越激烈，皇太子胤礽集团和八皇子集团之间的斗争，进入了白热化状态。在形式的逼迫之下，康熙决定复立胤礽为皇太子。梅开二度的胤礽，仍然不思改悔，照样猖狂结党，让康熙对他彻底绝望了，康熙五十一年，胤礽再度被废。

皇四子胤禛安常守份，处变不惊，他巧妙地把自己置身在胤礽集团和八皇子集团之外，表面上虔诚于佛法，实际上以不争的方式想达到争的目的。雍正对康熙忠孝虔敬，在兄弟之间，持守中和，不结党，不积怨，面对激烈的党争，一副事不关己的样子，就算自己的亲弟弟，他也把关系把握的不远不近。直到皇太子党和皇八子党鱼死网破了，他仍然“安安静静”的。胤禛知道，皇父最嫉恨的就是皇子们结党，要想博得皇父的信重，必须诚孝，所以，在大家你死我活的时候，他把主要经历，集中在对康熙的孝敬上了，康熙交代给他的事情，勤谨置办，从无疏漏，把人子之道表现得淋漓尽致。

事到最后，无论是胤礽集团，还是允禩集团，俱都毁灭，下场十分可悲，而皇四子胤禛在党争之外，独善其身，最终得到了康熙的信任，坐收了渔人之利。康熙在临死前宣布遗诏：“皇四子胤禛，人品贵重，深肖朕躬，必能克承大统，著继朕登基，即皇帝位”。

追求成功的过程就像一场马拉松，会有很多的意外发生。一开始跑在最前面的人，往往无法最先跑到终点。在一干人等争得不可开交之时，怎么做才是夺取目标的最佳办法？有时候，即使你的实力再强大，在众人环伺之中也必碰个头破血流。而以不争之法反倒更有可能让你后来居上。在这里，不争不是不想争，而是以退为进，减少对立面，更好地去争，从而使自己占得一席之地。

7. 以蓄待机、以止为行

《吕氏春秋》说：“圣人之行事，似缓而急，似迟而速，以待时。”意思是说，圣人在时机不成熟时，要等待时机。从外表上看，这似乎是缓慢和迟延的，而实际上是最快的。因为，时机未到，随意妄行，势必吃亏，大大延缓事业的进程。

在积蓄中等待时机，暂时停止是为了更好地行动，这是一种重要的智慧。但能够真正有意识有策略又能滴水不漏地做到这一点，还真不容易。

以历史为例，中华文化，汉唐为盛。唐代贞观之后至于开元，小蓄之聚，休养生息，终致小康生活，如杜甫《忆昔》诗所描绘：“忆昔开元全盛日，小邑犹藏万家室。稻米流脂粟米白，公私仓廪俱丰实。九州道路无豺虎，远行不劳吉日出。齐纨鲁缟车班班，男耕女桑不相失。”古代农民的理想终于化为现实，所以无不欢欣鼓舞。但此时的唐玄宗高高在上，不知蓄止，只要国库里有多余的几粒粮、几匹布，就狂妄起来，超越时段，想要大干一场，于是穷兵黩武，四处拓边，不听边帅王忠嗣谏诤，肆意践踏和平边界，派哥舒翰统帅大军“两屠石堡取紫袍”，西征吐蕃，南侵南诏，血流成河，民怨沸腾。朝政上则宠信李林甫、杨国忠等奸佞群小，还自以为大兴文治武功。唐玄宗穷奢极欲，耗尽国库，民不聊生，小康生活终于又是昙花一现，转眼即逝。这无疑是一种不明智行为。结果很快就“渔阳鼙鼓动起来”。安史之乱以后，盛唐气象荡然无存，李唐王朝从此一蹶不振，怎能大有作为？前车之鉴，可以为戒。

而懂得以蓄待机、以止为行之义，则历史另是一翻景象。据《宋史、赵普传》载：雍熙三年（986）春天，赵匡胤派大军征讨幽蓟，很长时间没有获胜回师，赵普上手疏谏阻皇上说：“我看今年春天出师征讨，将要收复关外，多次听见克敌的捷报，深感痛快。但是时间消逝，转眼又到炎夏季节，军事一天天繁忙，战争没有停息，军队疲劳而耗费钱财，实在无益。”

“臣还有万全之策，愿献给皇上。希望陛下精心调制膳食，保养身体，提携那些贫民，使他们转为富庶。将来会看到边烽无事，大门不关，天下都归于仁德，不同风俗的地区，相继向慕归化，归顺朝廷，契丹又能单独怎么样呢？陛下不为这样考虑，而相信奸邪谄媚之徒，以为契丹皇帝年少而国事繁多，所以诉诸武力，恰好迎合陛下的意思。陛下以祸为乐，求功心切，以为万全之策，臣认为万万不可。希望陛下审察虚实，追究妄谬，惩治奸臣误国之罪，停止伐燕军队的行动，不仅可以从困难中振兴国家，而且可因纳谏而成为圣人。古人曾经说过尸谏的事，老臣没有死掉，哪能为了安身保位而当面阿谀不进谏呢？”

皇帝赐给他手书的诏令说：

“朕原来部署军队选择将领，只令曹彬、米信等人驻守雄、霸二地，贮积粮食带着兵器来声张军威。等一两个月山后平安后，潘美、田重进等人合兵进讨，直到幽州，然后控制险要之地，恢复原来的疆土，这是朕的志向。无奈将领们不遵照原来的谋划算计，各持己见，率领十万军队出塞远征，迅速攻取契丹的郡县，又返师来领辎重，往复弊劳，被辽人袭击，这个责任在于主将。”

“况且朕继承百王的事业，刚刚使天下稍稍太平，考虑人民苦于边患，将以救民于水火，并非想黩武穷兵，卿应当是知道的。疆场上的事，已经作好部署，卿不必为此忧虑。卿是国家的元勋大臣，忠言苦口，三次上奏，忠心实在可嘉。”

宋初消弭五代十国的战乱创伤，并且创造出一个相对欣荣的太平盛世景象，无疑与其君正知晓“以蓄待机、以止为行”的大义有关。

另外，在一点一点地积蓄力量的时候，虽然做了许多准备，但如果还处在不顺利的境地，条件还不成熟，力量还不够强大，就不能轻举妄动。

这一点，西伯的儿子武王就做得很好。西伯死后，他的儿子姬发继承王位，以姜太公为军师，又有周公旦辅佐。武王承继父业，积蓄力量，九年以后才向东发展，并在盟津与八百诸侯相会。诸侯们都建议讨伐商纣王，但武王认为条件还不成熟，又领兵回去了。又过了两年，纣王更加残暴昏庸，其内部众叛亲离，且用兵于东部，武王才通知众诸侯同去讨伐纣王。最终一举成功。

第十五章 放松心情，利于健康

长期处在快节奏中的人，必须懂得适时放慢和停下脚步，让疲惫的身心得到应有的休息和复原。这不是浪费生命，而是重整生命的行囊，以便让自己走得更远。只有掌握了工作与休息之间的平衡，才能拥有健康的身心、宝贵的智能和快乐的生活。健康是生命的源泉。它会使你的生命大放异彩。一个生活丰富的人往往懂得健康之道，把维护健康看作是生命的崇高责任。

1. 失去健康就是失去一切

大千世界，芸芸众生，来也匆匆，去也匆匆，所求者何？财富、地位、名誉、权力、家庭、成就……都是十分诱人的，我们每个人都有理由和权力去追求，去享受，谁也不能剥夺我们的这种追求美好生活的权利。可是，在你为这些令人炫目的目标而不知疲倦、不分白天黑夜的奋斗时，是否想到还有一种东西虽然常常引不起我们注意但却比这些更珍贵、更值得去毕生追求的呢？有些人也许有时想得到，但却随即又置于脑后了；有些整天忙忙碌碌的人也许压根儿就想不起，以致本末倒置，最后遗恨终生……这种东西是什么呢？就是健康。

健康虽然不是一切，但却高于一切，失去健康就是失去一切。

健康是生命的源泉。它会使你的生命大放异彩。失去了健康，会生趣索然，效率锐减。能够有健全的体魄与饱满的精神，在这两者之间，又保持完美的平衡，这是一种天大的福分。健康的生命充满活力，而疾病与死亡却会使人生陷入可怕的阴霾。一个生活丰富的人往往懂得健康之道，把维护健康看作是生命的崇高责任。

健康是事业发展的本钱。很多胸怀大志者，为了事业成功而活着，努力追求事业的成功，奋发图强。在同等条件下，谁的身体好，谁的经历旺盛，工作的时间就多，效率就高，事业成功的可能性就大，成绩就大。特别是工作量大、需要付出巨大劳动的事业，更需要健康的身体。

健康是家庭幸福的基础。有健康的身体才能挑起家庭的重担，才能享受家庭带来的幸福。没有健康，家庭必然缺少笑容和热情，也不可能享受幸福温馨的生活。

有句话说得好："输了健康，赢了世界又如何？"我们为什么不能，偶尔停下匆匆的生活脚步，重新思考一下幸福与金钱的关系，给心灵以更多的关注？

生命是宝贵的，俗话说："长江一去无回头，人老何曾再少年。"生命对于人只有一次，人生没有回程票。时下有不少人辛辛苦苦为了美好的未来而拼命工作，唯独把自身的健康而不顾。假若你是一位豪富、知名人士，一旦失去健康，这些荣誉、财富、地位、权力、成就能伴您有多久？生命一旦结束，你拥有的一切就随之消失。人生的所有财富和名誉是无数个"0"，只有身体健康才是"1"，如果没有这个"1"，人生也只是一个"0"。

相信没人会说"我宁愿要其他的什么，而不要健康"，或者说"我愿意用健康换取其他的什么"。不管你是达官贵人，不管你是明星大碗，是贩夫走卒抑或是平头百姓，不管你是白人、黑人、还是黄种人，不管你在哪里，在中国、新加坡、美国、还是澳大利亚，不管你在做什么，你追求的是纸醉金迷、刺激不断的生活还是平凡而安定的生活，都有一项基本前提，那就是身体的健康。

有了健康的身体，你可以周游世界，走到世界任何一个角落，你可以品尝人间百味，享受一切美好的经历；有了提供良好身体的营养，你可健康长寿，体味各种人生体验，大悲大喜、大彻大悟；可以继续你的追求，享受自我陶醉，给自己一个美妙的内心环境。你还可以做的事情千千万，只要你拥有健康，一切皆有可能。

保持健康是每个人的责任，我们的身体受之父母，因此我们要对自己负责；我们的身体同时又对自己的父母、爱人和孩子的生活影响重大，因此我们又要对父母、爱人和孩子负责。既然是责任，就要主动去追求健康、经营健康，唯有自己开始对自己的健康产生责任感之后，才能去寻找健康之路，并真正拥有健康，享受健康。

2. 远离“过劳”，珍爱生命

这些年，每当从央视新闻或从报刊中听到或看到播放或宣传先进人物、时代英雄的先进事迹时，我们在为他们坚定的信仰，敬业、奉献的精神和坚强执著的意志所钦佩和感动的同时，也为他们中的大多数因劳累过度英年早逝而感到揪心一般地疼痛。

“过劳死”，一个熟悉而又常被忽视的严重问题已经摆在我们面前。过劳死，是指由于工作时间过长，劳动强度过大，加上心理压力过重，长期慢性疲劳，身陷精疲力竭的状态，从而诱发身体潜藏的疾病突然恶化，救治也无力回天，造成猝死的现象。

“过劳死”一词源自日本，最早出现于20世纪七八十年代日本经济繁荣时期。“过劳死“并不是临床医学病名，而是属于社会医学范畴。人体就像一个弹簧，劳累就是外力。当劳累超过极限或持续时间过长时，身体这个弹簧就会发生永久变形，免疫力大大下降，导致老化、衰竭甚至死亡。有关资料表明，直接促成“过劳死”的5种疾病依次为：冠状动脉疾病、主动脉瘤、心瓣膜病、心肌病和脑出血。除此以外，还有消化系统疾病、肾衰竭、感染性疾病等。

我们每个人都应该珍视生命，使自己远离“过劳”。要知道，体力、精力的持续高强度付出，会严重破坏人体的生理规律和节奏，体内能量、资源会出现严重的“财政赤字”，入不敷出。疲劳像蛀虫般淤积在体内，会慢慢侵蚀身体的大厦，血压升高、动脉硬化等等逐步从量变转化为质变，进而濒临致命的边缘。

也许，有些人外表看来似乎很健康，实际上已经是外强中干。过度劳累的人就如同一盏燃油即将耗尽却又没有灯罩的油灯，若明若暗，一旦遇到一股较强的风，就会骤然熄灭。

人们对于自己心爱的汽车，每行驶数千公里，就要进行保养维护，检查发动机、换机油、加水；人们对于自己的住房，会精心设计、装修，用心监督施工的每一个过程，以保证质量，延长使用寿命。然而，很多人对于自己最宝贵的财产——身体，在使用上却是那么不懂得珍惜，在维护上又是那么的粗枝大叶甚至忽略不计！

不懂放慢脚步，恣意挥霍精力，透支健康，其结果必定是陷入疾病的沼泽，甚至过早坠入死亡的深渊。

在日本，有一个“过劳死预防协会”。这个协会向人们列出了过劳死的十大预警信号：

（1）三四十岁就已大腹便便。肥胖往往与高血脂、高血压、脂肪肝、心脑血管疾病等“相依相伴”。

（2）脱发严重。每一次洗澡、梳头，都有头发脱落，工作压力过大、精神紧张时尤其如此。

（3）小便次数频繁。三四十岁的中年人，如果小便次数经常多于常人，表明他的泌尿系统的功能已开始衰退。

（4）性能力下降。中年人如果出现性欲减退、阳痿不举或闭经绝经、腰膝酸软、神疲气怯、畏寒肢冷等症状，这是身体机能衰退的早期信号。

（5）记忆力减退。很容易忘记熟人的名字，忘记要办的事情。

（6）心算能力越来越差。

（7）经常后悔、易怒、烦躁、悲观、抑郁等，难以控制自己的情绪。

（8）注意力不集中，或者能够集中精力的时段越来越短。

（9）睡觉不安稳，睡眠质量下降。醒后精神也不好，仍觉疲倦。

（10）时常头疼、耳鸣、目眩、烦躁、郁闷，去医院检查也没有明确的结果。

日本“过劳死预防协会”指出：有上述两项或以下者，处在“黄灯”警示期；累积3至5项者，为首次“红灯”预警期，表明已具备过劳死的征兆；累积6项以上者，为严重“红灯”危险期，可视为过劳死的“预备军”、高危人员。

3. 重视亚健康，注意生活细节

随着社会发展和现代化进程的加快，社会竞争不断加剧，生存压力不断加大。于是很多人出现头痛、头晕、心悸、失眠、食欲不振、情绪烦躁、疲乏无力等等症状。总之，自觉生理不适，心理疲惫，对社会适应能力差，但医学检查往往并无明确的肌体疾病。这种介于健康和疾病之间的边缘状态，医学上称为“慢性疲劳综合征”，也就是人们常说的亚健康。

由于亚健康的表现复杂多样，现在国际上还没有一个具体的标准化诊断参数。根据调查发现，处于亚健康状态的患者年龄多在 18 ~45 岁之间，其中城市白领。这个年龄段的人因为面临高考升学、商务应酬、企业经营、人际交往、职位竞争等社会活动，长期处于紧张的环境压力中，如果不能科学地自我调适和自我保护，就容易进入亚健康状态。

亚健康正威胁着现代人的生活。据调查显示：中国城市居民中处于亚健康状态的人群逐年增多，且有大面积威胁中青年人的趋势。亚健康会给我们带来很多危害：生活质量下降；心悸、失眠、精神不振、食欲不佳、难以适应正常的工作；情绪烦躁、心理压抑、人际关系恶化、疲劳困乏、颈肩腰背酸痛；对一切事物失去兴趣；免疫力越来越低，各种疾病容易乘虚而入。例如：高血脂、高血黏度、高血糖、低免疫力的“三高一低”特征，在城市相对富裕的市民中比较多见；在农村或相对贫困的人群中，亚健康状态则以慢性劳损、肌肉关节病变和疼痛、营养不良、慢性感染等所占的比例为高。

据权威人士说：世界上亚健康人群约占 60%，而中国的亚健康人群，甚至超过了 60% 的比例。医学界发现，40 ~ 50 岁的中年人群中，猝死率已较 10 多年前有明显提高，心脑血管疾病高发人群有年龄下降的趋势。中年人是社会和家庭的中坚，却往往最容易忽视自身的亚健康状态，而其后果，轻者影响事业的发展和家庭的幸福，重者“过劳死”。

如果你不想让自己的健康越来越糟的话，就要重视亚健康问题，在平时注意以下细节：

（1）调整心理状态并保持积极、乐观；放慢脚步，学会减压，以保证健康的身体和良好的心境。

（2）培养广泛的兴趣爱好。广泛的兴趣爱好，会使人受益无穷，不仅可以修身养性，而且能够辅助治疗一些心理疾病。

（2）及时调整生活规律，劳逸结合，保证充足睡眠。适度休息是健康之母，人体生物钟正常运转是健康保证，而生物钟“错点”便是亚健康的开始。

（3）增加户外体育锻炼活动，每天保证一定运动量。现代人热衷于都市生活，身体锻炼的时间越来越少。加强自我运动可以提高人体对疾病的抵抗能力。

（4）戒烟限酒，吸烟时人体血管容易发生痉挛，局部器官血液供应减少，营养素和氧气供给减少，尤其是呼吸道黏膜得不到氧气和养料供给，抗病能力也就随之下降。少酒有益健康，嗜酒、醉酒、酗酒会削减人体免疫功能，必须严格限制。

（5）保证合理的膳食和均衡的营养。

①及时补充维生素和矿物质。维生素 A 能促进糖蛋白的合成，细胞膜表面的蛋白主要是糖蛋白，免疫球蛋白也是糖蛋白。人体不能合成维生素和矿物质，而维生素 C、B 族和铁等对人体尤为重要，因此每天应适当地补充多维元素片；除此之外，微量元素锌、硒、维生素 B1、B2 等多种元素都与人体非特异性免疫功能有关。

②多吃可稳定情绪的食物。钙具有安定情绪的作用，脾气暴躁者应该借助于牛奶、酸奶、奶酪等乳制品以及鱼、肝、骨头汤等含钙食物来平静心态。感到心理压力巨大时，人体所消耗的维生素 C 将明显增加。精神紧张者可多吃鲜橙、猕猴桃等，以补充足够的维生素 C。

③疲劳后多吃碱性食物。疲劳时，不宜多吃鸡、鱼、肉、蛋等，因为疲劳时人体内酸性物质积聚，而肉类食物属于酸性，会加重疲劳感。相反，新鲜蔬菜、水产品等碱性食物能使人迅速恢复体力。

④每天至少喝3杯水。清晨，空腹喝下一杯蜂蜜水。蜂蜜有润喉、清肺、生津、暖胃滑肠的作用。午休以后，喝一杯淡淡的清茶水。清茶有醒脑提神、润肺生津、解渴利尿的效。晚上睡觉前，喝一杯白开水，能帮助消化，增进循环，增加解毒和排泄能力，加强免功能。除了每天3杯水外，日常生活中还应多饮白开水，适当多饮水是预防疾病的基本措施。

4. 磨刀不误砍柴工

激烈的竞争驱使着人们忘我地工作，每个人的神经都绷得紧紧的。加班，熬夜成了家常便饭，即使节假日也不能好好休息。

人的身体、精力都是有限的，如果得不到适当的休息就很容易造成损害。养生之道在于一张一弛，琴弦绷得过紧会断掉的，人也一样，不能始终处在劳累之中。

有这样一个故事：

古时候，在一座大山脚下生活着一户人家，家里有两个儿子。一天晚上，父亲对两个儿子说："我年纪大了，以后可能就干不动活了。明天就由你们两个上山砍柴吧。"两个儿子都很孝顺，马上就点头答应了。

大儿子心想："我是老大，可不能让弟弟给比了下去，我一定要早点上山，多砍些柴回来才行。"第二天一大早天还没亮，大儿子就摸黑上山了。而二儿子呢，美美地睡了一大觉，早上起来，吃了东西，然后拿起磨刀石，仔细地把柴刀磨得又亮又锋利，直到日上三竿的时候才收拾停当上山。

到了晚上，两个孩子回到家里，没想到大儿子累得满头大汗，只扛回来了不大一捆柴。二儿子跟没事的人一样，却砍回来非常大的一捆。老汉叹道："你们一定要记住，磨刀不误砍柴工啊！"

我们要干出一番事业，唯一依靠的武器就是我们的身体和大脑。身体和大脑就好像砍柴的刀一样，休息就是为了好好保养它们，让它们更锋利、更耐用。

在生活节奏越来越快、工作压力越来越大的今天，花点时间休息和多做点事业并不矛盾，因为休息能使自己身体健康、益寿延年。而健康的体魄、饱满的精神可以提高工作效率；延长自己的寿命，无形中又可以多出许多时间做自己想做的事。

在现实生活中这样的例子比比皆是，有些人整天沉浸于工作，废寝忘食，结果身体处于亚健康状态甚至更糟，整天萎靡不振，工作效率极低，事倍功半；而有些人劳逸结合，时间调配合理，他们并没有整天埋头苦干，可事半功倍，工作业绩照样不差。

大教育家陶行知先生说过："适当的休息，是健身的主要秘诀之一，万不可忽略。"列宁也说："不会休息的人，也就不会工作。"

在一本名叫《为什么要疲倦》的书里，丹尼尔说："休息并不是绝对什么事都不做，休息就是修补。"

弗雷德里克·泰勒，在贝德汉钢铁公司担任科学管理工程师的时候，就曾以事实证明了这件事情。他让一组身强力壮的青年搬运工人往货轮上装铁锭，小伙子们连续干了 4 个小时，结果只勉强装了 12 吨的货物，而且个个都累弯了腰，精疲力竭的。可是一天后，让这些小伙子每干 26 分钟就休息 4 分钟，同样花 4 小时，却装了 47 吨的铁锭，而且还不觉得很累，工作效率明显提高。

美国陆军曾经进行过好几次实验，证明即使是年轻人——经过多年军事训练而很坚强年轻人——如果不带背包，每一小时休息十分钟，他们行军的速度就加快，也更持久，所陆军强迫他们这样做。

休息是身心的休整，好比是"充电"，主要形式是睡眠。当今社会是一个缺乏睡眠的社会。根推算，现代社会的成年人每天的睡眠时间，要比他们的祖父母一辈少 70 分钟以上；与 1910 年的青少年相比，当代青少年每天的睡眠时间甚至减少了 90 分钟。我们这个时代的许多免疫干扰症、传染病、神经性疾病、偏头痛和过敏症，归根到底都是由睡眠不足造成的，可见休息不好确实是个大问题。

适度的睡眠能消除疲劳，恢复体力，提高效率。在短短的一点休息时间里，就能有很强的修补能力，即使只打 5 分钟的瞌睡，也有助于防止疲劳。

棒球名将康尼·麦克告诉人们，每次出赛之前如果他不睡一个午觉的话，到第五局就会觉得筋疲力尽了。可是如果他睡午觉的话，哪怕只睡 5 分钟，也能够赛完全场，一点也不感到疲劳。

如果你没有办法在中午睡个午觉，至少要在吃晚饭之前躺下休息一个小时。如果你能在下午五六点、或者七点钟左右睡一个小时，你就可以在你生活中每天增加一小时的清醒时间。为什么呢？因为晚饭前睡的那一个小时，加上夜里所睡的 6 个小时——共计 7 小时——对你的好处比连续睡 8 个小时更多。

5. 疲劳了要主动休息

疲劳了才休息是从我们老祖先那里传下来的老习惯。许许多多的人都是这样做的，误以为累了是应该休息的信号。其实是身体相当疲劳时的“自我感觉”，这时才去休息已为时过晚。

人体疲劳的产生有一定的物质基础，这就是人体在新陈代谢过程中，产生的二氧化碳、乳酸、非蛋白氮等。当人体内的这些疲劳物质积累到一定程度，到达“疲劳阈值”，人就会感到疲劳。人体内也有能消除、转化这种疲劳物质的机制，但有一个度，疲劳物质的数量在“疲劳阈值”以下时，这种物质很快被消除。疲劳物质的数量达到、超过一定范围，消除它们的时间就大大延长，同时又极易诱发许多疾病的发生。这就是“疲劳了才休息”的弊端。

医学专家提示：针对身体，我们应该主动休息，所谓“主动休息”，是指在身体尚未感到疲乏时和心境未达到临界状态时就休息。它打破了过去人们那种“累了才休息”的传统观念，其内涵包括主动休身和主动休心两个方面，前者是一种生理调适：后者则是一种心理保养。

主动休息不仅可保护身体少受或不受疲劳之害，而且能大幅度提高工作效率，具体可从以下几点做起：

其一，重要活动之前抓紧时间先休息一会儿。如参加考试、竞赛、表演、主持重要会议、长途旅行等之前，应先休息一段时间。

其二，保证每天 8 小时睡眠，星期天应进行一次“整休”，轻松、愉快地玩玩，为下一周紧张、繁忙的工作打好基础。

其三，做好全天的安排，除了工作、进餐和午休以外，还应明确规定一天之内的休息次数、时间与方式，除非不得已，不要随意改变或取消。

其四，重视并认真做好工间休息，充分利用这段短短的时间到室外活动，或做深呼吸，或欣赏音乐，使身心得以放松。

其五，平时要坚持合理的运动，要想保持持久旺盛的精力，需要经常运动，以增加体能储存，每周散步 4 ~5 次，每次 30 ~45 分钟，或一星期进行 3 ~4 次温和的户外活动，每次 30 分钟，都是必要的。

第六，要注意饮食的均衡和按照自己的生理节律来安排作息时间。

疲劳对人体来说是一种保护性机制，我们不应感到疲劳时才去休息。识别疲劳最简单的办法是早晨起床后照镜子，观察自己的脸色。因为，脸色与人体内脏有着极为密切的联系。面部色泽的好坏，完全可以反映出一个人的健康状况，因此有人说脸色是健康的调色板。

一般而言，经过一晚上八九个小时的睡眠，疲劳应该可以消除。精力充沛，面色红润且有光泽，说明健康状况良好。而面色晦暗或萎黄，口唇发紫，眼圈发黑等，提示疲劳没有消除，亚健康已经发生，甚至过劳或疾病已经来到，应尽快设法进行自我调节，适当放慢脚步，减轻工作量，增加休息时间和补充营养。

特别要提醒的是，不论是脑力疲劳还是体力疲劳，最好的保养方法之一就是睡眠。晚上 10 时至凌晨 2 时是人体内细胞坏死与新生最活跃的时间，此时不睡，细胞新陈代谢就会受到影响，人就会加速衰老。长时间晚睡和睡眠不足，白天精神萎靡、瞌睡连连应当引起重视，若经过调整仍未消除疲劳的，应让医生咨询检查，千万不要一拖再拖，贻误病情。

6. 忙里偷闲是一种生活的艺术

宇宙间静中有动，动中有静，动静相间，逆动不停，如此才能完成宇宙的旋转，这是宇宙变幻无穷的根本法则。同样，忙与闲也是一样，虽然矛盾抵悟，却在不断变化中和谐统一、相辅相成。

很多人从早到晚忙个不停，脑子里装的是排得密密麻麻的行程表。事业、金钱，为了追逐这些东西，他们每天都有做不完的事，结果被自己的“进取精神”弄得精疲力竭、满身疾病，为什么不能把脚步放慢一点呢?

一位医生举起手中的一杯水，然后问因劳累过度而住院的病人：“你认为这杯水有多重?”病人回答说大概 200 克左右。

医生则说：“这杯水的重量并不重要，重要的是你能举多久? 举一分钟，你一定觉得没问题；举一个小时，可能觉得手酸；举一天，可能得叫救护车了。”

其实这杯水的重量是一直未变的，但是你如果举得越久，就觉得越沉重。这就像我们承担的压力一样。如果我们一直把压力放在身上，不管时间长短，到最后，我们都会觉得压力越来越沉重而无法承担。“我们必须做的是，放下这杯水，休息一下后再拿起这杯水，如此我们才能够拿得更久。”

一个人如果总是绷得很紧，就会很容易影响身心健康。因此，人生既需要努力拼搏，也需要善于休息和娱乐，学会放慢脚步。

曾经有位医生在替一位卓越的实业家进行诊疗时，劝他多多休息，因为他的健康已经受到了严重的威胁，“我每天承担着巨大的工作量，没有一个人可以分担一丁点的业务。大夫，你知道吗? 我每天都得提一个沉重的手提包回家，里面装的是满满的文件呀!”病人无奈地说道。

“为什么晚上要批那么多文件呢？”医生惊讶地问。

“那些都是必须处理的急件”。病人不耐烦地回答。

“难道没有人可以帮你忙吗？助手呢？”医生问。

“不行呀！只有我才能正确地批示呀！而且我还必须尽快处理完，要不然公司怎么办呢？”

“这样吧！现在我开一个处方给你，你能否照着做呢？”医生思考了一会儿说。

处方规定：每天散步两小时；每星期空出半天时间到墓地一趟。

病人莫名其妙地问道：“为什么要在墓地待上半天呢？”

医生不慌不忙地回答：“我是希望你四处走一走，瞧一瞧那些与世长辞的人的墓碑。你仔细思考一下，他们生前也与你一样，认为全世界的事都得扛在双肩，生活的幸福就是要靠他们一刻不停地工作来获取的，如今他们全都长眠于黄土之下，也许将来有一天你也会加入他们的行列。然而整个地球的活动还是永恒不断地进行着，而其他世人则仍是如你一样继续工作。我建议你站在墓碑前好好地想一想这些摆在眼前的事实，看清楚你以健康为代价换来的生活是否让你觉得幸福。”

医生这番苦口婆心地劝谏，终于敲醒了病人的心灵，他依照医生的指示，释缓生活的步调，并且学会了用人和授权，转移了一部分职责。他知道生命的真义不在于急躁或焦虑，他的心已经平和，健康得到了改善，当然事业也蒸蒸日上。

宋朝诗人黄庭坚说过：“人生正自无闲暇，忙里偷闲得几回？”这就告诉人们人生是忙碌的，所以要学会忙里偷闲。忙里偷闲既符合张弛之道，也符合自然规律。

自然界都有忙闲的规律，春夏生机勃发，万物生长，到处燕舞蝶飞；秋冬收敛萧索，万物沉寂，处于休眠状态。人本身也是属于自然的一部分，所以明智的人都懂得休闲，懂得在休闲中重整生命的行囊。

从生理学角度看，忙里偷闲也是提高工作效率的好方法。因为当人体感到疲劳时，体内产生的代谢废物——乳酸、二氧化碳、水分等在肌肉内堆积过多，会影响肌肉细胞的活动能力，长此以往就会积劳成疾。在这期间，抽出时间做些自己喜欢的事，就能起到放松作用，并能收到事半功倍的效果。

忙里偷闲是紧张工作过程中的自我调节。忙里偷闲不是偷懒，而是让紧绷的弦放松，是给滚烫的机器降温，是为新的冲刺加油。

“第二次世界大战”时，已近 70 岁高龄的英国首相丘吉尔，每天都坚持工作 16 小时以上，始终保持着旺盛的精力，原因之一就是他善于忙里偷闲，他坐上汽车就能休息，而且每天都坚持午睡 1 小时。晚饭后他便在办公室内的床上睡上两小时，醒后立即精神饱满地投人工作，直至次日凌晨。

事业上的成功不是一朝一夕的事，一定要保证工作和生活张弛有度。工作越是忙碌，越应该学会见缝插针地“忙里偷闲”，以保证自己能够以旺盛的精力和足够的体能从容地应对摆在自己面前的大小事务。

当然，我们并不是想让大家不思进取，而是学会一种生活的艺术——忙里偷闲，放松身心。而要做到这一点，无需探寻任何技巧，而且随时随地都可以做到，只要允许自己偶尔偷偷闲，然后有意识地坐下来，停止手中的工作就可以了。

7. 身心健康人长寿

上溯到2400年前的《黄帝内经》与医学之父希波克拉底的名言，直至近代马克思的“一份愉快的心情胜过十剂良药”均是贯穿同一思想：所有健康长寿处方中，心理平衡是第一重要的。心理平衡的作用超过了一切保健措施与一切保健品的总和。

早在1948年世界卫生组织制定的健康定义中就有心理平衡，1992年维多利亚宣言健康四大基石中，心理平衡是四大基石之一，临床上高血压与心血管疾病等的防治更需要保持心理平衡，放松心情。

有了心理平衡，才能有生理平衡；有了生理平衡，人体的神经系统，内分泌系统，免疫功能，各器官代偿功能才能处于最佳的协调状态，一切疾病均能减少，身体才能健康。正如《素问·上古天真论》所云：“精神内守，病安从来?”所以，谁掌握了心理平衡之道，谁就掌握了健康的金钥匙。

现实生活中心理平衡实际上是极难做到的，这不仅是因为客观环境并不以人的意志为转移，还因为心理平衡并非一个理论问题，更不是一个学术问题，而是一个需要品德修养与生活实践长期磨炼、不断升华的过程，决非朝夕之功可以解决。心理平衡并非心如古井，更不是麻木不仁。心理平衡是一种理性的平衡，是人格升华与心灵净化后的崇高境界，是宽宏、远见和睿智的结晶。坚信通过科学的养生方式心理平衡是完全可以达到的。

心理平衡走向健康长寿第一方，心情过度紧张引来病魔第一因。

按世界卫生组织制定的健康定义，健康应该包括身体健康与心理健康，即身心健康。健康是有身心两方面的辩证统一。只有具备身心健康的人，才能有完好的社会适应能力，才能算真正的健康。但在现实生活中，人们往往只注意身体健康，而忽视心理健康，有了疾病也只是单纯注意生理上的治疗及保健，生理结构的修复及生理功能的恢复，而不重视心理上的治疗与保健，不注意情绪的调节及心理障碍的消除，结果疗效总是不令人满意。

心理与生理在体内是相互依存，相互影响，相互制约的。生理是心理的物质基础，人的生理状态影响与制约着人的心理活动；而心理反映着生理变化，影响与制约着人的生理活动。如一个身强力壮的健康人，精神一定是旺盛的，而一个久病缠身的人，往往是抑郁不欢，打不起精神的；同样，一个心胸开阔、性格爽快，意志坚强的健康人，即使发生不幸或挫折，也能进行相应的心理调整，保持心理平衡，维持正常的生理功能及社会适应能力，而心胸狭窄、性格忧郁、意志薄弱之人，稍遇到一点不幸或挫折，就会失去心理平衡，进而会出现一系列生理、心理的变化，从而导致身心疾病。可见，心理健康才能真正健康。

所谓心理健康系指一个人智能良好、性格健全，对各种精神刺激与，社会压力有良好的承受能力和自我控制调节能力，以及良好的社会适应能力，心理活动与外界环境保持一致，行为正常，情绪稳定，能较好地处理各种问题。

如何减少心理疾病，如何放松心情，维持心理健康，保持心理平衡已摆在每个人面前。身心健康人长寿。